“十二五”江苏省高等学校重点教材

2014-1-112

高职高专“工作过程导向”新理念教材 计算机系列

C# Windows 应用开发项目教程

包　芳　主编

陈东东　周建林　严洪涛　副主编

屠　莉　吴懋刚　参编

清华大学出版社

北京

内 容 简 介

本书以Microsoft Visual Studio 2013为集成开发环境，通过对实际项目（学生选课管理系统）的逐步重构和完善过程，引导读者全面、深入地掌握C# Windows应用项目的开发技术。本书主要介绍C# Windows应用项目的设计思路和开发步骤、OOP基本概念、ADO.NET数据库访问技术、三层体系架构、简单工厂模式等.NET开发的关键技术。

本书采用由点及面、由易到难、逐步完善的项目化内容组织方式，逐步介绍C#窗体项目开发的关键技术及其应用技能。本书中涉及的关键技术不仅可用于开发三层架构的C#窗体应用软件，对于读者后续学习各类框架开发更起着奠定基础、知根溯源的作用。

本书适用于高职高专院校软件专业的学生学习，也适用于广大需要开发C# Windows应用项目的读者学习。

图书在版编目（CIP）数据

C# Windows 应用开发项目教程 / 包芳主编 . — 北京 : 清华大学出版社，2017
（高职高专“工作过程导向”新理念教材 . 计算机系列）
ISBN 978-7-302-44158-8

Ⅰ. ①C… Ⅱ. ①包… Ⅲ. ①C 语言 – 程序设计 – 高等职业教育 – 教材 Ⅳ. ①TP312

中国版本图书馆 CIP 数据核字（2016）第 148570 号

责任编辑：孟毅新
封面设计：傅瑞学
责任校对：袁 芳
责任印制：沈 露

出版发行：清华大学出版社
网 址：http://www.tup.com.cn, http://www.wqbook.com
地 址：北京清华大学学研大厦 A 座 **邮 编：**100084
社 总 机：010-62770175 **邮 购：**010-62786544
投稿与读者服务：010-62776969, c-service@tup.tsinghua.edu.cn
质量反馈：010-62772015, zhiliang@tup.tsinghua.edu.cn
课件下载：http://www.tup.com.cn, 010-62770175-4278
印 装 者：北京嘉实印刷有限公司
经 销：全国新华书店
开 本：210mm × 297mm **印 张：**18 **字 数：**421 千字
版 次：2017 年 3 月第 1 版 **印 次：**2017 年 3 月第1次印刷
印 数：1 ~ 2000
定 价：48.00 元

产品编号：066239-01

前 言

目前的高职高专教学强调基于工作岗位需求的课程体系设计以及基于工作过程的课程开发。

首先，本书基于对软件编码员的岗位需求。在微软的 .NET 框架内，Windows 应用项目的开发是一个重要的工作领域。因此，本书的重点内容为 C# Windows 应用项目的设计思路和开发步骤、OOP 基本概念、ADO.NET 数据库访问技术、三层体系架构、简单工厂模式等 .NET 开发的关键技术。本书中，以上内容以实际项目（学生选课管理系统）为载体，通过对其逐步的重构和完善，使读者能够深入、全面地掌握此类项目的开发技术和开发过程。

本书的内容结构设计如下图所示。

- 学生选课管理系统
  - 开发准备
    - 任务1　Visual Studio 2013开发环境的安装
    - 任务2　欢迎窗体
    - 任务3　加法运算练习游戏
    - 任务4　随机抽号游戏
    - 任务5　Person类及其对象
  - 原始版本
    - 任务6　项目的需求分析
    - 任务7　项目的总体设计
    - 任务8　基于两层架构的课程浏览查询模块
    - 任务9　基于两层架构的课程添加删除模块
    - 任务10　数据访问类DBHelper的设计和应用
  - 重构过程
    - 任务11　向三层架构的转换
    - 任务12　基于三层架构的课程浏览查询重构
    - 任务13　基于三层架构的课程添加重构
    - 任务14　基于三层架构的课程删除重构
  - 最终版本
    - 任务15　用户登录模块
    - 任务16　管理员选课查询模块
    - 任务17　学生选课退选模块
  - 项目的数据库迁移
    - 任务18　迁移的分析与设计
    - 任务19　迁移的实现
  - 项目的安装部署
    - 任务20　安装包的制作
    - 任务21　安装包的部署

情境描述
相关知识
实施与分析
知识拓展

第一阶段：开发准备

这一阶段通过 5 个工作任务的实施，介绍项目开发环境，项目开发必须要掌握的基础语法和事件驱动机制，以及项目中自定义类的设计与应用，引入 OOP 基本概念。

第二阶段：项目开发——原始版本

这一阶段首先是学生选课管理系统的需求分析和总体设计，然后用两层架构完成课程管理模块，并用自定义数据访问类进行初步的重构。在此过程中引入 ADO .NET 数据库访问技术。

第三阶段：项目开发——重构过程

这一阶段用三层架构重构课程管理模块，在重构的过程中让读者体会三层架构的必要性、优越性，熟悉从两层向三层转换的详细过程，以及用三层架构实现常用功能的技术。

第四阶段：项目开发——最终版本

这一阶段用三层架构实现选课系统的其余所有模块，让读者能熟练地理解三层架构，从而达到当面对任意的任务需求，都能应用三层架构来实现。

第五阶段：项目的数据库迁移

这一阶段通过实现项目的数据库迁移，引入继承、多态、简单工厂模式等 OOP 开发的高级技术。

第六阶段：项目的安装部署

这一阶段通过实现项目的安装和部署，让读者理解窗体类项目的实际安装和维护的基本知识。

知识梳理

由于本书的知识点都是根据项目任务的需求而设置的，在此对本书的理论知识进行系统的梳理，以便读者参考。

其次，本书通过仿真编码员的典型工作过程：接受任务→理解任务→编码思路设计→编码实现→简单测试，来具体进行各基本单元的设计。

在每个阶段中，包含若干工作任务，工作任务的设计均仿真编码员的实际工作过程。在每个任务中，基本包含以下环节：①情境描述，作为任务的接收环节；②业务流程分析，作为其任务的理解环节；③相关知识与技能，作为其设计决策的依据；④设计思路，引导学生应用知识，依据业务流程，设计实现思路，作为其设计环节；⑤实施与分析，作为其编码实现和测试环节；⑥知识拓展，对一些经典的、但没有包含在情境内的知识点进行讲解和应用，以提升本书的普适性。

本书所对应的课程为面向对象程序设计，其前序课程应包含类似于结构化程序设计、数据库技术基础的相关课程，使读者具备基本的编码思路和关系数据库的基本概念；后续课程为 Web 项目开发等。本书所包含的 OOP 概念、ADO.NET 数据库访问技术、三层架构等基础，对 Web 项目开发起着奠定基础、知根溯源的作用。

本书适用于高职高专院校软件专业的学生学习，也适用于广大需要开发 C# Windows 应用项目的读者学习。

本书不仅从易到难讲透关键技术，更包含实际岗位工作的过程步骤，具体特点如下。

（1）采用由点及面、由简到难、逐步重构项目的内容组织方式。在重构过程中，有利于巩固读者对基础知识的理解和应用能力，有利于读者体会三层架构的必要性、优越性，以及在从低级向高级的重构中，通过详细的转换过程，让读者对于关键技术真正知其然，也知其所以然。

（2）结合并仿真软件编码岗位的典型工作过程，各任务的设计均仿真实际工作过程，有利于读者锻炼就业岗位所需工作技能。

主要创作团队为课程组的包芳、陈东东、屠莉，以及周建林、严洪涛老师。陈士川、吴懋刚老师进行了细致的总审。当然也离不开家人和其余领导同事的关心支持，在此一并表示真挚的感谢！

编 者

2017 年 1 月

目 录

第一阶段 开发准备

第二阶段 项目开发——原始版本

第三阶段 项目开发——重构过程

第四阶段 项目开发——最终版本

第五阶段 项目的数据库迁移

第六阶段 项目的安装部署

知识梳理

参考文献

第一阶段　开发准备

概述

为了实现基于 Windows 窗体的 C# 项目的开发，本书采用的集成开发环境是 Visual Studio 2013，开发语言是 C# 语言，软件界面是 Windows 窗体界面，基础的技术是事件驱动机制和面向对象程序设计。

本阶段通过若干工作任务的实施，引入以上知识点及其应用技巧。首先介绍开发环境，然后介绍 Windows 窗体应用程序的设计思路及 C# 语言的基础语法，最后是类和对象的基本概念和应用技巧。这些都是应用 C#.NET 开发任意项目的最基础的知识和技能。

本阶段任务

任务 1　Visual Studio 2013 开发环境的安装
任务 2　欢迎窗体
任务 3　加法运算练习游戏
任务 4　随机抽号游戏
任务 5　Person 类及其对象

本阶段知识目标

（1）理解 Visual Studio 2013 的特点，.NET 框架的组成，.NET 环境下程序的编译执行过程。

（2）理解事件驱动的程序设计思路。

（3）理解 C# 语言的数据类型、运算符、控制语句、数组等基础语法。

（4）理解类的设计思路，包括类的数据成员和属性、类的方法、构造函数，掌握将任务抽取成类的思路。

（5）理解对象的实例化过程和对象的应用。

本阶段技能目标

（1）掌握 Visual Studio 2013 环境的安装、配置和应用技能。

（2）熟练应用事件驱动机制和控件，以及 C# 基础语法，开发桌面应用软件。

（3）面对任意任务，能完成“设计类→实例化→应用对象”的过程，来完成任务。

任务 1

Visual Studio 2013 开发环境的安装

1.1 情境描述

本任务解决项目的开发环境问题，要求读者能安装 Visual Studio 2013 集成开发环境，在此基础上理解 .Net 框架的组成部件和工作原理。

1.2 相关知识

1.2.1 Visual Studio 2013 的特点

Visual Studio 开发环境也简称为 .NET 开发环境。.NET 开发环境是一种面向对象的开发运行环境，用于创建 Windows 平台下的 Windows 窗体应用程序和 Web 应用程序，也可以用来创建网络服务、智能设备应用程序和 Office 插件。其特点为：①提供了功能强大的集成开发环境和丰富的开发资源库；②支持多种脚本语言，如 VB、C# 、C++ 等；③在 .NET 平台上开发的系统易开发、易调试、易部署；④ .NET 环境的安全控制比较到位，有内存管理、垃圾回收机制等。

1.2.2 .NET 框架的组成

.NET 的基础功能由 .NET 框架（.NET Framework）提供，在安装 Visual Studio 2013 时，系统一定会提示先安装 .NET 框架，它是 MFC 和 COM 的延续，为开发者提供了更一致并面向对象的环境。其特点如下。

（1）多平台：本框架可以在服务器、桌面机、PDA、移动电话等各类机器上运行。

（2）符合各行业标准：本框架使用行业标准的通信协议，如 XML、HTTP、SOAP 和 WSDL。

（3）安全性：本框架提供更高级别的安全标准。

.NET 框架由 3 部分组成，如图 1.1 所示。

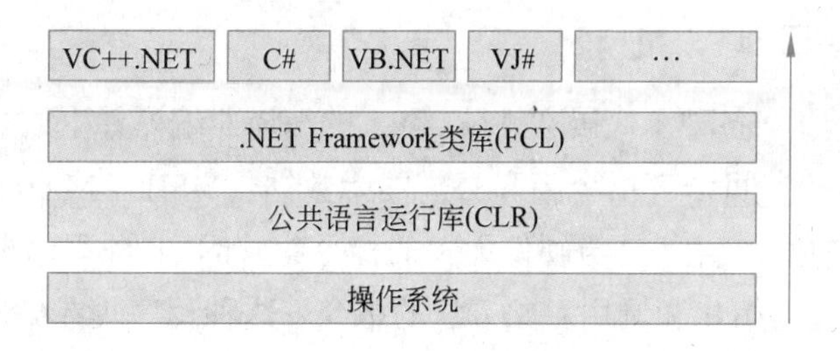

图 1.1
.NET 框架的组成

1. 公共语言运行库 CLR

公共语言运行库（Common Language Runtime，CLR）是 .NET 框架的核心组件，在操作系统上运行，管理 .NET 程序的执行。提供了内存管理、异常处理、垃圾收集、即时编译、代码安全验证等功能。

2. .NET 框架类库 FCL

FCL（Framework Class Library）中包含 .NET 提供的丰富的开发资源，这些库包含各种可用的类，如图 1.2 所示。

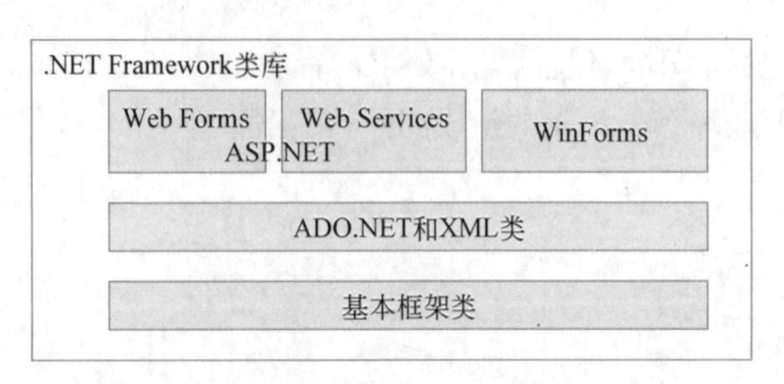

图 1.2
.NET 框架中包含的类库

整个类库采用层次结构，类似一棵倒置的树。在这里，命名空间的理念被提出。命名空间就是一组类的集合，并给集合一个名称。在同一个命名空间中，类的名称不能相同，在不同的命名空间中，则可以存在同名的类。.NET 将相关类分在不同的命名空间，以便可以更容易地搜索和应用它们。从这种角度，.NET 框架类库是由命名空间组成的。

类的全名的第一部分（最右边的点之前的内容）是命名空间的名称，全名的最后一部分是类型名。例如，System.Collections.ArrayList 表示 ArrayList 类型，并且该类型属于 System.Collections 命名空间。System.Collections 中的类型可用于操作集合。System 也是一个命名空间，System 命名空间包含基本类和基类，这些类定义常用的数据类型、事件和事件处理程序、接口、属性和异常。

用户的项目也构成一个独立的命名空间，可以包含多个类。

3. 集成编程工具

集成编程工具包括 Visual Studio 集成开发环境、其所兼容的编译器（如 VB、C#、JavaScript 和托管的 C++ 等）、调试器和服务器端改进（如 ASP.NET）等系列工具。

1.2.3 .NET 环境下程序的编译执行过程

.NET 环境下，程序代码的编译执行过程如图 1.3 所示。

1. 源代码编译为 MSIL 程序集

在 .NET 环境下，各种源代码文件被 .NET 的编译器编译并生成“程序集”输出，程序集中包括微软中间语言指令集和必需的元数据。MSIL（Microsoft Intermediate Language，微软中间语言）是与硬件无关的指令集。.NET 源程序被编译成 MSIL，包含加载、存储、初始化和调用对象方法的指令。这种程序集在微软环境下，理论上是通用的。

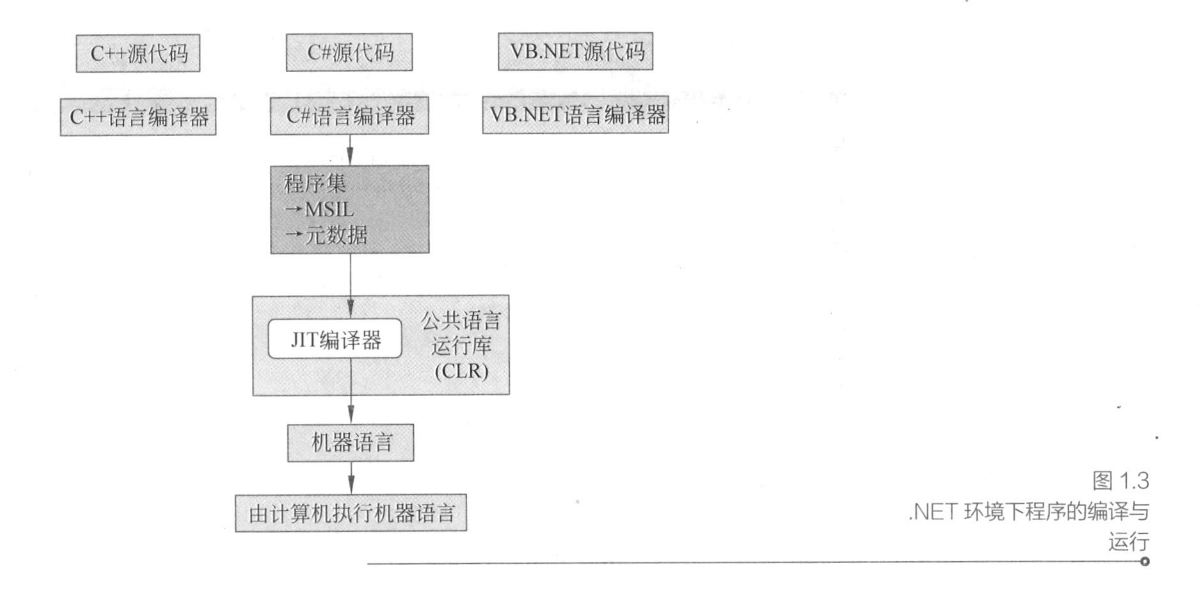

图 1.3
.NET 环境下程序的编译与运行

2. 程序集被 JIT 编译为本机执行代码

程序集直到被调用运行时才会被编译成本机的机器代码。

在运行时，CLR 首先检查程序集的安全性，然后在内存中分配空间，最后把程序集中的可执行代码发送给 .NET JIT（Just In Time，即时编译器），把 MSIL 代码编译为特定目标操作系统和计算机体系结构下的本机代码，这种代码是与特定硬件相关的代码，可以在本机运行。

一旦 MSIL 代码被编译为本机代码，CLR 还在运行过程中进行管理，如数组越界、参数类型检查、异常管理、垃圾回收等。

1.3　安装实施

安装 Visual Studio 2013 的步骤如下。

（1）双击安装包里的安装文件，出现如图 1.4 所示的界面。

图 1.4
开始安装

（2）单击“安装 Microsoft Visual Studio 2013”按钮，检测硬件后，单击“下一步”按钮，出现许可界面，接受许可条款，再单击“下一步”按钮，要求选择软件安装路径。一般不要安装在操作系统所在的盘，选择好安装路径后，单击“安装”按钮，开始安装。

安装完成后，启动软件，出现如图 1.5 所示的界面，即 Visual Studio 2013 集成开发环境。

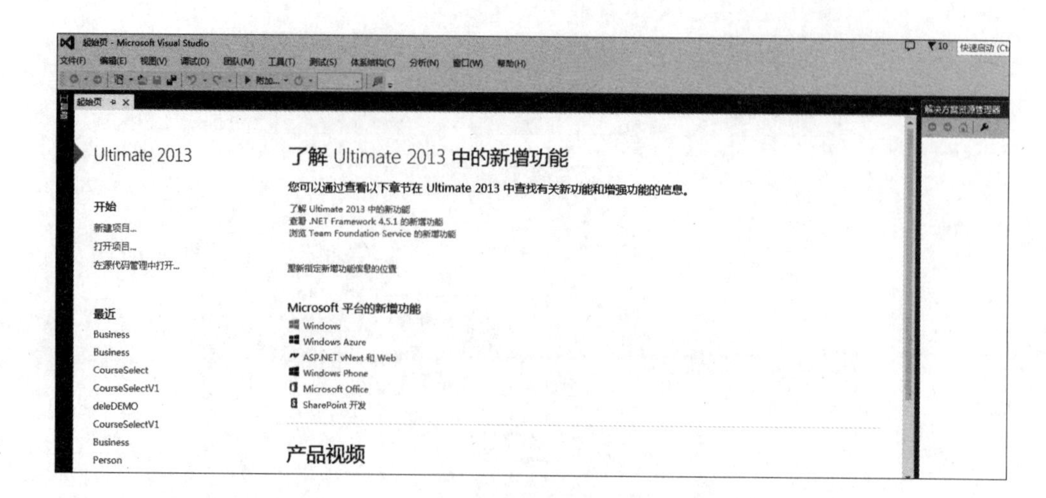

图 1.5
Visual Studio 2013 集成开发环境

任务小结

本任务介绍了 Visual Studio 2013 集成开发环境，此开发环境的主要特点为：①加入了最新的 ONE ASP.NET 技术，使开发人员和用户可以在单个应用程序中，轻松地混合应用不同的 ASP.NET 技术；②支持 .NET Framework 4.5.1；③改进了 IDE，增强了编辑器功能；④支持不同浏览器之间的链接；⑤支持 EF 开源后的第一个版本 Entity Framework 6。

（1）.NET 框架的主要组成部分为：公共语言运行库 CLR、类库 FCL、集成编程工具。

（2）在此集成开发环境下，程序代码的编译执行过程：源代码编译为统一的 MSIL 程序集、在运行时程序集才被 JIT 编译为本机执行代码。

自测题

1. 请读者自行安装 Visual Studio 2013，准备进行项目开发。
2. .NET 框架结构的核心组件是__________。
   A. 公共语言运行库（CLR） B. 支持跨语言开发
   C. 框架类库（FCL） D. 微软中间语言（MSIL）
3. __________命名空间在 .NET 框架中又称为根命名空间。
   A. System.IO B. System
   C. System.Object D. System.Data
4. 下面关于命名空间的说法错误的是__________。
   A. 命名空间用于组织相关的类和其他类型
   B. 命名空间可以嵌套
   C. 在同一个应用程序中，不同的命名空间中不允许有相同名称的类
   D. using 关键字用于引用命名空间

5. 请读者上网查阅资料，了解 CLR（公共语言运行库）的组成结构及运行机制，根据自己的理解，用通俗的文字进行解释，并且整理成文档资料。

6. 请读者上网查阅资料，了解 C# 垃圾回收机制原理，用自己的语言整理成文档资料。

学习心得记录

任务 2

欢 迎 窗 体

2.1 情境描述

选择了开发环境后，要实现基于 Windows 窗体的 C# 项目开发，必需的前提基础知识是 Windows 窗体应用程序的设计思路——事件驱动机制，以及常用窗体控件的应用技巧。

本任务要求完成如图 2.1 所示的欢迎窗体。这个小软件运行后，出现一个欢迎界面，单击“米老鼠”图标，此图标会隐藏，看不见；再单击“欢迎学习 C# 窗体项目开发”的文字，则图标又能出现；以上过程可任意重复。

图 2.1
欢迎窗体

这就是基于 Windows 窗体的项目，要实现此项目，需要理解事件驱动机制，以及 Windows 窗体应用程序中的部分常用控件。

在此任务的完成过程中，读者可以体会到事件驱动机制的运作原理，以及基于此的程序设计思路，掌握以上知识点及其在软件开发中的应用技巧。

2.2 相关知识

2.2.1 软件分类及其运行机制

目前，常见的应用软件有以下几种。

1. 基于控制台的软件

应用软件的界面是键盘和屏幕，用户由键盘输入原始数据，运行结果在屏幕上显示。此时，程序运行时，从第一句开始，直至最后一句，一次顺序执行完。

在这种运行机制下，要想让图标在一次运行过程中，反复隐藏和出现，显然是不可能的。

2. 基于 Windows 窗体的软件

应用软件的界面是经典的 Windows 窗体，用户在窗体的控件上输入原始信息，最终结果也在窗体的控件上显示。程序的执行是由是“事件驱动”的，只有当某控件的某事件发生时，此事件的响应代码才会被触发执行。如用户单击“关闭”按钮，则此按钮的 Click 事件被触发，Click 事件中响应代码被执行，实现“关闭”功能。程序中其余的代码是不会被执行的。下次运行时，若触发了另外控件的事件或此控件的其余事件，则以此类推。

在此种运行机制下，当在窗体上反复单击文字或图标，发生多次 Click 事件，图标在一次运行过程中的反复隐藏和出现，才有其可能性。

基于窗体的应用软件需要在应用此系统的若干计算机上安装部署好服务器、客户端后，才能使用，所以称为 C/S（Client/Server，客户 / 服务器）结构，一般用于安全性、速度均较高的局域网内。

3. 基于浏览器的软件

应用软件的界面是基于浏览器的网页，用户在网页的控件上输入原始信息，最终结果也在网页的控件上显示。程序的执行也是基于事件驱动，这里不再赘述。

基于浏览器的应用软件需要在特定的网络服务器上发布后，所有用户在互联网上访问此网站即可应用，称为 B/S（Browser/Server，浏览器 / 服务器）结构。

目前，后两种软件的应用都是比较广泛的，本书则深入介绍基于窗体的软件项目开发。

本任务的欢迎软件用 Windows 窗体的界面来实现，这种软件是基于控件和事件驱动的。根据任务需求，部署界面上所需的控件，设置控件的外观属性，并把功能实现代码放在若个恰当控件的恰当事件内。

2.2.2 控件及其属性

为了实现欢迎软件，首先需要在界面上部署一些控件，实现界面的设计。

1. 控件

控件是 .NET 类库中一些专用于 Windows 窗体应用程序界面设计的标准类。直接用鼠标把控件从工具箱中拖到窗体中即可。

所有的控件见集成环境中的“工具箱”工具栏，分门别类存放在其中，单击“+”按钮，就可看见其中的可用控件，如图 2.2 所示。

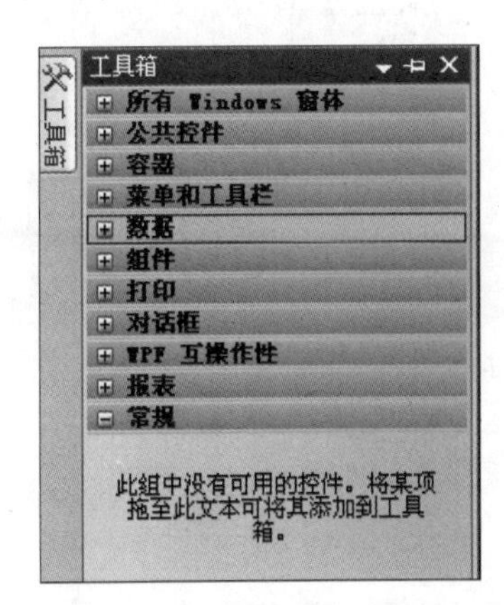

图 2.2 控件工具箱

2. 控件的属性

标准控件的属性是被定制好的、控件的特性，用于对控件的外观等特性进行设置。属性值的设置可以在设计界面上设置，也可以在代码中设置。如 Visible 属性，用于描述控件当前是否可见，其值可为 true 或 false。当然，也可以读取已有属性值用于判断等场合。

基于窗体的软件，所需各控件部署完毕，其属性设置完毕后，运行程序，整个界面的外观会符合要求。但单击操作用的相关控件，什么也不会发生，这说明，没有相对应的代码也就不能实现功能，这就涉及“事件驱动”。

2.2.3 事件及事件驱动机制

事件是对象发送的消息，以发信号通知操作的发生。操作可能是由用户交互（如单击操作）引起的，也可能是由某些其他的程序逻辑触发的。引发事件的对象称为事件发送方；捕获事件并对其做出响应的对象叫作事件接收方；对接收的事件做出响应的程序称为事件响应方法。事件发生时，会触发其响应方法执行。例如，单击相关按钮，就会触发按钮的 Click 事件，写在这个事件响应方法中的代码就会被执行，这种机制称为事件驱动机制。

所以，在 Windows 和 Web 的应用程序中，实现功能的所有代码都是放在事件响应方法中的。这种模式不同于 C 语言那样的程序，只要开始执行，所有语句依次执行，而是在窗体运行或展示后，如果不发生任何事件，是不会有事件响应方法被触发的，因此表现为窗体会没有任何反应。只有当某控件的某事件发生时（接受某事件），写在此事件响应方法中的代码才会被触发执行。

因此，选择恰当控件的恰当事件，并将代码设计在其中，当事件发生时完成相关功能，就可以完成整个任务。这是学习 Windows 和 Web 应用程序设计的基本技能。

2.2.4 控件的事件

在 Windows 窗体应用程序中，标准控件能接收的事件也是被系统定制的，规定了该控件可响应的系统或用户行为。例如，按钮类 Button 可接收的事件如图 2.3 所示。

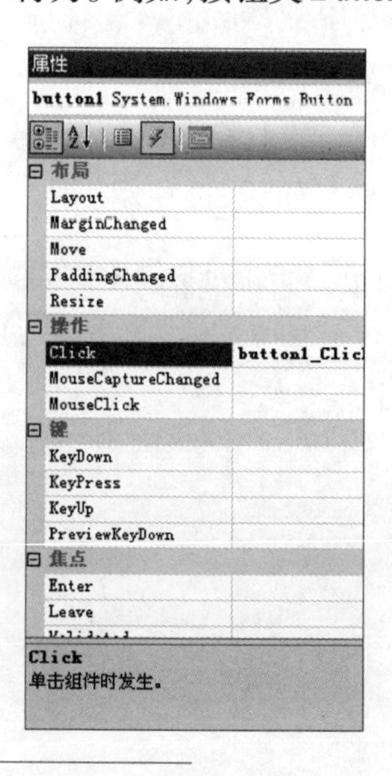

图 2.3
按钮控件的事件集合

在界面上单击某控件，可以看到在界面右下角有属性面板，单击第 4 个类似闪电的选项卡，则显示此类控件所有可接收的事件，双击某事件，如 Click，则生成以下代码，表示单击按钮 button1 时的响应方法，可以将所需代码写在此响应方法中。

```
private void button1_Click(object sender, EventArgs e)
{
}
```

2.2.5 控件的方法

标准控件的方法是预先设计好的，是该控件可执行的标准函数。比如在代码中输入“button1.”，其相应的属性、事件和方法都会显示出来，如图 2.4 所示。属性的标志是文本上安置一只“手”，事件的标志是“闪电”，方法的标志是“粉红块”。

注意

在写代码时，方法后面必须有 ( )，属性后面是不跟括号的。例如，“button1.Focus( );”就是应用按钮的 Focus( ) 方法，并将窗体的当前焦点聚在 button1 上。

总之，属性用于设置控件的外观特性，事件是控件可响应的行为，方法是控件可执行的标准函数。

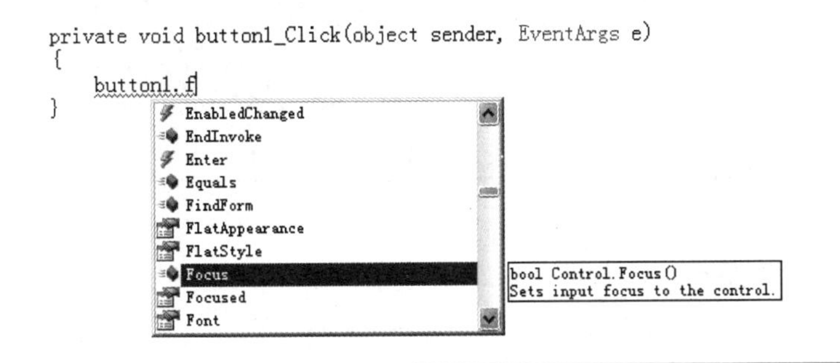

图 2.4 控件的属性、方法、事件示意

2.2.6 基于事件驱动机制的 Windows 窗体应用程序设计思路

综上所述，基于 Windows 窗体的应用程序设计思路如下。

（1）根据任务需求部署界面上所需的控件，设置控件的属性，完成界面制作（UI）。

（2）确定把功能实现代码放在哪些控件的哪些事件内 (Where)。

（3）在事件响应方法中编写代码，实现功能 (How)。

当程序运行后，当某控件的某事件发生时，其响应方法的代码被执行，从而完成设计功能。

常用控件的属性、事件、方法见本书最后的系统梳理的 3.2 节。

2.2.7 标签、图片和窗体控件

1. 标签 Label

Label 控件用于显示用户不能编辑的文本或图像，常用于为用户进行操作提示。如“请输入您的学号：”等。

因此，经常用到的是其Text属性。此控件的方法和事件也都有定义，但一般应用不多。其常用属性见表2.1。

表2.1
Label控件常用属性

属 性	名 称	含 义	备 注
	Text	设置/获取标签所显示的文本	
	Image	标签所显示的图像	需导入
	Name	此控件对象的名	需能见名识意

2. 图片PictureBox

PictureBox控件用于显示图片，一般用来增加界面的美观性。

常用的属性是其Image属性，用来指定所显示的图片。单击Image属性后面的“...”按钮，出现如图2.5所示界面。单击“本地资源”下的“导入”按钮，可在本地硬盘存放的图片文件中选择所显示的图片。

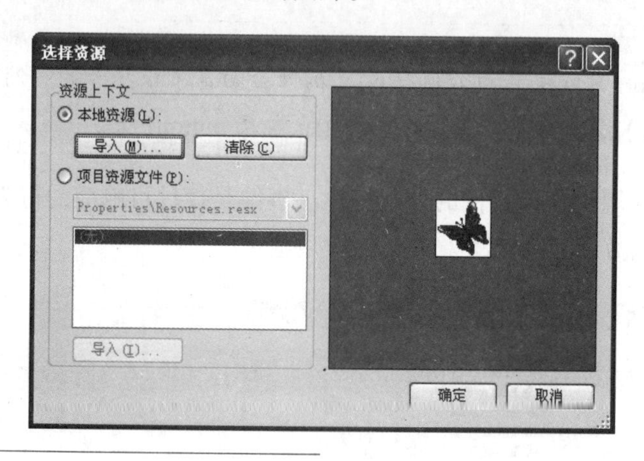

图2.5
PictureBox控件的Image属性设置

此控件的方法和事件也都有定义，一般应用其Click事件。其常用属性和事件见表2.2。

表2.2
PictureBox控件常用属性和事件

属 性	名 称	含 义	备 注
	Image	图片控件所显示的图像	需导入
	Visible	图片控件是否可见	true/false
事 件	**名 称**	**触发时机**	**备 注**
	Click	单击图片时	

3. 窗体Form

Form控件是Windows窗体应用程序新建时，由系统自动生成的第1个控件。这种窗体称为普通窗体，是软件所需要的其他控件的容器。

Form控件的常用属性、事件和方法见表2.3。

表2.3
Form控件常用属性、事件和方法

属 性	名 称	含 义	备 注
	Text	设置窗体的标题	
	Name	设置窗体对象的名	见名识意

续表

属 性	名 称	含 义	备 注
	StartPosition	设置窗体第一次出现在屏幕上的位置	
	BackColor	设置窗体的背景色	
	WindowState	设置窗体的原始显示状态	普通、最小、最大
	IsMdiContainer	设置当前窗体是否为 MDI 容器	普通窗体此属性值为 false
事 件	名 称	触发时机	备 注
	Load	窗体被加载时	常用于窗体出现时就实现的功能
方 法	名 称	功 能	备 注
	Close( )	关闭窗体	
	Show( )	加载窗体	

2.3 实施与分析

2.3.1 欢迎窗体的设计思路

1. 界面设计

为了实现欢迎软件，需要作以下设计。①1个Label控件，存放文字："欢迎学习C#窗体项目开发"；②1个PictureBox控件，放上米老鼠图标；③把这些控件拖至窗体，并设置其属性。

2. 事件的选择

在欢迎软件中，为了实现单击图标隐藏自己，单击文字使图标再出现的功能，代码应该被放在哪些控件的哪些事件中呢？

（1）单击图标隐藏自己：PictureBox对象的Click事件，在其中编写代码使其不可见。

（2）单击文字使图标再出现：Label对象的Click事件，在其中编写代码使其可见。

3. 代码设计思路

这两个事件中的代码是类似的，就是在代码中设置图片对象的Visible属性的值。图片控件的Visible属性默认设置为true，所以在PictureBox对象的Click事件中，应设置自己的Visible属性为false；在Label对象的Click事件中，设置PictureBox对象的Visible属性为true。并且属性设置可以在设计界面上设置，也可以在代码中设置。

2.3.2 欢迎窗体的实现

1. 窗体项目的创建

（1）在本地硬盘上新建一个存放项目的文件夹，如e:\csharp\exam。

（2）启动 Microsoft Visual Studio 2013，选择“文件”→“新建”→“项目”命令，选择建立“Windows 窗体应用程序”。

（3）单击“位置”后的“浏览 ...”按钮，选择将项目存放在所建的文件夹中。

（4）在“名称”文本框内填入项目名称 WellCome，单击“确定”按钮，出现如图 2.6 所示界面。

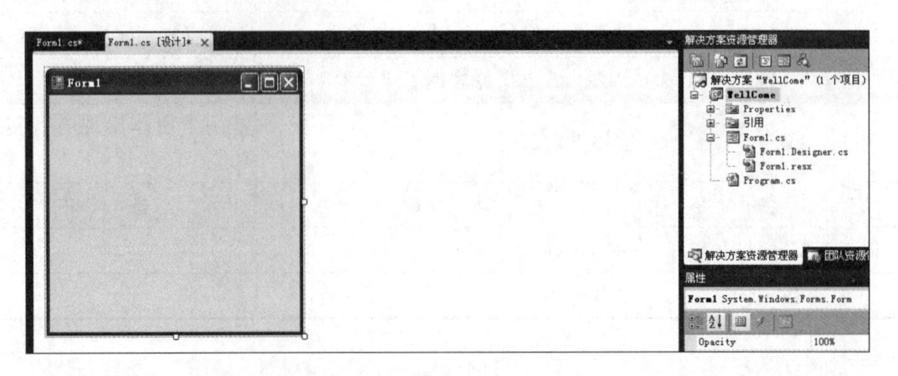

图 2.6
Windows 窗体应用程序设计界面

其中，窗体 Form1 是系统默认生成的窗体，Program.cs 是默认生成的文件，项目名称 WellCome 也即此项目对应的命名空间名。Program.cs 中代码及含义如下。

```
namespace WellCome
{
    static class Program
    {
        ///<summary>
        ///应用程序的主入口点
        ///</summary>
        [STAThread]
        static void Main()
        {
            //启用应用程序的可视样式
            Application.EnableVisualStyles();
            //将某些控件上定义的 UseCompatibleTextRendering 属性设置为应用
              程序范围内的默认值
            Application.SetCompatibleTextRenderingDefault(false);
            //启动一个 Windows Presentation Foundation(WPF)应用程序并
              打开指定窗口。
            Application.Run(new Form1());          }
    }
}
```

（5）单击“保存”按钮，选择“生成”下的“生成 WellCome”，在窗口最下端可以看到“生成成功”的提示信息，然后单击“运行”按钮，最小化设计界面，可以看到运行结果如图 2.7 所示。

图 2.7
Windows 窗体应用程序设计界面

同理，可以在窗体中进行各种修改并保存，也可以在下一次打开此应用程序后，再进行应用或修改。

2. 界面制作

（1）根据图 2.1 的要求，从控件工具箱拖 1 个 Label 控件到窗体的相应位置上。

（2）单击 label1 控件，可以看到在界面右下角有“属性”窗体，显示此对象的所有属性，将其中 Text 属性由默认的 label1 改为“欢迎学习 C# 窗体项目开发”，如图 2.8 所示，可以看到此对象的外观已变成“欢迎学习 C# 窗体项目开发”。

图 2.8
控件的属性设置

（3）同上，将 label1 控件的 Name 属性改为 labelComment1，则此控件的对象名就被改为 labelComment1。一般建议将所有控件的对象名改为与其部署意图相关的名字。

（4）从控件工具箱拖 1 个 PictureBox 控件到相应位置，将其 Name 属性改为 pictureBoxMouse；单击其 Image 属性后面的“...”按钮，选择所显示的图片为本机硬盘中存放的米老鼠图片文件。

（5）将窗体对象 Form1 的 Text 属性修改为“欢迎窗体”，将其 Name 属性改为 FormWellCome。

全部完成后则软件的界面制作就完成了。

3. 代码

（1）双击 pictureBoxMouse 控件的 Click 事件，生成其事件响应方法，如下所示。

```
private void pictureBoxMouse_Click(object sender, EventArgs e)
{
}
```

（2）添加如下代码在此方法内。

```
//将图片对象的Visible属性，赋值为false不可见
pictureBoxMouse.Visible=false;
```

（3）双击 labelComment1 控件的 Click 事件，则生成其事件响应方法，如下所示。

```
private void labelComment1_Click(object sender, EventArgs e)
{
}
```

（4）添加如下代码在此方法内。

```
//将图片对象的Visible属性，赋值为true可见
pictureBoxMouse.Visible=true;
```

运行程序，单击米老鼠图片，就会执行相应代码，使图片不可见；单击欢迎文字，也会执行相应代码，使图片可见。而且这些单击的次数都是随意的。

2.3.3 测试与改进

（1）编译程序，若有语法错误，请仔细查阅，并改正。

（2）编译通过后，单击米老鼠图片，则会隐藏自己。若未隐藏，首先查看 pictureBoxMouse_Click 事件相应方法是否已生成，若未生成则双击 pictureBoxMouse 控件的 Click 事件；若方法已生成，则查看代码设计是否正确。同理，单击文字，则图片应再现。若未再现，首先查看 labelComment1_Click 事件相应方法是否已生成，

若未生成则双击 labelComment1 控件的 Click 事件；若方法已生成，则查看代码设计是否正确。

（3）单击图标和文字的功能测试成功后，试完成新的功能要求：要求窗体展示时，当前的焦点在米老鼠图标上。则此功能的实现代码该放在什么控件的什么事件中？代码如何设计？

根据事件驱动的原理，此功能的实现代码应放在窗体的 Load 事件中，代码是用 Focus( ) 方法将窗体的当前焦点聚在图片控件上。其代码如下，请读者自行操作。

```
private void FormWellCome_Load(object sender, EventArgs e)
{
    pictureBoxMouse.Focus();
}
```

2.4 知识拓展

2.4.1 引用命名空间

注意，在代码界面中的 namespace WellCome 命名空间的上面，有如下所示的一些代码。

```
using System;
using System.Collections.Generic;
using System.ComponentModel;
using System.Data;
using System.Drawing;
using System.Linq;
using System.Text;
using System.Windows.Forms;
```

若将最后一句去掉，读者会发现，将出现如图 2.9 所示的出错信息。

1 未能找到类型或命名空间名称“Form”(是否缺少 using 指令或程序集引用?)
2 当前上下文中不存在名称“MessageBox”

图 2.9
缺少引用后的出错信息

表明当前窗体和 MessgeBox 对话框缺乏必需的 Windows 窗体系统基础类的支持。同理，如果在本窗体需要用到任何外部的系统类或用户自定义类时，都必须对该类所在的命名空间进行引用。在后面要讲的三层体系架构中，这一点尤为重要，层之间引用时，必须要加入对被调用层所在的命名空间的引用。

2.4.2 程序集和反射

程序集是 .NET 的语言编译器接收源代码后，生成的输出文件。程序集中的代码，是 MSIL 的中间语言代码。程序集文件扩展名一般为 .exe 或者 .dll。

程序集中主要包含 4 个部分：程序集清单、元数据、MSIL 代码和资源，包括实时编译器 JIT 在运行时将其转换为本机代码所需的一切资源（如所需的对其他程序集的引用等）。

有关程序及其类型的数据称为元数据（Metadata）。如上所述，它们包含在程序集中。

一个运行的程序查看其本身或其他程序的元数据的行为，称为反射（Reflection）。例如，在 C# 的编辑窗体，输入类型或变量后，再输入“.”运算符时，会弹出列表，将其所有的事件、属性、方法都列出来，这就是反射机制完成的效果。反射主要完成对程序集中元数据的查找，并在特定情况下根据类型、动态创建对象。

反射主要由 System.Reflection.Assembly、System.Reflection.Type、System.Reflection.EventInfo、System.Reflection.PropertyInfo、System.Reflection.MethodInfo 等系统命名空间中的类完成，分别用来获取运行时的装配件、类型、事件、属性、方法等。

任务小结

（1）控件是供窗体应用程序设计界面使用的标准类。

（2）控件的属性、事件和方法的作用：①其属性用于设置控件的外观特性；②事件是控件可响应的系统或用户行为；③方法是控件可执行的标准函数。

（3）事件驱动机制：引发事件的对象称为事件发送方，捕获事件并对其做出响应的对象叫作事件接收方，对接收的事件做出响应的程序称为事件响应方法。事件发生时，会触发其响应方法执行。

（4）Windows 窗体应用程序的设计思路和实现步骤。

① 根据任务需求部署界面上所需的控件，设置控件的属性，完成界面制作（UI）。

② 确定把功能实现代码放在哪些控件的哪些事件内（Where）。

③ 在事件响应方法中编写代码，完成功能 (How)。

则当程序运行后，并且当控件的事件发生，其响应方法的代码被执行时，即可完成设计功能。

自测题

设计 Windows 窗体应用程序，实现任意矩形的面积和周长的求解。要求能在窗体的控件中输入长和宽，然后在窗体的控件上输出其周长和面积。请设计界面，并确定代码放在什么控件的什么事件中，写出代码，并调试实现。

学习心得记录

任务 3

加法运算练习游戏

3.1 情境描述

选择了开发环境并理解了事件驱动机制以后，要开发项目，还需掌握 C# 语言的语法。

本任务的目标是完成如图 3.1 和图 3.2 所示的小学生加法运算练习游戏。这个小软件的功能是在窗体中的“+”两边出现 2 个 10 以内的随机数，让用户（适合于小学生）在文本框内输入其和，然后单击 OK 按钮。若输入的和是正确的，则跳出一个红色的图片，同时提示答对了，如图 3.1 所示；若输入的和是错误的，则跳出一个黑色的图片，同时提示答错了，并给出正确答案（供用户学习参考）的提示，如图 3.2 所示。

图 3.1
运算练习正确的界面

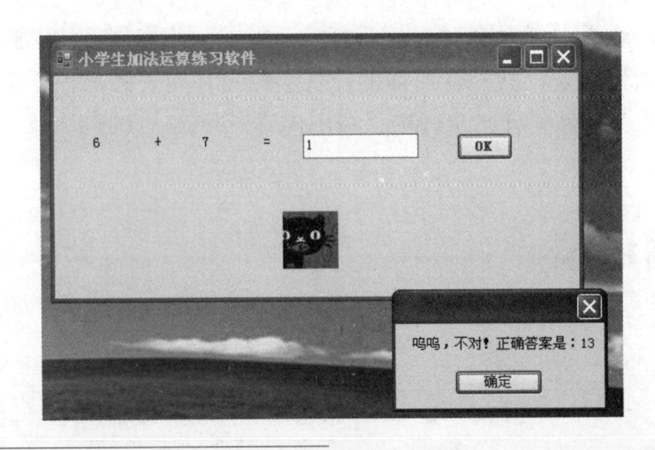

图 3.2
运算练习错误的界面

要实现这样的练习软件，除了上个任务中用到的事件驱动机制和各类控件外，必然还要实现包括对输入的两个数和的计算、与正确的和是否相同的判断等功能。

这就需要用到C#语言的基础语法，如数据类型、运算符和控制语句，还需要其他的常用控件。

在此任务的完成过程中，读者可以接触到C#的数据类型、变量常量、运算符、控制语句等基础语法，掌握以上知识点及其在软件开发中的应用。

3.2 相关知识

3.2.1 预定义和自定义类型

Microsoft Visual C#（读作C sharp）是一种面向对象的编程语言，它是为生成在.NET框架上运行的应用程序而设计的。C#简单、功能强大、类型安全、面向对象，并且其语法表现力强，只有不到90个关键字，而且简单易学。其大括号语法使任何熟悉C、C++或Java的人都可以立即上手，了解上述任何一种语言的开发人员通常在很短的时间内就可以开始使用C#高效地工作。

在此，将通过介绍C#语言的数据类型、运算符、控制语句等，为相关的软件开发打下语法基础。

C#程序包含一组类型的命名空间。面对一个待解决的任务，首先要设计一个或多个类，然后实例化这些类，来解决问题。C#的类型从表现形式上可以分为预定义类型和自定义类型。

1. 预定义类型

C#提供了15种预定义类型，这些类型在.NET框架中都有相应的框架类型与之对应。C#的类型是这些框架类型在C#语言中的别名，C#的类型其首字母小写；框架中的类型，其首字母大写。在C#中也可以使用框架类型，但建议使用自己的类型。C#中的预定义类型如图3.3所示。

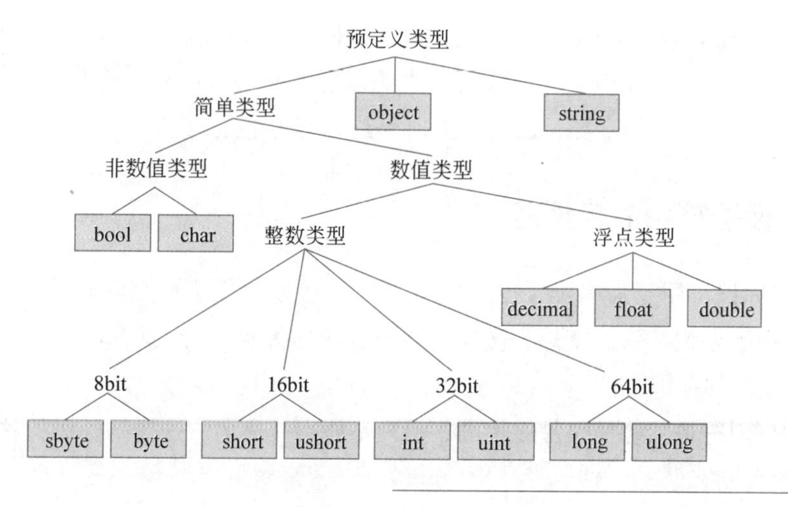

图3.3
C#中的预定义类型

预定义的简单类型描述见表3.1。

表 3.1
简单数据类型

名　称	含　义	范　围	.NET 框架类型	默认值
sbyte	8 位有符号整数	–128 ~ 127	System.SByte	0
byte	8 位无符号整数	0 ~ 255	System.Byte	0
short	16 位有符号整数	–32768 ~ 32767	System.Int16	0
ushort	16 位无符号整数	0 ~ 65535	System.UInt16	0
int	32 位有符号整数	–2147483648 ~ 2147483647	System.Int32	0
uint	32 位无符号整数	0 ~ 4294967295	System.UInt32	0
long	64 位有符号整数	–9223372036854775808 ~ 9223372036854775807	System.Int64	0
ulong	64 位无符号整数	0 ~ 18446744073709551615	System.UInt64	0
float	单精度浮点数	$1.5 \times 10^{-45} \sim 3.4 \times 10^{38}$	System.Single	0.0f
double	双精度浮点数	$5 \times 10^{-324} \sim 1.5 \times 10^{308}$	System.Double	0.0d
decimal	小数类型实数	$1.0 \times 10^{-28} \sim 7.9 \times 10^{28}$	System.Decimal	0m
bool	布尔型数	true/false	System.Boolean	false
char	Unicode 字符	单个字符和转义字符	System.Char	'\0'

预定义类型中的非简单数据类型描述见表 3.2，其中 object 是类库模型中倒置树的最顶层的根节点。

表 3.2
非简单数据类型

名　称	含　义	.NET 框架类型	默认值
string	Unicode 字符串	System.String	null
object	所有类型的基类	System.Object	null

2. 用户自定义类型

用户可以创建 6 种自定义的类型：类类型（class）、结构类型（struct）、数组类型（array）、枚举类型（enum）、委托类型（delegate）以及接口类型（interface）。

自定义类型应该先声明，后应用。声明以后，就可以定义这种类型的数据，或创建其实例对象了。其中类、数组、接口等是本书的重点内容。

3.2.2　标识符和命名规范

C# 中标识符用于命名类、变量、常量等。命名的语法规则和 C 语言一致，均为由字母或下划线开头的字母、数字、下划线串，并且区分大小写。如 a、_a、a1、A 等都是正确的标识符。

有的标识符是系统预保留使用的，用户不能用其命名，这样的标识符称关键字。C# 的一般关键字见表 3.3。

表 3.3
C# 的一般关键字

abstract	const	extern	int	out	short	static
as	continue	false	interface	override	sizeof	string
base	default	finally	internal	params	stackalloc	struct

续表

bool	delegate	fixed	is	private	switch	unchecked
break	do	float	lock	protected	this	unsafe
byte	decimal	for	long	public	throw	ushort
case	double	foreach	namespace	readonly	true	using
catch	else	goto	new	ref	try	virtual
char	enum	if	null	return	typeof	void
checked	event	implicit	object	sbyte	uint	volitale
class	explicit	in	operator	sealed	ulong	while

在 C# 中，还有一类关键字称为上下文关键字，它们在特定的语法结构中充当关键字，而在其余部分可用作一般标识符，但笔者建议不要用其起名，C# 的上下文关键字见表 3.4。

表 3.4
C# 的上下文关键字

ascending	equals	group	let	partial	value
by	from	into	on	select	where
descending	get	join	orderby	set	yield

1. 常用的命名规范

标识符主要有 Pascal 及 Camel 两种大小写命名规范。

（1）Pascal 大小写规则：该规则约定在标识符中使用的所有单词的第一个字符都大写，并且不使用空格和符号，如 AddUser、GetMessageList。

（2）Camel 大小写规则：该规则约定在标识符中使用的第一个单词的首字母小写，其余单词的首字母都大写，如 addUser、getMessageList。

2. C ＃命名约定

（1）类名、方法名推荐使用 Pascal 大小写规则，如 Class、Student。

（2）字段名、中间变量、参数推荐使用 Camel 大小写规则，如：my Age。

（3）常量推荐使用全大写及下划线命名，如 PI 、CONN_STRING。

3.2.3　变量和常量

1. C# 中的变量

C# 中的变量包括方法中的参数和局部变量，以及类的字段。方法的参数用于在实参和形参之间传递数据。方法的局部变量类似于 C 语言中一般的变量，用于存放处理过程中的中间数据。类的字段，在后面章节介绍。

变量的定义形式如下。

```
类型　字段 / 参数 / 局部变量名
```

2. C# 中的常量

C# 的常量亦包含直接常量和符号常量。符号常量在后面的任务中讲解，这里先讲解直接常量。

（1）整型直接常量：可以加前缀和后缀。前缀有 0x（数字 0，小写字母 x）表示十六进制数；没有前缀则表示十进制数。后缀可以有 u（小写字母 u）、l（小写字母 l）、U（大写字母 U）、L（大写字母 L），分别表示无符号数或长整型数，不建议用小写的，因为很容易与数字 1 混淆。如 0x10、10、10L、10U 等都是合法的整型直接常量。

（2）实型直接常量：实型的直接常量可能包含以下部分——十进制数字、小数点、指数部分（E/e）以及后缀。其中，小数点的前面可以没有数字，其后面一定要有数字；E/e 的前面一定要有数字，后面一定是整数。后缀 F/f 表示 float 型数据；D/d 表示 double 型数据；M/m 表示 decimal 型数据；若无后缀则默认为 double。例如，36、1e10、236F 等都是合法的实型直接常量。

（3）字符型直接常量：用一对 ' 括起的一个字符或转义字符，转义字符见表 3.5。

表 3.5
转义字符

名　称	转义字符	十六进制编码
空字符 (Null)	\0	0x0000
警告 (Alert)	\a	0x0007
退格符 (Backspace)	\b	0x0008
水平制表符 (Horizontal Tab)	\t	0x0009
换行符	\n	0x000A
垂直制表 (Vertical Tab)	\b	0x000B
换页符	\f	0x000C
回车符	\r	0x000D
双引号	\"	0x0022
单引号	\'	0x0027
反斜杠	\\	0x005C

（4）字符串直接常量：用一对 " 括起的一个或多个字符。

3.2.4　值类型和引用类型

从数据在内存中存储性质的角度，C# 的数据类型又可以分为值类型和引用类型。操作系统在内存中为应用程序的数据开辟了两种逻辑存储区域：栈和堆。操作系统维护它们的细节，学习本课程时不用了解。

值类型的数据在栈中占据了一段内存，存放实际数据。而引用类型需要两段内存，一段在栈中，起到引用作用（既实际数据的地址，相当于 C 中的指针）；另一段在堆中，存放了用 new 运算符（在后续案例中讲解）生成的实际数据。二者关系为由引用指向这堆数据。值类型和引用类型的示意图分别如图 3.4 和图 3.5 所示。

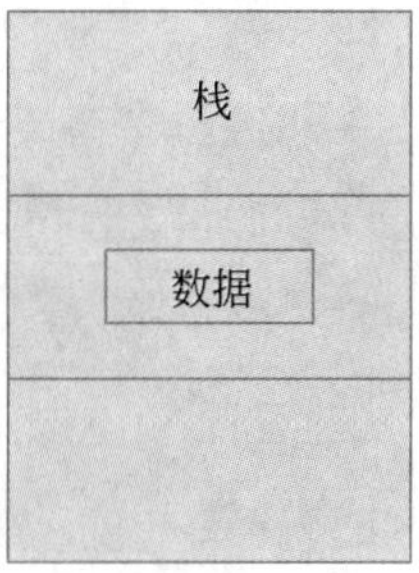

栈
数据

图 3.4
值类型示意图

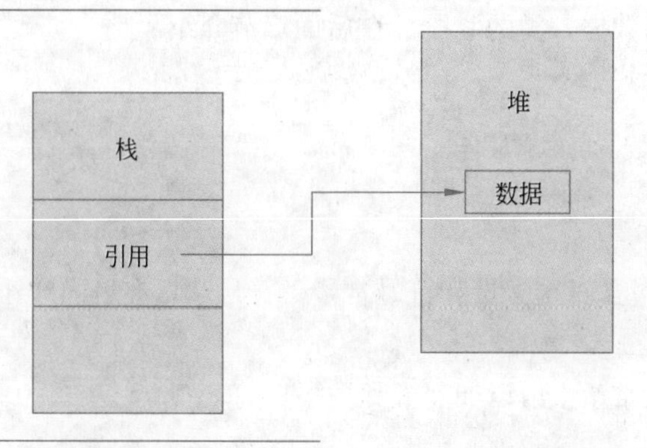

图 3.5
引用类型示意图

上文介绍过的预定义和自定义类型，也可以按值类型和引用类型重新划分，见表 3.6。

表 3.6
数据类型中的值类型和引用类型

名 称	值 类 型	引用类型
预定义类型	sbyte, byte, short, ushort, int, uint, long, ulong, decimal, float, double, bool, char	object, string
自定义类型	struct, enum	class, interface, delegate, array

一般来讲，用 new 运算符生成的对象或数据，一般有一个引用指向它，也就是引用类型，其余的形参、局部变量等都是值类型的。存放在栈中的值类型数据或引用，其作用域为定义它的区间，离开此作用域，就会消失。一旦指向堆中对象的引用消失了，这个对象将成为“无主”的，也就是“垃圾”，会被 .NET 框架的垃圾回收机制定期清理。

3.2.5 运算符

C# 的运算符与 C 语言是相同的，有单目、双目、三目的运算符，有优先级和结合性。当数据两侧的运算符优先级不同时，按优先级决定运算次序；当数据两侧的运算符优先级相同时，按结合性决定运算次序。表 3.7 列出 C# 的常用运算符。

表 3.7
C# 的运算符

优先级	分 类	运 算 符	结合性
1	初级运算符	() []	
2	单目运算符	+(正) -(负) !(非) ++ --	右
3	算术运算符 1	* / %	左
4	算术运算符 2	+(加) -(减)	左
5	关系运算符 1	> < >= <=	左
6	关系运算符 2	== !=	左
7	逻辑运算符	&& ||	左
8	条件运算符	?:	右
9	赋值运算符	= *= /= %= += -=	右

3.2.6 控制语句

C# 的控制语句也包括顺序结构、选择结构和循环结构。注意，这些语句都只能包含在类的方法中。

1. 顺序结构控制语句

顺序结构控制语句使用 {} 括起任意需要顺序执行的若干语句。

2. 选择结构控制语句

（1）单分支选择

```
if (条件)
    语句;               //如果条件成立，执行此语句，否则执行下一条语句
```

（2）双分支选择

```
if (条件)
    语句1;              //如果条件成立，执行此语句，否则执行else中的语句
else
    语句2;
```

（3）多分支选择

```
switch(表达式)
{
    case 值1:
        语句1;
    case 2:
        语句2;
        ⋮
    case 值n:
        语句n;
    default:
        语句;n+1
}
```

switch语句计算表达式的值，然后与case后的值进行比较，执行值匹配的case后的语句，然后执行下1个case后的语句；所以，一般在每个case后的语句中，最后1条语句放break语句，用于跳出整个switch语句；如果与所有case的值都不匹配，则执行default后的语句。

3. 循环结构控制语句

（1）当循环

```
while(条件)
    语句;
```

每次循环首先判断条件，当条件成立时，执行语句一次，再去判断条件，进行下一次循环，当某次循环判断条件为假时，跳出循环。也就是说，当循环先判断条件，再执行语句。

（2）直到循环

```
do
    语句;
while(条件)
```

每次循环首先执行语句一次，然后判断条件，当条件成立时，进行下一次循环，直到某次循环判断条件为假时，跳出循环。也就是说，直到循环先执行语句，再判断条件。

（3）for循环

```
for(表达式1;表达式2;表达式3)
    语句;
```

表达式1首先执行且只执行一次；每次循环首先判断表达式2，当其成立时，

执行语句一次，然后执行表达式 3；然后开始下一轮循环，当某次循环判断表达式 2 为假时，跳出循环。

（4）foreach 循环

```
foreach(类型 标识符 in 数组/集合)
    语句;
```

其中，“类型”必须与“数组/集合”的类型一致，表示对数组/集合中的每个该类型的元素，执行一次循环，遍历整个数组/集合后，循环结束。此时，每个元素是由标识符表示，其中，标识符是迭代变量，不能改变其值或为其赋值。

for 循环与 foreach 循环的区别

下面两段代码的功能是完全相同的，可以输出某数组的所有元素。

```
for(i=0;i<10;i++)                  //1
    输出(a[i]);

foreach(int i in a)                //2
    输出(i);
```

可以看出，第 1 段代码的变量 i 是元素下标，而第 2 段中的变量 i 则表示 1 个元素；并且 for 语句是需要计数的，而 foreach 语句则不需计数，语句会将数组中所有的元素自动遍历。在 C# 中，foreach 语句的应用非常普遍，用于遍历数组或集合。

注意

以上所有语法格式中，出现“语句”的地方，均表示该选择或循环语句中，只能包含单条语句或一条复合语句。多条语句须用 {} 括起来成为一条复合语句。但是，在 case 关键词的后面如果有多条语句时，可以不用 {} 括起，这是唯一的例外。

3.2.7 文本框和按钮控件

制作本任务界面时，需用到文本框和按钮控件。

1. 文本框 TextBox

图 3.6 文本框控件

文本框（见图 3.6）用于获取用户输入的文本，或显示用户输入的文本。如用户输入的学号就可放在文本框中。

因此，经常用到的是其 Text 属性、TextChanged 事件和 Clear( )、Focus( ) 方法。其常用属性、事件和方法见表 3.8。

表 3.8 TextBox 控件常用属性、事件和方法

属性	名　称	含　义	备　注
	Text	获取用户在文本框中所输入的当前文本	
	PassWordChar	当文本框用于输入密码时，显示的字符	密码为键盘实际输入的字符
	ReadOnly	设置文本框是否为只读	
事件	**名　称**	**触发时机**	**备　注**
	TextChanged	更改文本框的文本值时	

续表

方法	名　称	功　能	备　注
	Clear( )	清除文本框的文本值	
	Focus( )	将窗体的焦点放在此文本框	

2. 按钮 Button

Button 控件允许用户通过单击来确认某些操作，如“确认”“取消”“上一条记录”“忽略”“添加”“删除”“浏览”等。

因此，经常用到的是其 Click 事件，当单击按钮时，执行相关操作。在界面上双击按钮也可生成其事件响应方法，可将相关的代码写入此方法。其常用属性和事件见表 3.9。

表 3.9
Button 控件常用属性和事件

属性	名　称	含　义	备　注
	Text	设置 / 获取按钮显示的文本	说明其操作
	Name	此控件对象的名	
	Visible	设置按钮是否可见	
事件	**名　称**	**触发时机**	**备　注**
	Click	单击按钮时	

3.3 实施与分析

3.3.1 加法运算练习游戏的设计思路

1. 界面设计

为了实现加法练习，需要以下控件。

（1）4 个 Label 标签控件，分别存放加数 1、+、加数 2 以及 = 号。

（2）1 个 TextBox 文本框控件，用于输入用户给出的答案。

（3）1 个 Button 按钮控件，用于提交答案。

（4）2 个 PictureBox 图片控件，用于存放对和错的提示图片。

把这些控件拖至窗体，设置其属性，实现界面设计。

2. 事件的选择和代码设计思路

为了实现加法练习的功能，代码应该被放在哪个控件的哪个事件中呢?

（1）程序运行，第一次展示窗体时，就应该生成 2 个随机数，并作为加数 1 和加数 2 标签的 Text 属性显示在窗体上，供用户做题。这些代码应放在窗体控件的 Load 事件中。

（2）用户每次单击 OK 按钮，要在其 Click 事件中做以下工作。

① 取当前加数 1 和加数 2 标签的 Text 属性，求其正确的和。

② 将正确的和，与用户输入在文本框中的值，进行比较。

③ 若相等，则表明用户答对了，给出正确提示，显示红色图标。

④ 若不等，表明用户答错，给出错误提示和正确的答案，并显示黑色图标。

以上操作结束后，最重要的是立即要生成下一轮的 2 个随机加数，并作为加数 1 和加数 2 标签的 Text 属性的最新值，显示在窗体上，供用户下一次做题。同时要清空存放答案的文本框，以便用户输入下次答案，避免与本次答案混淆。

综上所述，本任务的流程图如图 3.7 所示。

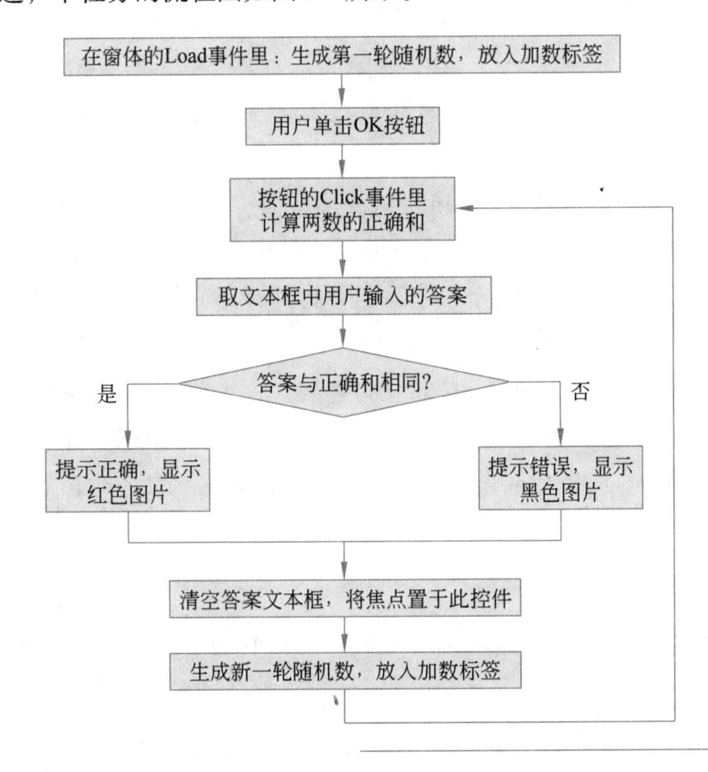

图 3.7
加法练习流程图

3.3.2　加法运算练习游戏的实现

1. 界面制作

新建 Windows 窗体项目，命名为 AddExam。

（1）根据图 3.1 和图 3.2 的要求，从控件工具箱拖 4 个 Label 控件到窗体的相应位置上。

（2）将第 1 个 Label 控件，其 Text 属性改为“␣␣␣␣”，以便存放随机数 1；将其 Name 属性改为 labelN1。

（3）将第 2 个 Label 控件的 Text 属性改为“+”；将其 Name 属性改为 labelAdd。

（4）将第 3 个 Label 控件，其 Text 属性改为“␣␣␣␣”，以便存放随机数 2；将其 Name 属性改为 labelN2。

（5）将第 4 个 Label 控件的 Text 属性改为“=”；将其 Name 属性改为 labelEqual。

（6）从控件工具箱拖 2 个 PictureBox 控件到相应位置。

（7）将第 1 个 PictureBox 控件，其 Name 属性改为 pictureBoxRight；选择所显示的图片为本地硬盘中存放的可爱红色小孩的图片文件；设置图片的 Visible 属性为 false。

（8）将第 2 个 PictureBox 控件，其 Name 属性改为 pictureBoxWrong；选择所显示的图片为本地硬盘中存放的黑色猫的图片文件；设置图片的 Visible 属性为 false。

（9）从控件工具箱拖一个 Button 控件到相应位置，将其 Text 属性改为 OK；将其 Font 属性中的子属性 ForeColor 改为醒目的红色；将其 Name 属性改为 buttonOK。

（10）将窗体控件的 Text 属性赋值为“小学生加法运算练习软件”，将其 Name 属性改为 FormAddExam。

2. 代码

在此需注意的是，生成的随机数是整数，而标签的 Text 属性需要的是字符串。整数类型有一个方法 ToString( )，可以实现将其转化为字符串。

生成随机数的代码涉及 Random 类的应用，要实例化一个 Random 类对象 r，调用此对象的 Next( ) 方法可以生成范围内的一个随机数。其原理见后续相关章节。

各控件的 Text 属性的值是字符串，需要将其转化为整型才能参与运算和比较。Convert 是系统提供的专门进行类型转化的类，它的所有方法均用于各种类型转化，在此用了 ToInt32( ) 方法，将字符串转化为整数。

MessageBox 类是系统提供的专门用于显示提示对话框的类，其 Show( ) 方法可以显示提示字符串。所以，错误提示后再给用户正确答案参考时，需要将正确答案转化为字符串，再用字符串连接符“+”连接起来。

（1）双击 FormAddExam 控件的 Load 事件，生成其事件响应方法，如下所示。

```
private void FormAddExam_Load(object sender, EventArgs e)
{
}
```

（2）根据代码设计思路，设计如下代码在此方法内。

```
Random r=new Random();          //实例化随机数的类对象
int n1=r.Next(0,10);            //利用类对象的Next()方法，生成0～10的一个
                                // 随机数
int n2=r.Next(0,10);
labelN1.Text=n1.ToString();     //将第一个随机数，转换为字符串，作为标签的
                                //显示文本
labelN2.Text=n2.ToString();
```

（3）双击 buttonOK 控件的 Click 事件，生成其事件响应方法，如下所示。

```
private void buttonOK_Click (object sender, EventArgs e)
{
}
```

（4）根据代码设计思路，设计如下代码在此方法内。

```
//取文本框中用户输入的和，转化为整数
int result=Convert.ToInt32(textBoxResult.Text)
int r1=Convert.ToInt32(labelN1.Text);
int r2=Convert.ToInt32(labelN2.Text);
int right=r1+r2;                //计算得正确的值
if (result==right)              //若正确值与文本框输入值相同，回答正确
{
    pictureBoxRight.Visible=true;
    MessageBox.Show("恭喜你，答对了！");      //提示对话框
}
else                                         //否则，回答错误
```

```
{
    pictureBoxWrong.Visible=true;
    MessageBox.Show("呜呜，不对！正确答案是："+right.ToString());
}
Random r=new Random();              //开始生成下一轮随机数
int n1=r.Next(0, 10);
int n2=r.Next(0, 10);
labelN1.Text=n1.ToString();
labelN2.Text=n2.ToString();
textBoxResult.Clear();              //清空本次答案
```

可以观察到，在这些代码中，功能实现都依赖于控件的事件。在事件的响应方法的代码中应包含：取控件属性的值、对控件属性的赋值以及控件方法的应用，C#语言的数据类型和运算符，以及控制语句等。这样的思路可以解决各类复杂的问题，这也是本书后续项目实现的基础。

运行程序，窗体装载时，其Load事件即被触发，就会执行代码，出现两个随机数。用户输入答案在文本框，单击OK按钮后，则按钮的Click事件被触发，计算目前两随机数的正确和；判断用户输入是否正确，并根据判断结果进行相应处理；然后生成下一轮的随机数，清空本次答案。下一轮的操作以此类推，练习可以一直进行，直到用户关闭窗体。

3.3.3　测试与改进

（1）编译程序，若有语法错误，请仔细查阅，并改正。

（2）编译通过后，单击OK按钮，输入正确的答案，会跳出红色图标和“恭喜你，答对了！”的提示对话框。关闭提示对话框后，下一轮的随机数就出现了。但此时，发现这样一个情况：当前焦点不在答案文本框，用户需要点一下文本框，才能输入新的答案。这对于用户来说是很不方便的，那么如何改进呢？可以在按钮的Click事件响应方法的最后1条语句的后面，加上如下所示的语句。

```
textBoxResult.Focus();              //将当前窗体的焦点置于文本框
```

则下一轮的随机数出现后，当前焦点就在文本框上，用户可以很方便f输入答案。这个改进，并不是说软件有错，而是为了提高用户界面友好性。

（3）继续测试，发现当连续输入正确答案时，红色可爱小孩的图标一直出现；而输入错误的答案，则黑色猫的图标出现，并提示错误，但此时红色可爱小孩的图标也在旁边！

这就属于典型的考虑不周到的逻辑错误。分析一下可以知道：两个图片控件的Visible属性的原始设置都是false，表示一开始都不出现。当判断到用户答案的对错后，会使相应图片控件的Visible属性设置为true。但是置为true后，再没有将其置为false。所以，一旦出现有对有错的答案，两个图片控件的Visible属性都设置为true，而且再也不翻转，这两个图片就会同时出现。

这个测试就测出了软件的错误。如何改正这个错误呢？那就在某处将两个图片控件的Visible属性都置为false即可，应该在哪里添加语句？答案是：在按钮的Click事件响应方法的第一条语句的前面，加上以下两条语句。

```
pictureBoxRight.Visible=false;
pictureBoxWrong.Visible=false;
```

此时每次用户单击 OK 按钮，都会先将两个图片隐藏，然后根据判断结果给出正确的提示图片，就会出现如图 3.1 和图 3.2 所示的正确效果。

希望读者形成好的习惯：对于哪怕很小型的软件，都需要对其各种可能的运行情况进行全面测试，才能逐步改善设计，得到更好的结果。因为，语法错误通不过编译，很容易被发现。而逻辑错误，在设计的初期有的确实是很难发现的，只有通过全面的测试，才能发现。发现后，只要冷静思考原因，逐步改进，就会慢慢形成好习惯。

3.4 知识拓展

3.4.1 装箱和拆箱

在 C# 中，值类型和引用类型之间，能否相互转换呢？回答是肯定的。

值类型是一种轻型、高效的类型，但它和引用类型都派生于 object 类。因此，可以将任何类型的数据赋值给 object 类型的变量，这个过程称为“装箱”，如以下代码所示。

```
int i=12;
object ob=null;
ob=i;
```

此时，类型转换是隐式的。将变量 i 的值复制到对象 ob 的堆内存中，将变量 i 的地址复制到对象 ob 的栈内存中，就是给变量 i 进行了装箱操作。此时，i 和 ob 都是各自独立存在的，如图 3.8 所示。

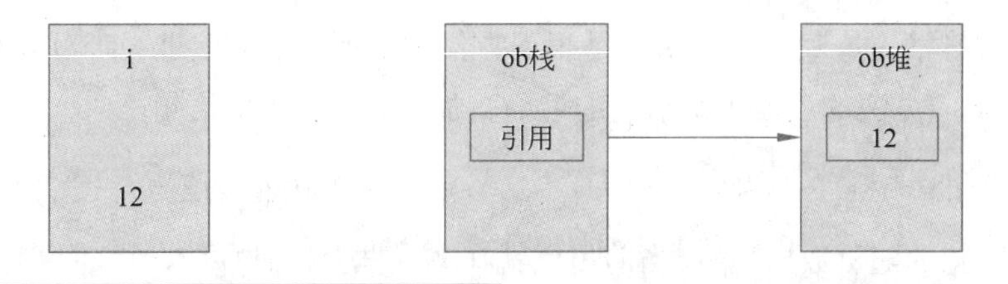

图 3.8
装箱操作示意图

而“拆箱”是把装箱后的对象转换回值类型的过程，如以下代码的最后一行。

```
int i=10;
object ob=i;
int j=(int)ob;
```

此时，类型转换必须为显式的。系统首先检测需拆箱对象 ob，其堆内存中值的原始类型为 int，然后将其复制给拆箱的变量 j。j 和 ob 也都是各自独立存在的。如果拆箱时，强制类型转换的类型非装箱时的原始类型，会出现转换错误，如图 3.9 所示。

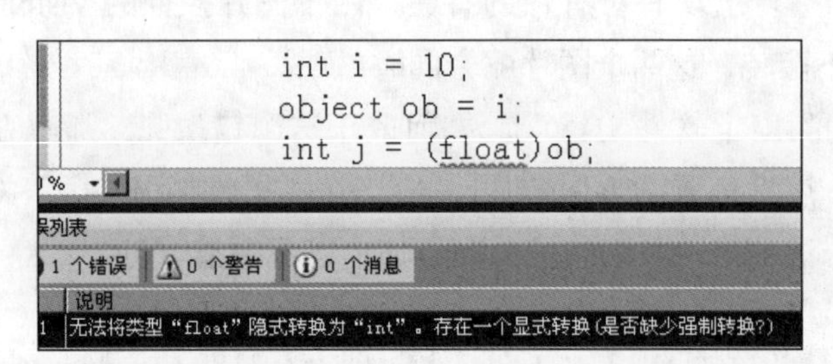

图 3.9
错误拆箱示意图

为什么需要装箱和拆箱操作呢？因为若方法的形参为 object 类型，而实参为值类型,那么只有进行装箱操作后,才能满足要求。同理,如果需要将 object 类型的实参，传递给值类型的形参，也需要拆箱的相关操作。

3.4.2 字符串和正则表达式

字符串类型，除了 String 类外，还有一种是 StringBuilder 类。String 类是被当成整体的、不可更改的字符串，处于 Syste.String 命名空间。StringBuilder 类是可更改的字符串，处于 System.Text 命名空间。

（1）String 类

在 C# 中，常用其别名 string 关键字代表此类。此类有个重要属性为 string.Empty，表示空字符串。此类可以直接赋值为字符串，有很多方法可用，如格式化字符串方法 Format( )、赋值方法 Copy( ) 等。

提示

在字符串的前面加上 @，表示对整个字符串进行转义。如 @"c:\csharp"，就相当于 "c:\\csharp"。

（2）StringBuilder 类

此类是可以修改的字符串，必须用 new 实例化其对象后再应用。常用其 Append( ) 方法进行字符串的追加，用其 Insert( ) 方法进行字符串的插入，用其 Replace( ) 方法进行字符串的替换。

（3）正则表达式

正则表达式是一种用于描述一定数量的文本的模式，正则表达式的符号有一般字符、定位字符、重复字符等。其中，一般字符见表 3.10。

表 3.10 正则表达式符号——一般字符

字符	作　用
\d	0 ~ 9 的数字
\D	\d 的补集，所有非数字的字符
\w	字母、数字、下划线
\W	\w 的补集
\s	空白字符，包括换行 \n、回车 \r、制表 \t、垂直制表 \v、换页 \f
\S	\s 的补集
.	除 \n 之外的其他字符
[...]	匹配 [] 中列出的所有字符
[^...]	匹配非 [] 中列出的所有字符

定位字符见表 3.11。

表 3.11 正则表达式符号——定位字符

字符	作　用
^	其后的字符必须位于字符串的开始处
$	其后的字符必须位于字符串的结束处

续表

字符	作 用
\b	匹配一个单词的外界
\B	匹配一个非单词的外界
\z	前面的字符必须位于字符串的结束处
\Z	前面的字符必须位于字符串的结束或换行符前
\A	前面的字符必须位于字符串的开始处

重复字符见表 3.12。

表 3.12
正则表达式符号——重复字符

字符	作 用
{n}	匹配前面的字符 *n* 次
{n,}	匹配前面的字符 *n* 次或多于 *n* 次
{n,m}	匹配前面的字符 *n* ~ *m* 次
?	匹配前面的字符 0 次或 1 次
+	匹配前面的字符 1 次或大于 1 次
*	匹配前面的字符 0 次或大于 0 次

正则表达式一般用于检验用户的输入是否符合要求，在实际商业项目中是很重要的。此时，必须应用 System.Text.RegularExpressions 命名空间中的 Regex 类，此类包含各种方法，来检查指定字符串的格式，如下面的代码所示。

```
//检验是否为大写字母
public bool IsCapital(string str)
{
    return Regex.IsMatch(str,@"^[A-Z]+$");
}
//检验身份证号是否正确
public bool IsIdentification(string str)
{
    return Regex.IsMatch(str,@"^\d{18}$");
}
```

任务小结

C# 语言基础语法总结如下所述。

（1）数据类型：C# 的数据，从表现形式分为预定义类型和自定义类型。其中自定义类型有类类型、结构类型、数组类型、枚举类型、委托类型、接口类型（interface）。从数据在内存中存储性质的角度，又可以分为值类型和引用类型，一般由 new 关键字进行实例化的类型为引用类型，其余情况为值类型。

（2）运算符、标识符：C# 的运算符和标识符命名原则与 C 语言是相同的。

（3）控制语句：有复合语句、分支结构控制语句（if、switch）、循环结构控制语句（while、do-while、for、foreach）。

（4）另外，还介绍了数据的装箱和拆箱操作，以及字符串和正则表达式。

自测题

1. 对C语言和C#语言一些语法上的不同点进行比较，不少于300字。本书中提到的主要不同点提示如下，具体细节请读者自行总结。

（1）数组的定义方法不同。

（2）增加了foreach语句，不需自行计数，可以自动遍历集合中的所有元素。

（3）增加了bool类型，有true和false两个常量。注意：此时非0不再代表真，需要精确的bool量来表示。

（4）整型和实型直接常量的写法等。

2. 编写程序，在窗体中打印九九乘法表，最终结果如下所示。

```
1*1=1
2*1=2 2*2=4
3*1=3 3*2=6 3*3=9
4*1=4 4*2=6 4*3=9 4*4=16
5*1=5 5*2=6 5*3=9 5*4=20 5*5=25
6*1=6 6*2=6 6*3=9 6*4=24 6*5=30 6*6=36
7*1=7 7*2=6 7*3=9 7*4=28 7*5=35 7*6=42 7*7=49
8*1=8 8*2=6 8*3=9 8*4=32 8*5=40 8*6=48 8*7=56 8*8=64
9*1=9 9*2=6 9*3=9 9*4=36 9*5=45 9*6=54 9*7=63 9*8=72 9*9=81
```

3. 阅读以下代码，写出程序运行结果。

程序一

```
label1.Text=String.Empty;
for (int i=0; i<5; i++)
{
    for (int j=0; j<=i; j++)
    {
         label1.Text+="* ";
    }
    label1.Text+="\n";
}
```

程序二

```
int i=1;
int sum=15;
while (i<10)
{
    sum+=i;
    i++;
}
label1.Text=(i%5==0 && i%2!=0) ? "New York" : "Paris";
```

4. 实现“咪咪数学宝”软件的相关功能。在窗体上随机显示10道个位数之间的加法题，要求用户输入答案，如果答案正确，给出提示并为其加10分，否则提示错误。最后给出10道题的总分，并结束本次测试。

界面基本要求如图3.10所示，可以进行进一步的美化和功能的深化。

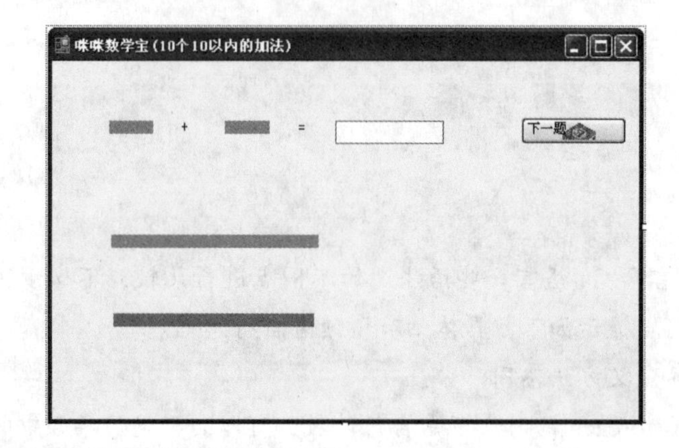

图 3.10
“咪咪数学宝”界面基本要求

表 3.13
“咪咪数学宝”界面的控件设计

此界面的控件设计见表 3.13。

序号	对象名	含　义	属　性
1	FormSXB	操作窗体（普通窗体）	用 Text 设置标题
2	Label1	第 1 个数（短绿条）	Text="　"
3	Label2	第 2 个数（短绿条）	Text="　"
4	LabelAdd	“+”号	Text="+"
5	LabelE	“=”号	Text="="
6	LabelTS	每题操作结果提示（长绿条）	Text="　　"
7	LabelJG	测试的最终提示（长红条）	Text="　　" Visible=false
8	TextBoxAS	用户输入答案的文本框	
9	ButtonNext	提交本题答案，出下一题的按钮	Text="下一题" Image 导入一张图片

具体功能要求如下所述。

（1）窗体首次出现，就应该出现第 1 道题的 2 个操作数。

（2）当用户输入第 1 次答案后，应该判断是否正确：若是，在 LabelTS 上显示正确，并把总分加 10；若否，则在 LabelTS 上显示错误。这个工作完成后，应该在 Label1 和 Label2 上显示下一道题的 2 个操作数。以上操作应循环 10 次。循环结束后，在 LabelJG 上显示总成绩。

5. 根据自己的理解，总结值类型及引用类型的具体区别。

学习心得记录

任务 4

随机抽号游戏

4.1 情境描述

本任务要求如图 4.1 所示的随机抽号游戏软件。这个小软件的功能是这样的：运行后，若单击蝴蝶图片，则在界面显示本班级中被随机抽中的某个学号所对应的学生姓名，可用于教师进行课堂随机提问等场合。

图 4.1
随机抽号游戏

在此软件运行过程中，也需要用到事件驱动机制和各类控件及基础语法，并用到 C# 的数组，读者可以巩固和学习以上概念及其应用技巧。在此任务的拓展中，还涉及 Windows 窗体应用程序设计过程中窗体的描述、分布式类的理解、项目文件的命名规范等实用知识。

4.2 相关知识——C# 的数组

C# 中，数组和其他编程语言类似，仍然是同类元素的有序集合。可以有一维数组和多维数组、矩形数组和交错数组等。在本教程中，先介绍一维数组。

一维数组的定义语法如下。

```
类型 [] 数组名 =new 类型 [ 元素个数 ] { 元素初值 }
```

比如，以下语句定义了一维整型数组 a，并在 a 中新生成 10 个元素，元素的值也给出了。

```
int[] a=new int[10]{1,2,3,4,5,6,7,8,9,10};
```

其中，包括“=”及其后面的项都是可选的。此数组也可以按如下定义和赋值。

```
int[] a;
a=new int[10];
```

```
int i=0;
for (i=0; i<10; i++)
{
    a[i]=i+1;
}
```

可以看出，C# 中数组的定义形式与 C 语言是不同的，但数组元素的输入输出和其他运算则并无特殊之处。另外需特别注意的是：数组是通过 new 语句生成的，属于引用类型。

4.3 实施与分析

4.3.1 随机抽号游戏的设计思路

1. 界面设计

为了实现随机抽号，需要以下控件。

（1）2 个 Label 控件，存放提示性文字："按下蝴蝶……" 和 "被抽中的学生……"。

（2）第 3 个 Label 控件，存放被软件抽取出来的学生名字。

（3）1 个 PictureBox 控件，放上蝴蝶图片。

把这些控件拖至窗体，设置其属性。

2. 事件的选择

在随机抽号游戏中，代码应该被放在哪个控件的哪个事件中呢？由于需要在单击蝴蝶图片时，执行代码，所以，代码应放在 PictureBox 对象的 Click 事件中。这样，当用户在界面上单击图片，就会触发此图片的 Click 事件响应方法执行。

3. 代码设计思路

首先，需要将班级内所有学生的姓名，按其学号的顺序，放在一个字符串数组中；其次，需要生成一个随机数；最后，将下标为生成的随机数的那个数组元素的值，赋值给第 3 个 Label 控件的 Text 属性，就可以在界面上出现被抽中学号的那个学生的姓名。

4.3.2 随机抽号游戏的实现

1. 界面制作

新建 Windows 窗体项目，命名为 RandomSelect。

（1）根据图 4.1 的要求，从控件工具箱拖 3 个 Label 控件到窗体的相应位置上。

（2）单击第 1 个 Label 控件，将其 Text 属性由默认的 label1 改为 "按下蝴蝶，开始抽号"；将 label1 控件的 Name 属性改为 labelComment1。

（3）将第 2 个 Label 控件的 Text 属性改为 "被抽中的学生是："；将其 Name 属性改为 labelComment2。

（4）将第 3 个 Label 控件的 Text 属性改为空白的字符串 "　　　"，以便在代码执行后，存放被软件抽取出来的学生名字；将其 Name 属性改为 labelComment3。

（5）从控件工具箱拖 1 个 PictureBox 控件到相应位置，将其 Name 属性改为 pictureBoxButterfly；将其 Image 属性设置为本地硬盘中存放的蝴蝶图片文件。

（6）将窗体对象 Form1 的 Text 属性赋值为“随机抽号游戏”，将其 Name 属性改为 FormRandomSelect。

至此，游戏软件的界面制作就完成了。

2. 代码

（1）双击 pictureBoxButterfly 控件的 Click 事件，则生成其事件响应方法，如下所示。

```
private void pictureBoxButterfly_Click(object sender, EventArgs e)
{
}
```

（2）根据代码设计思路，设计如下代码在此方法内。

```
//将班级内所有人的姓名，按其学号的顺序，放在一个字符串数组中
int h;
string[] stuName=new string[43];
stuName[1]="张强";
stuName[2]="姜正清";
…
//生成一个随机数
Random r=new Random();
h=r.Next(1, 42);
//将下标为生成的随机数的那个数组元素的值，赋值给labelComment3控件的Text
  属性
labelComment3.Text=stuName[h];
```

运行程序，单击蝴蝶图片，就会执行这段代码，在界面上出现被抽中学号的那个学生的姓名。

可以观察到，labelComment3 的 Text 属性在设计界面上预先被设置为空字符串，然后，每单击 1 次蝴蝶图片，都会被所选中的学号对应的姓名所替代，这种属性设置就是在代码中实现的。

4.3.3 测试与改进

（1）编译程序，若有语法错误，请仔细查阅，并改正。

（2）编译通过后，单击蝴蝶图片，会在其下方出现被抽中学号所对应的姓名。

（3）蝴蝶图片的功能测试成功后，试着单击其他控件，查看其是否有反应，从而加深对事件驱动的理解。

（4）在此任务中，设该班级有 42 个人，用到了数组中下标 1 ~ 42 的元素，元素 stuName[0] 未用，因为学号总是从 1 开始的，而数组元素下标默认是从 0 开始，所以必须定义有 43 个元素的数组。请读者注意这个小技巧。

4.4 知识拓展

4.4.1 窗体的描述

为了完整的描述某个窗体，需要以下 3 个界面。

1. 设计界面

部署控件、设置属性的窗体称为设计界面或窗体界面，如图 4.2 所示。

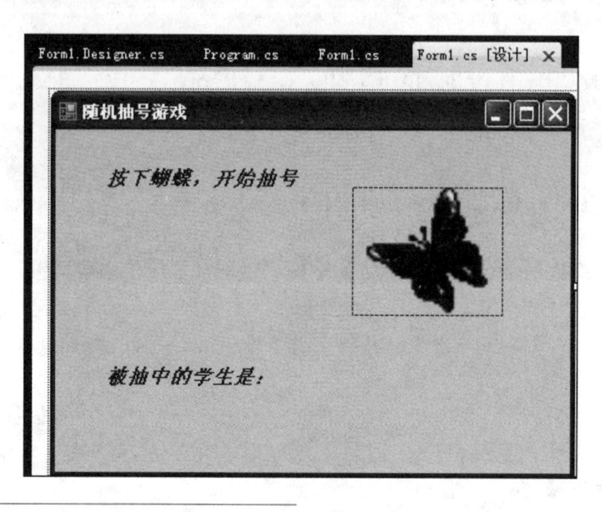

图 4.2
窗体的设计界面

2. 代码界面

同名的 Form1.cs 文件是包含窗体各类代码的文件，也称代码界面，如图 4.3 所示。在代码界面中，存在 1 个类来描述 FormRandomSelect，内含 1 个与类同名的方法（即构造方法，将在下个模块介绍）来初始化所有控件，还含有 1 个图片控件的 Click 事件响应方法。

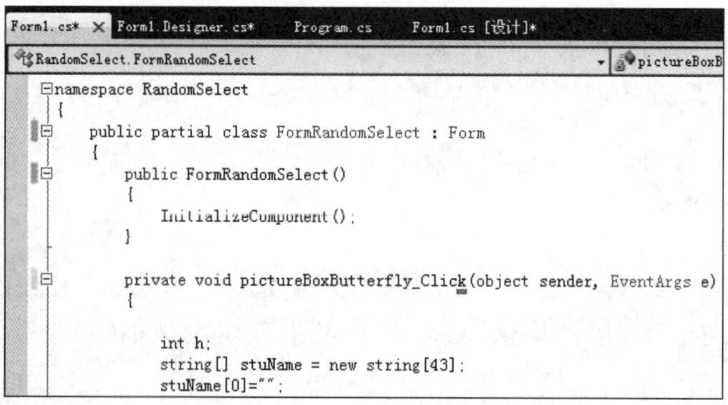

```
Form1.cs*  Form1.Designer.cs*  Program.cs  Form1.cs [设计]*
RandomSelect.FormRandomSelect                pictureBoxB
namespace RandomSelect
{
    public partial class FormRandomSelect : Form
    {
        public FormRandomSelect()
        {
            InitializeComponent();
        }

        private void pictureBoxButterfly_Click(object sender, EventArgs e)
        {

            int h;
            string[] stuName = new string[43];
            stuName[0]="";
```

图 4.3
窗体的代码界面

3. 资源界面

与 FormRandomSelect 相关的文件还有 1 个需关注的是 Form1.Designer.cs 文件，这是窗体设计器生成的文件，作用是对窗体上的资源做初始化工作，笔者称其为资源界面，如图 4.4 所示。

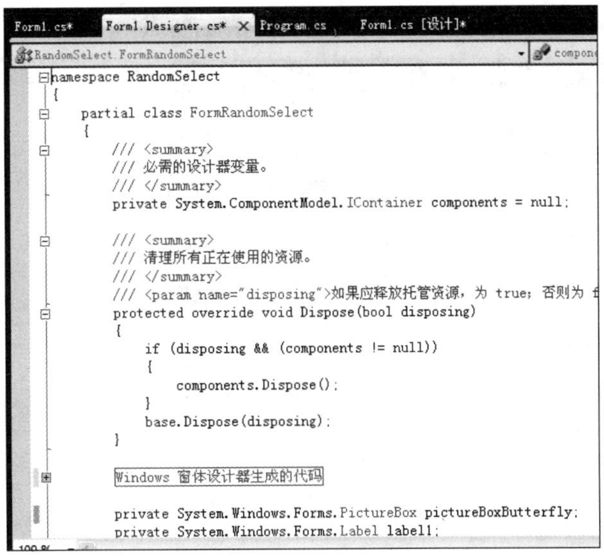

```
Form1.cs*   Form1.Designer.cs*   Program.cs   Form1.cs [设计]*
RandomSelect.FormRandomSelect
namespace RandomSelect
{
    partial class FormRandomSelect
    {
        /// <summary>
        /// 必需的设计器变量。
        /// </summary>
        private System.ComponentModel.IContainer components = null;

        /// <summary>
        /// 清理所有正在使用的资源。
        /// </summary>
        /// <param name="disposing">如果应释放托管资源，为 true；否则为 f
        protected override void Dispose(bool disposing)
        {
            if (disposing && (components != null))
            {
                components.Dispose();
            }
            base.Dispose(disposing);
        }

        Windows 窗体设计器生成的代码

        private System.Windows.Forms.PictureBox pictureBoxButterfly;
        private System.Windows.Forms.Label label1;
```

图 4.4
窗体的资源界面

如果注意观察，可以发现在 Form1.cs 和 Form1.Designer.cs 文件中，都有对类 FormRandomSelect 的定义，如下所示。

```
partial class FormRandomSelect
{
}
```

但二者的区别是：在前一个文件中，包含构造函数和事件响应方法的代码，而在后一个文件中，是对控件资源进行初始化的代码。

4.4.2 分布式类

由 Partial 修饰的类，称为分布式的类。分布式类是在 .NET 2.0 中新引入的类的修饰符。可以解决某些类过于复杂、庞大的问题。

在分布式类中，允许将类的定义分散在多个代码段中，并且将这些代码段存放到两个以上的源文件里。只要这些文件中使用相同的命名空间名、类名，并且在每次定义类前都用 Partial 修饰，编译器就能自动将这些代码段编译成一个完整的类。

例如，前面对类 FormRandomSelect 的定义虽然出现在两个文件中，但都在同一个命名空间 namespace RandomSelect 中，且类定义都是 partial class FormRandomSelect，所以，编译器能自动地将它们编译成一个完整的类 FormRandomSelect。

Windows 应用程序中的窗体都由分布式类来描述，请读者理解这一概念。

4.4.3 项目中窗体的命名规范

由于新建项目时默认生成的窗体为 Form1，所以文件名都默认为 Form1。虽然在界面制作时，已经将窗体改名为 FormRandomSelect，所以窗体对象的名已改为 FormRandomSelect，但文件名还是默认的 Form1。针对这个问题，可以右击此窗体，选择“重命名”命令，将其改名为 FormRandomSelect，则所有的设计界面、代码界面、资源界面会同时改名，如图 4.5 所示。在商业化的项目开发中，建议将文件名按统一规范改名。

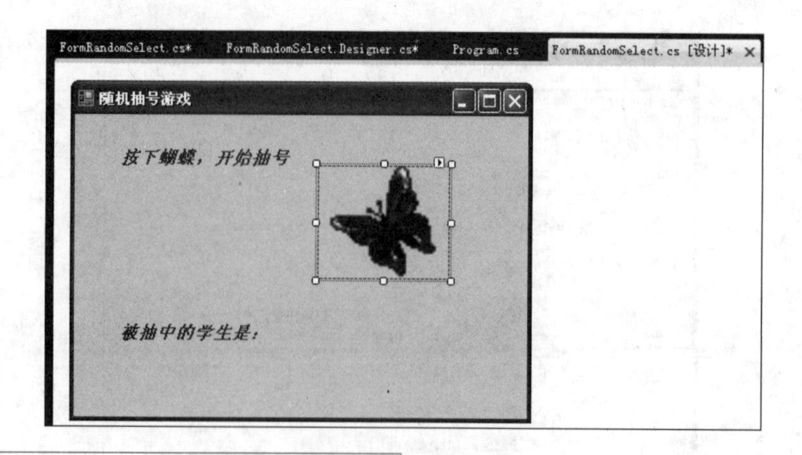

图 4.5
窗体文件的改名效果

任务小结

C# 中，数组是引用类型，其定义格式如下。

类型 [] 数组名 =new 类型 [元素个数] { 元素初值 }

建议用 foreach 语句遍历数组，比用 for 语句方便。另外，还介绍了窗体的设计界面、代码界面、资源界面，窗体的命名规范，以及分布式类。

自测题

阅读以下代码，写出程序运行结果。

```
label1.Text=String.Empty;
string[] names=new string[] {"1","2","3","4","5"};
foreach (string item in names)
{
    label1.Text+=item+"+";
}
```

学习心得记录

任务 5

Person 类及其对象

5.1 情境描述

为了实现学生选课管理系统，还需要理解面向对象编程（Object Oriented Programming，OOP），特别是其中类和对象的基本概念和应用技巧。

本任务要求实现如图 5.1 所示的功能。要求设计自定义类：Person 类。然后在界面的文本框中输入姓名和年龄，当单击“确定”按钮后，根据文本框中的信息，生成 Person 类的具体对象，并按“my name is: ××× my age is: ××”的格式，显示该对象的信息。

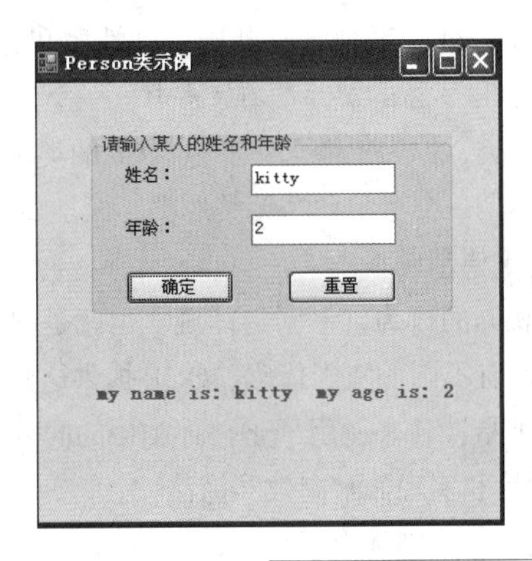

图 5.1
Person 类的应用

在此过程中，需要理解类与对象的基本原理：①类的设计原则；②各组成部分的设计技巧；③对象的实例化和应用。

通过本任务的实践和完成，以及对相关拓展知识的理解，读者在面对任何任务时，都应该能自行设计类、实例化、应用对象来完成这项任务，养成“万事万物皆对象”的 OOP 思路。

5.2 相关知识

5.2.1 OOP 概述

结构化程序设计（如 C 语言程序设计）是将解决一个任务所需的数据和算法糅合在一起，根据处理步骤来进行程序设计的。但其主要的缺点有可重用性差、可维护性差、模块的可修改性差等。

面向对象的程序设计是一种以对象为中心的程序设计模式，对象具有明确的性质和行为。对象的特征为：①性质是对象静态性质的描述，在 C# 中称为字段；

②行为是对象动态行为的描述，在 C# 中称为方法。

把具有相同特征的对象归为一类，称为类。类是具有相同性质和行为的对象的模板。类和对象的关系在于：类是对象的抽象模型，而对象是类的实例化实体。比如说人类是人的抽象，某人是人类的一个实例;月饼模子是类，一个个月饼都是对象。

相应的，应该将字段和方法设计在类中，然后根据实际情况实例化为同样特征但具体数据不同的对象。

在 OOP 中，用类来模拟现实生活中需要解决的问题。一般将描述此问题所需的原始条件设置为类的字段，此问题的输出功能设计为方法。然后将类实例化为对象，来解决问题。依此类推,解决一个大任务可以设计多个类,然后实例化多个对象来解决。

OOP 的三大特征是：封装、继承和多态，具体内容如下。

（1）封装:封装是指按照模块内信息屏蔽的原则,把类的性质和行为封装在一起,构成一个独立的实体。封装使类内部高度耦合而类之间高度独立，一个类的修改不会对其他类造成很大的影响，这也就提高了代码的可复用性和可维护性。

面对一个问题，将其封装为类，是 OOP 的基本与核心。

（2）继承：继承用于设计一系列具有共同基础性质和方法，又有所改动的类。继承表达了类之间的传承和革新的关系。在 C# 中，一个父类可以有多个子类，而一个子类只可以有一个父类，称为单继承。所以，C# 的类构成一棵倒置的树。解决一个任务，往往需要的不是一个个单独的无关的类，而是多个有关联的类。

继承是 OOP 应用的重要基础。

（3）多态：多态即相同的行为，不同的体现。也就是同一个方法，在继承的层次中根据实际需要，可以有不同的实现代码。OOP 提供这样一种机制：可以在继承层次中，用最原始的父类指针，来调用子子孙孙类中的同名方法，从而得到不同的结果。这使得 OOP 的设计和实现非常高效和简洁。

多态是 OOP 的精髓。

面对一个待解决的任务，OOP 程序设计的基本思路可以总结为：①设计一个或多个类（包含字段和方法），这是解决问题的核心；②在类的外部实例化这些类为对象，应用对象的字段和方法解决问题。

OOP 程序设计具有高度的单一责任原则，模块化程度高，运行机制高效。因此，具有良好的可重用性、可维护性，也大大提高了软件生产效率。

5.2.2 类的定义

类的定义格式如下。

```
[访问修饰符] class 类名
{
    [访问修饰符] 字段
    [访问修饰符] 属性
    [访问修饰符] 1个或多个构造函数
    [访问修饰符] 1个或多个方法
}
```

（1）类名一般采用 Pascal 命名规范，一般以见名识意的原则起名。下面的字段等类的组成部分都称为类的成员。

（2）字段是指为了解决任务，类需要自己保有的原始数据信息，或者说是类的静态性质，是类的数据成员。字段名一般采用 Camel 命名规范。

（3）为了在外界存取私有字段，可以将该字段封装。

（4）构造函数解决的问题是，在类实例化的过程中，对此实例的字段进行初始化。并且构造函数与类是同名的。

（5）方法是指此任务能够完成的功能，或者说是类的动态动作。其是类的函数成员，方法名一般采用 Pascal 命名规范。

（6）访问修饰符规定了成员的可访问范围，规定可访问范围是类的内部还是较小的类外范围，还是全部都能访问？访问修饰符进一步定义了封装的范围，是非常重要的封装手段。

本任务的要求是：设计一个类，能表示人的姓名和年龄，并能说出自己的个人信息，并显示在窗体上。根据上面类设计的原则，可以将此类命名为 Person，将姓名和年龄设为字段，“说出自己的信息”设置为方法。下面根据各知识点，规范地逐步实现此类。

5.2.3 类的字段与属性

1. 字段

字段是隶属于类的变量，用来描述类的静态性质，或者说是类完成任务所必须自己保有的数据信息，属于类的数据成员。字段可以是任意类型。

则 Person 类的字段可以定义为如下所示的形式。

```
class Person
{
    string name;
    int age;
}
```

这里有个疑问，这样定义的字段，没有加访问修饰符，其可访问范围是多大呢？基本上，像每个人的姓名和年龄字段之类的隐私信息？它们的可访问范围应该设为最小的那种。

2. 访问修饰符

访问修饰符规定了类或成员的可访问范围，规定了程序的其他部分能否访问到此类或此成员。

访问修饰符有 5 种，见表 5.1。

表 5.1
访问修饰符

名　　称	可访问范围	可　修　饰
私有的 (private)	本类的内部	成员（成员的默认修饰）
公有的 (public)	任何类	成员、类
受保护的 (protected)	本类及其子类	成员
内部的 (internal)	本程序集的所有类	成员、类（类的默认修饰）
受保护内部的 (protected internal)	本程序集的所有类 + 本类及其子类	成员

这样，上面 Person 类的字段没写访问修饰符，默认为 private。Person 类也没写访问修饰，默认为 internal，相当于以下代码。

```
internal class Person
{
    private string name;
    private int age;
}
```

实际情况下，类一般都是在本程序集内应用，用 internal 修饰即可。若类需要被公用，则可以定义为 public 修饰。

可以把 Person 类的定义改为如下形式。

```
public class Person
{
    private string name;
    private int age;
}
```

3. 属性

以上的 2 个字段既然定义为私有的，则在类外部是不能访问的。假设有些类的字段需要定义为私有，但又需要在类外被访问，怎么解决呢？C# 中设置了属性来满足这一需求。

在 C#.NET 的编译环境下，在 Person 类的字段 name 上右击，选择“重构”→“封装字段”命令，出现如图 5.2 所示的对话框。

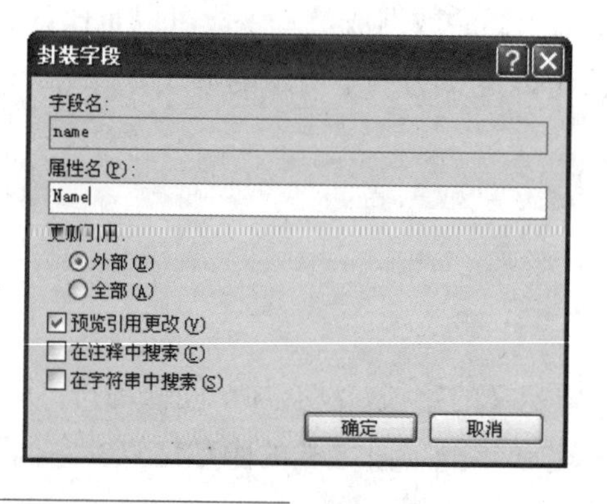

图 5.2
“封装字段”对话框

在“属性名”文本框中输入 Name，表示将 name 属性封装为 Name 字段，单击“确定”按钮，出现如图 5.3 所示的对话框。

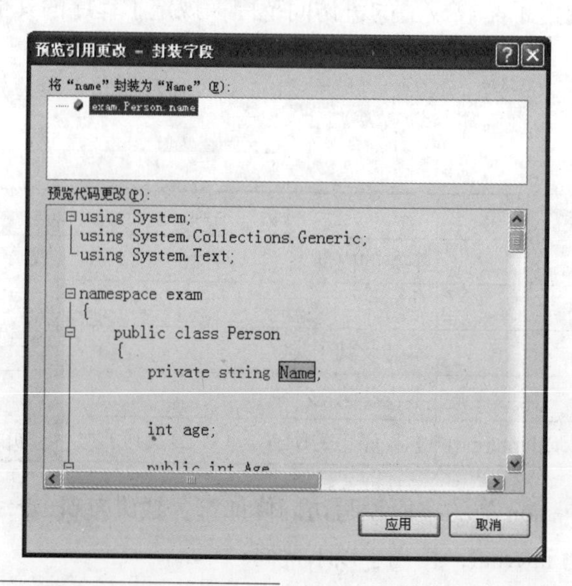

图 5.3
“预览引用更改—封装字段”对话框

单击“应用”按钮，则属性出现在 C#.NET 的编译环境中 Person 类的字段 name 下，代码如下所示。

```
public string Name
{
    get { return name; }            //读取相关字段的值
    set { name=value; }             //为相关字段赋值
}
```

这样，就为 name 字段封装了属性 Name，属性都是公有的，可以在任何类中访问。

（1）属性是指定的一组 2 个匹配的、称为访问器的方法。注意，属性是类的函数成员而非数据成员。

set 访问器：

```
set { 字段 = 值 ;}
```

用来为相关字段赋值。

get 访问器：

```
get{ return 字段 ;}
```

用来读取相关字段的值。

（2）只读属性：如果某字段的属性只保留 get 访问器，则在外部只能读取字段，这样的属性称为只读属性。此时，只需将 set 访问器删去即可。

（3）只写属性：如果某字段的属性只保留 set 访问器，则在外部只能写字段（为字段赋值），这样的属性称为只写属性。此时，只需将 get 访问器删去即可。

（4）可以利用属性控制字段的赋值范围，既在 set 访问器中控制对字段的赋值。如以下代码就可以实现控制人类对象的年龄为 1 ~ 200 岁。

```
private int age;
public int Age
{
    get { return age; }
    set
    {
        if(value>=1 && value<=200)
            age=value;
    }
}
```

这段代码表示将 age 字段封装为 Age 属性，在此属性中，只有当 value 的值在 1 ~ 200 的范围内，才对字段赋值。在很多情况下，这都是非常有用的。

5.2.4 类的方法

到目前为止，Person 类的定义已进行到下面的状态。

```
public class Person
{
    private string name;
    public string Name
    {
        get { return name; }
        set { name=value; }
    }
```

```
    private int age;
    public int Age
    {
        get { return age; }
        set
        {
            if(value>=1 && value<=200)
            age=value;
        }
    }
}
```

人类还需要说出自己的姓名和年龄信息，这可以抽取为一个方法。方法描述的是类的动态动作，是类的方法成员。

1. 方法的定义

方法的定义格式如下。

```
访问修饰符 返回类型 方法名（形参列表）
{
    各语句；
}
```

（1）方法是类对外提供的功能，所以一般定义其访问修饰符为 public。

（2）返回类型可以为任意的预定义和自定义类型，此时必须在方法体内有 return 语句；如果方法只是完成某些操作，而不返回任何类型，则返回类型定义为 void，此时方法体内可以没有 return 语句。

（3）形参是方法为了完成自己的设计功能而必须接受的外部原始数据，写法如下。

```
形参 1 类型 形参 1 名称，形参 2 类型 形参 2 名称，...
```

在这里必须注意的一点是，如果方法操作的是本类的数据成员，则不必将这些数据成员定义为形参，因为同一个类内的成员都是可以相互直接访问的。

则 Person 类的显示信息方法可定义为如下所示的形式。

```
public string Say()
{
    return "my name is: "+name+"my age is: "+age.ToString();
}
```

分析：

（1）访问修饰符用 public，方法名为 Say。

（2）本方法为了便于在界面的标签上显示，设计其返回类型为字符串。

（3）本方法应该有 2 个形参，姓名和年龄。但由于它们是本类的 2 个字段，所以可以直接引用，而不用定义为形参，这一点与 C 语言的思路是很不同的，一定要习惯。

2. 方法的调用

方法调用的格式如下。

```
类对象名 . 方法名（实参列表）
```

（1）实参是为了使方法能完成设计功能而在外部传送给形参的数据。实参和形参必须在次序、数量、类型上完全匹配。

（2）在方法调用时，首先进行形参和实参的参数传递，然后流程由主调方法进入被调方法，流程在被调方法中执行，直到遇到第 1 句 return 语句或方法的 }，流程返回主调方法，若返回数值，则将值返回至调用处。

（3）在 OOP 程序设计中，非静态的方法都需要由类的对象调用。这部分知识等讲了类的实例化后，再详细解释。

5.2.5 类的实例化

Person 类的当前状态如下。

```
public class Person
{
    private string name;
    public string Name
    {
        get { return name; }
        set { name=value; }
    }
    private int age;
    public int Age
    {
        get { return age; }
        set
        {
            if(value>=1 && value<=200)
                age=value;
        }
    }
    public string Say()
    {
        return "my name is: "+name+" my age is: "+age.ToString();
    }
}
```

这时，字段、属性、方法都已经设计完毕。但是，类是为了解决问题而设计的一种逻辑模型，需要将类实例化为对象，利用对象来完成任务，既通常所说的“万事万物皆对象”。

所以，类的实例化是 OOP 的基本概念中最关键的环节之一。所谓类的实例化，是指根据类的逻辑设计生成实际占据内存的对象。

类是一种逻辑模型，对象是符合此模型真实存在的物理实体。若把类比作是月饼模子，对象则是一个个月饼，如图 5.4 所示。

图 5.4
类实例化的比喻

在设计类、根据类生成对象、应用对象的整个过程中，实例化起着桥梁的作用，如图 5.5 所示。

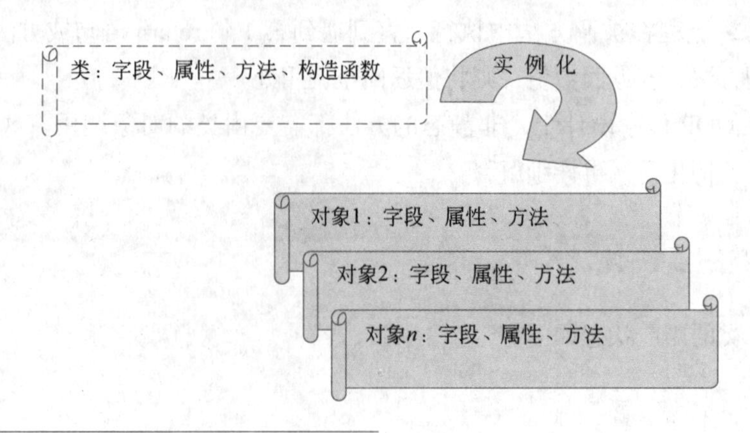

图 5.5
实例化的作用

1. 类的实例化

实例化的语法如下。

```
类名 引用名 =new 类名 ([ 实参列表 ]);
```

具体的实例化过程如下。

（1）在栈中定义该类类型的一个引用（引用名也称为对象名）。

类的实例化

（2）在堆内存中创建该类型的对象，并执行字段的默认初始化。

（3）根据实例化时的参数，执行与之相匹配的构造函数，对字段进行赋值。

（4）把引用指向刚创建的对象所在的堆内存。

实例化完成后，此引用所指向的对象就称为此类的一个对象或一个实例。

2. 类的构造方法

类的构造方法是一个特殊的方法，其定义格式如下。

```
public 类名 ([ 形参列表 ])
{
    利用形参为各字段赋值
}
```

（1）构造方法与类同名且没有返回类型，这 1 点可区分构造方法与其余所有方法。

（2）构造方法的作用见类的实例化过程，根据实例化时的参数执行相匹配的构造函数，对字段进行赋值。

注意

实例化时根据实参的选择来执行相匹配的构造方法，一个类中可以有多个构造方法可供匹配。也就是说，一个类中可以有多个同名的方法，在 C# 中这称为重载机制，方法的重载见书后续章节。

3. 构造方法的重载和 this 关键字

构造方法是可以重载的，下面举例了为 Person 类定义的 4 个构造方法。

```
//1
public Person() { }
```

```
//2
public Person(string name)
{
    this.name=name;
}

//3
public Person(int age)
{
    this.age=age;
}

//4
public Person(string name, int age)
{
    this.name=name;
    this.age=age;
}
```

其中，this 关键字表示当前类对象。

"this.name=name;" 语句中，前一个 name 表示当前对象的字段，赋值号后面的 name 是构造方法的形参。

（1）第一个构造方法的形参和方法体都是空的，如果用户这样实例化 Person 类：

```
Person p1=new Person();
```

则在实例化过程中：①在栈中定义该类类型的一个引用 p1；②在堆内存中创建该类型的对象，并执行字段的默认初始化，name 默认为 null，age 默认为 0；③因为实例化时的参数为空，与第 1 个构造方法匹配，所以选择调用第 1 个构造方法，由于方法体为空，字段的值仍为默认值；④把 p1 引用指向刚创建的对象所在的堆内存。这样，Person 类的第 1 个实例对象 p1 就生成了，其字段值为默认值。

p1 实例化的过程如图 5.6 所示。

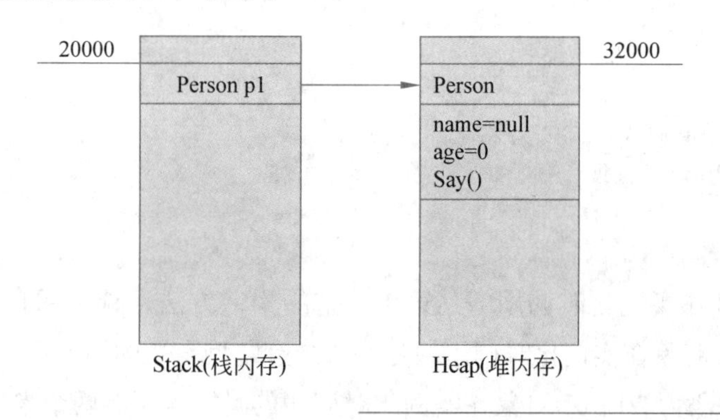

图 5.6
类对象的实例化——p1

如果用户没有自定义构造方法，空构造方法是由系统默认提供的。如果系统提供了自定义的构造方法，则系统就不再提供此空构造方法了。但希望读者在定义自己的构造方法时，还是最好写上空构造方法，以防用户实例化一个空对象时没有相匹配的构造方法。

（2）第 4 个构造方法有两个形参，分别对类的两个字段赋值。这里，用到 this 关键字，表示类的当前实例，就是当前类对象。如果用户这样实例化 Person 类：

```
Person p2=new Person("CDD",29);
```

则在实例化过程中：①在栈中定义该类类型的 1 个引用 p2；②在堆内存中创建该类型的对象，并执行字段的默认初始化，name 默认为 null，age 默认为 0；③因为实例化时的实参为两个，第 1 个是字符串，第 2 个是整型数，能够与重载的第 4 个构造方法的形参在数目、类型和顺序上完全匹配，所以选择调用第 4 个构造方法，将当前类对象 p2 的 name 字段赋值为 CDD，age 字段赋值为 29；④把 p2 引用指向刚创建的对象所在的堆内存。这样，Person 类的第 2 个实例对象 p2 就生成了。

p2 实例化的过程如图 5.7 所示。

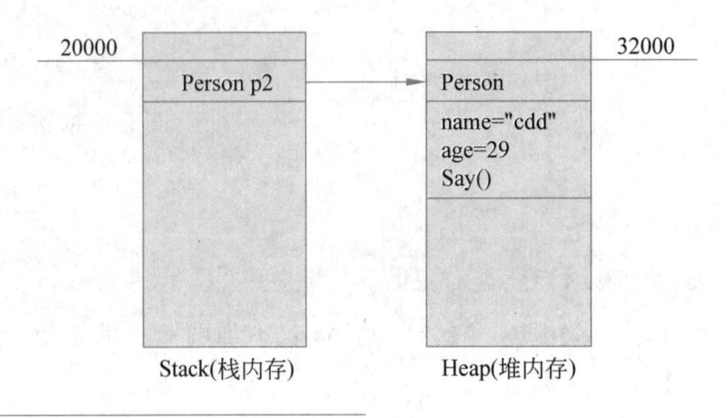

图 5.7
类对象的实例化——p2

5.2.6 对象的应用

1. 应用对象

类实例化为对象后，就可以应用对象完成具体任务了。

在本任务中，可以在类的定义文件的外部，Windows 窗体应用程序的窗体装载 (Lood) 事件里，写如下代码。

```
private void FormPerson_Load(object sender, EventArgs e)
{
    Person p1=new Person();
    Person p2=new Person(20);
    Person p3=new Person("kitty",20);
    p2.Name="tom cat";
    label1.Text+=p2.Say();
}
```

其中，p1 在实例化时调用的是第 1 个空的构造方法，p1 对象的两个字段都为默认空值；p2 对象在实例化时调用的是第 3 个有整型参数的构造方法，其姓名字段为空，年龄字段为 20；p3 对象在实例化时调用的是第 4 个有两个参数的构造方法，其姓名字段为 kitty，年龄字段为 20。

然后，利用 p2 的属性 Name 为其姓名字段赋值为 tom cat，可以理解为此时用的是属性的 set 方法为其赋值；最后将 p2 的 Say( ) 方法的返回值显示在标签上。

这样运行程序，窗体装载后，将显示："my name is: tom cat my age is: 20"。

在此，演示了属性和方法的应用，希望读者仔细体会。

2. 对象的生命期

在设计并定义一个类时并不实际分配内存，它只告诉编译器声明的类是什么，包含什么成员，占多大的空间，即在创建时必须要多大的内存空间。

当用 new 实例化对象后，对象在堆存储区中被创建，其引用在栈存储区被创建。引用的作用域就是定义它的代码段，一旦引用超出其作用域，引用的作用消失，它所指向的堆中的对象就被孤立了。.NET 的垃圾回收机制会回收这些孤立的堆对象，这些对象也就消失了。

5.2.7　组框控件

GroupBox 控件称为组框控件，作为容器，可以将一组控件置于其内部，用于对窗体上的众多控件进行分组，使窗体布局更清晰和美观。在设计界面，直接将控件拖入组框控件即可。组框控件常用的属性为 Text，用于设置组框左上边线上的提示文本，以此说明此组框的总体用途。

5.3　实施与分析

5.3.1　Person 类的设计应用思路

实现如图 5.1 所示的 Person 类的应用效果的设计思路如下。

此项目需要新建两个文件，一个是类文件，其中为 Person 类的设计代码；另一个是窗体文件，在其中将 Person 类实例化并应用此类。注意，类的设计是在类文件中实现的，类对象的实例化和应用是在窗体文件中实现的。

（1）在类文件中，根据以上 Person 类的设计，写入 Person 类文件。

（2）窗体上的“确定”按钮的 Click 事件代码应实现以下功能：利用两个 textBox 控件输入的值，实例化一个 Person 类对象，并调用此对象的 Say( ) 方法，将对象的信息显示在指定的 label 控件中。

（3）窗体上的“重置”按钮的 Click 事件代码应实现以下功能：将两个 textBox 控件的内容清空，并将焦点重新置于第 1 个 textBox 控件中。

5.3.2　Person 类及其对象应用的实现

1. 界面制作

新建 Windows 窗体项目，命名为 Person。在默认生成的窗体的设计界面内添加以下控件，并进行相应设置。

（1）拖 1 个 GroupBox 类到窗体，将其 Text 属性改为“请输入某人的姓名和年龄”；将其 BackColor 属性改为 wheat（小麦色），以便与背景窗体区分。

（2）拖 2 个 Label 类到 GroupBox，将其 Text 属性分别改为“姓名：”和“年龄:”，表示其后的文本框分别用于输入姓名和年龄。将其 Name 属性分别改为 labelName 和 labelAge。

（3）拖 2 个 TextBox 类到 GroupBox，将其 Name 属性分别改为 textBoxName 和 textBoxAge。

（4）拖 2 个 Button 类到 GroupBox，将其 Name 属性分别改为 buttonOk 和 buttonReset；将其 Text 属性分别改为“确定”和“重置”。

（5）在 GroupBox 外再放 1 个 Label 控件，将其 Name 属性改为 labelSay；将其 Text 属性改为空字符串，用于在用户单击“确定”按钮后，显示对象的信息；将其 Font 属性改为较大的字体；将其 ForeColor 属性改为 chocolate（巧克力色），以便突出显示。

（6）将窗体对象 Form1 的 Text 属性赋值为“Person 类示例”，将其 Name 属性改为 FormPerson。

2. 类代码

选择“新建项”→“类”命令，并将文件命名为 Person.cs，其中的代码如下。

```
public class Person
{
    private string name;
    public string Name
    {
        get { return name; }
        set { name=value; }        }
    private int age;
    public int Age
    {
        get { return age; }
        set
        {
            if(value>=1 && value<=200)
                age=value;
        }
    }
    public string Say()
    {
    return "my name is: "+name+" my age is: "+age.ToString();    }
    public Person() { }
    public Person(string name)
    {           this.name=name;        }
    public Person(int age)
    {          this.age=age;   }
    public Person(string name, int age)
    {          this.name=name;            this.age=age;      }
}
```

3. 事件响应方法中的代码

（1）在窗体内，双击 buttonOk 控件的 Click 事件，生成其事件响应方法，写入如下代码。

```
private void buttonOk_Click(object sender, EventArgs e)
{
    //实例化方式1
    Person p=new Person();
    p.Name=textBoxName.Text.Trim();
    p.Age=Convert.ToInt32(textBoxAge.Text.Trim());
    labelSay.Text=p.Say();
}
```

以上代码表示如何生成一个 Person 类的空对象：用两个 textBox 控件的输入值作为其属性，用属性为字段赋值，然后调用此对象，将对象的两个字段的信息显示在 labelSay 上。

（2）在窗体内，双击 buttonReset 控件的 Click 事件，生成其事件响应方法，根据设计思路，写入如下代码。

```
private void buttonReset_Click(object sender, EventArgs e)
{
    textBoxName.Clear();
    textBoxAge.Clear();
    textBoxName.Focus();
}
```

5.3.3 测试与改进

（1）编译程序，若有语法错误，请仔细查阅，并改正。

（2）编译通过后，在两个文本框中输入姓名和年龄的值，单击“确定”按钮，则会在界面下方出现“my name is:‘姓名文本框值’my age is:‘年龄文本框值’”的信息。

（3）若文本框的值未输入，则对象的对应属性值也为空，显示不出对应的属性。如何确保每个文本框均输入了值，再进行类对象的实例化呢？

可以在实例化的代码前加入如下代码。

```
if (textBoxName.Text==String.Empty)
{
    MessageBox.Show("您尚未输入姓名，请先输入姓名！");
    textBoxName.Focus();
    return;
}
if (textBoxAge.Text==String.Empty)
{
    MessageBox.Show("您尚未输入年龄，请先输入年龄！");
    textBoxAge.Focus();
    return;
}
```

这样就可以保证文本框都有值，也就是对象的属性都有值，从而可以确保显示出字段的信息。

（4）buttonOk 的 Click 事件中，设计的代码是实例化了一个空对象，然后利用属性为字段赋值。所以在实例化时，调用的是第 1 个构造函数。如果要求调用第 4 个构造函数，实例化一个姓名和年龄字段都有值的对象，代码应作如下改动。

```
private void buttonOk_Click(object sender, EventArgs e)
{
    string name=textBoxName.Text.Trim();
    int age=Convert.ToInt32(textBoxAge.Text.Trim());
    //实例化方式2
    Person p=new Person(name,age);
    labelSay.Text=p.Say();
}
```

以上对 Person 类的两种实例化方式，方式 1 是实例化了一个字段为默认空值的对象，用属性为字段赋值，然后使用方法显示出字段的内容；方式 2 是实例化了一个字段被构造方法赋值的对象，即使用方法显示出字段的内容。

综上所述，为类对象的字段赋值有两种方法，如下所述。

（1）用构造方法赋值。在实例化时，将值写在实参中，C# 会自动调用匹配的构造函数为字段赋值。

（2）用属性赋值。类对象生成后，为属性赋值，C# 会自动调用属性的 set 访问器为字段赋值。

再仔细测试后发现，如果用实例化方式 1 为某对象的年龄赋值，1 ~ 200 的值才是可以赋的，之外的都取默认值 0。而用实例化方式 2 为某对象的年龄赋值，任意值都可以，比如 –1、3000。原因是什么呢？这是因为方式 1 是用属性为字段赋值，在 Age 属性中有对字段取值范围的控制；而方式 2 是用构造方法为字段赋值，在相应的构造方法中没有对字段取值范围的控制。所以，为了达到一致的控制效果，类的设计该如何改进呢？

此时，最后两个构造方法，可以作如下更改。

```
public Person(int age)
{
    if(age>=1 && age<=200)
         this.age=age;
}
public Person(string name, int age)
{
    this.name=name;
    if(age>=1 && age<=200)
         this.age=age;
}
```

5.3.4 Course 类的设计与应用

设计课程类，表示课程的编号、名称和学分，并把本班本学期的所有课程列表展示在数据网格中，效果如图 5.8 所示。

图 5.8
课程列表效果图

为了实现此拓展任务，需要设计一个课程类，来存放相关字段。此类并无特定功能要求，所以可以不必设计方法，只须设计字段、属性和构造方法即可。

类设计好后，需要在窗体的按钮的 Click 事件中实例化若干对象，将这些对象加入对象数组。最后，把对象数组指定为数据网格空间的数据源属性，即可实现任务。和之前的项目类似，此项目也需要两类文件：类文件和窗体文件。那么下面就具体说明过程。

（1）在类文件 CourseInfo.cs 中设计类，如下所示。

```
public class CourseInfo
{
    private string courseID=null;
    public string CourseID
    {
        get { return courseID; }
        set { courseID=value; }
    }
    private string courseName=null;
    public string CourseName
    {
        get { return courseName; }
        set { courseName=value; }
    }
    private int courseCredit=0;
    public int CourseCredit
    {
        get { return courseCredit; }
        set { courseCredit=value; }
    }
    public CourseInfo() { }
    public CourseInfo(string courseID, string courseName,
    int courseCredit)
    {
        this.courseID=courseID;
        this.courseName=courseName;
        this.courseCredit=courseCredit;
    }
}
```

（2）在窗体上按钮的 Click 事件中，实例化 6 个课程对象，并加入课程类的数组中，再将此数组指定为数据网格的数据源。

```
private void btnShowCourseList_Click(object sender, EventArgs e)
{
    CourseInfo c1=new CourseInfo();// 实例化空对象后设置属性
    c1.CourseID="0801";
    c1.CourseName="《C# 面向对象程序设计》";
    c1.CourseCredit=6;
    …
    // 实例化字段有值的对象
    CourseInfo c6=new CourseInfo("0806","《SQLServer 编程》",8);
    CourseInfo[] courses=new CourseInfo[]{c1,c2,c3,c4,c5,c6};
    dataGridView1.DataSource=courses;
}
```

经过上述操作后可以总结，面对任何任务，OOP 的设计思路是：①根据任务需求设计类；②在类外恰当的地方，实例化类对象；③实现功能需求。

5.4 知识拓展

5.4.1 静态成员

在已完成的 Person 类的封装中，类的所有成员在每个对象中都有 1 份，此类实例化了 10 个对象，这些成员就有 10 份。对于一般的类，这是可以接受的，因为每个对象的数据成员的值都不同，方法也就能提供不同的输出；并且这些成员的生命周期是：当对象被创建时开始存在，当对象消失时消失。

但在一些特殊情况下，有些类的成员可以定义为静态成员。当某成员被定义为静态后，它就在堆内存中占据单独的区域，在本类的任何对象实例化前就会存在。此时，不再允许用对象名调用它，而只能用类名调用它，格式如下。

```
类名 . 静态成员
```

此时，静态成员只有 1 份，并且对此类的每个实例都是可见的，所有实例共用 1 份静态成员。

所以，前面介绍的非静态的成员又被称为实例成员，因为它们依赖于特定的实例对象。对于静态成员，有以下两点说明。

（1）字段、属性和方法等都可以定义为静态的。

（2）静态成员通常用于表示不会随对象状态的变化而变化的数据或方法。例如，数学库的类可能包含用于计算正弦和余弦的静态方法。静态成员也常用于保存需要在各类中传递的全局数据，但并不推荐这种用法，因为会造成内存的大量占用。例如下面这段代码。

```
class SC
{
    static public int a;
    static public string PrintVal()
    {
         Return String.Format("value of static a: {0}",a);
    }
}
```

此时，在堆内存中存在一些静态成员，如图 5.9 所示。

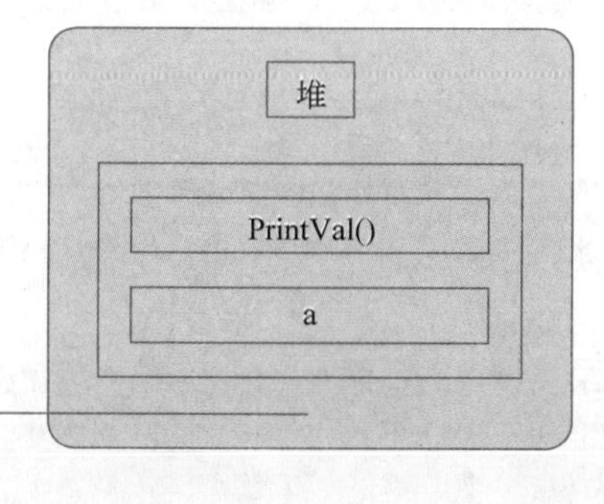

图 5.9
静态成员内存占用示意图

在此类外，必须用类名进行调用，如下所示。

```
SC.a=10;
SC.PrintVal();
```

```
SC.a=20;
SC.PrintVal();
```

又例如，MessageBox.Show("hello")中，Show( )方法肯定是MessageBox类的静态方法。可以双击Show( )方法，然后右击，选择“转到定义”命令，查看此方法的定义格式，可以看到内容是public static DialogResult Show(string text)，确实是静态方法，所以必须用类名来引用。

在“Random r=new Random( ); h=r.Next(1, 42);”中，Next( )方法肯定是Random类的实例方法，同样也可以用上面的查看手段进行验证。

5.4.2 常量成员

在类的设计中，有时可能需要定义一些常量，可用以下格式。

```
访问修饰符 const 类型 常量名 = 值；
```

其中，常量名建议全大写。一般一个应用程序中用到的常量建议写在一个专门的类中，如以下代码所示。

```
class MyConst
{
    public const double PI=3.14;
    public const double G=9.8;
}
class XSXKConst
{
    public const int STU_MAX_CREDIT=8;    //每个学生选课最多能选的学分上限
    public const int COURSE_MAX_STU=30;   //每门课最多可以有多少学生
}
```

常量有点像静态成员，即使没有类的实例也可以使用，对此类的每个实例都是可见的。调用时也只能用类名。

常量与静态成员之间的不同点如下所述。

（1）常量在堆内存中不占空间，只是会在编译时被编译器进行字符替换，如当常量XSXKConst. STU_MAX_CREDIT在编译时，编译器就会根据定义替换为8。

（2）常量的内容是不可改变的；静态成员的内容是可以改变的。

5.4.3 方法的重载

方法的重载是指：一个类中可以有两个以上的方法拥有相同的名称。此时，重载方法的签名必须不同，以便被编译器决定，在运行时选择使用同名方法中哪一个。方法的签名包括：方法的名称、参数的数目、类型和顺序。注意参数的名和方法的返回类型不属于签名，不能用于重载。

正确的重载示例如下。

```
void Fac(int a,int b) {…}                //1
float Fac(double a, int b) {…}           //2
void Fac(int a)  {…}                     //3
```

这时，如果调用时的实参是两个整型数，则编译器选择调用重载方法1；如果调用时的实参是一个整型数，则编译器则决定调用重载方法3；以此类推。

错误的重载示例如下。

```
void Fac(int a,int b) {…}           //1
void Fac(int x, int y) {…}          //2
float Fac(int a, int b  {…}         //3
```

其中，方法 1 和方法 2 只是参数名不同，而参数名不属于签名，所以这 2 个方法的签名实际上是一样的；方法 1 和方法 3 只是返回类型不同，而返回类型也不属于签名,所以这 2 个方法的签名也是一样的。也就是说,这三个方法的签名完全相同，编译器认为定义了重复的方法，无法区分调用它们，是不能通过编译的。

方法的重载在 OOP 中是一种非常有用的机制,同一个方法接受各种不同的输入，完成本质上相同的功能，是非常有实用价值的。如下面两个重载的方法，第 1 个接收 1 个 SQL 语句，然后在相连数据库上执行此命令；第 2 个接收一个 SQL 语句及其参数，然后在相连数据库上执行此命令，这种用法在应用程序代码中非常普遍，如以下代码所示。

```
public static int ExecuteCommand(string sql)
{
    SqlCommand cmd=new SqlCommand(sql, Connection);
    int result=cmd.ExecuteNonQuery();
    return result;
}
public static int ExecuteCommand(string sql, params SqlParameter[]
values)
{
    SqlCommand cmd=new SqlCommand(sql, Connection);
    cmd.Parameters.AddRange(values);
    return cmd.ExecuteNonQuery();
}
```

不仅如此，类的构造方法中也经常使用重载，在上面已详细介绍。

5.4.4 委托和事件

事件驱动机制已经在上文中介绍和应用了，但这个被广泛应用的机制，到底是如何运作的呢?

这首先涉及 C# 的重要特性：委托和事件。

1. 委托

委托是包含具有相同返回值和签名的、有序方法的类型。方法可以是静态的，也可以是实例方法。委托需要声明、实例化、调用。

（1）委托的声明

委托的声明格式如下。

```
delegate 返回类型  委托名（形参列表）;
```

语句中表示本委托可以包含：具备该返回类型，和规定参数集的方法。委托在本质上是一种类型，所以委托的声明，必须在所有的方法之外。

（2）委托对象的实例化

委托对象的实例化格式如下。

```
委托名 变量=new 委托名(方法名1);
```

该语句表示实例化委托，并把第一个方法放进来。

实例化后，可以用+=、-=运算符，为此委托增加、减少同返回值、同签名的方法。

（3）委托对象的调用

可以像调用方法一样，调用委托，格式如下。

```
委托名(实参列表);
```

此时，使用同一实参集，依次调用委托里的所有方法，返回值为最后一个方法的返回值。

委托的具体使用方法如以下代码所示。

```
public class Add2                                   //定义类
{
    public static int AddPlus(int x,int y)
    {
        Return 10*(x+y);
    }
    public int Add(int x,int y)
    {
        Return x+y;
    }
}
Add2 a2=new Add2();                                 //实例化此类

Delegate int MyDel(int a,int b);                    //声明委托
MyDel dVar=new myDel(a2.Add);                       //实例化委托
dVar+=Add2.AddPlus;                                 //在委托中加入方法
dVar(2,6);                                          //调用委托，返回值为80
```

此段代码设计了一个示例用的类，然后声明委托，其中包含返回整型、具有两个整型参数的方法，然后实例化委托，同时包含第1个方法（实例方法），再加入一个方法（静态方法）。调用委托后，两个方法都将依次执行，委托的返回值为最后方法的返回值。读者可改变方法加入的顺序，自行调试，可以看到返回结果的不同。

2. 事件

在前面介绍过，引发事件的对象称为事件发送方；捕获事件并对其做出响应的对象叫作事件接收方；对接收的事件做出响应的程序称为事件响应方法，事件发生时，会触发其响应方法的执行。这都属于事件驱动机制内的范畴。

事件的本质

事件是一种委托类型的成员。发出事件的对象称为发行者，发行者必须提供事件和触发事件的代码。订阅该事件的对象称为订阅者，一个事件可以有多个订阅者（可包括发行者自己）。

事件的处理过程分为3个步骤：①定义事件；②订阅事件；③触发事件。具体介绍如下。

（1）定义事件：事件是类的成员，需要在发行者类的内部定义，格式如下。

```
event 委托名 事件名;
```

可见，事件就是一种特殊的委托，在定义时，就规定了本事件响应方法的返回值、参数的类型、个数、顺序。

（2）订阅事件：在订阅者对象的事件中，增加发行者事件的委托，就表示该订

阅者订阅了那个事件，并用此委托中的方法进行事件处理。并且可以在委托中增加新的方法，其格式如下。

```
订阅对象名 . 事件名 +=new 发行者类名 . 委托名 ( 处理方法名 );
```

这个语句表示本订阅者订阅了委托中所代表的事件，以及默认的第一个处理方法。需要注意的是类名后面没有括号。

（3）触发事件：发行者需要发出触发事件的代码，则在订阅了此事件的订阅者上，所有在委托中的方法都会被执行。

以下代码用“警察抓强盗”的小游戏，来说明事件的处理过程：

```
public class Robber                          //强盗类，赶紧跑
{
    public string RunAway()
    {              return "hurry run...";            }
}
public class Police                          //警察类，往哪里逃！
{
    public string Chase()
    {              return "where to go!";            }
}
public class People                          //平民类声明了事件 PeopleEvent，以
                                               及触发事件的方法 Help
{
    public delegate string PeopleDele();
    public event PeopleDele PeopleEvent;
    public string Help()
    {    return PeopleEvent();               }
}
static string h_Peopleevent()                //默认处理方法
{   return "help help...";                   }

People h=new People();                       //平民对象
Robber r1=new Robber();                      //强盗对象
Police p1=new Police();                      //警察对象
A:  h.PeopleEvent+=new People.PeopleDele(h_Peopleevent);
//平民对象作为订阅者，订阅了事件 PeopleEvent，默认处理方法为 h_Peopleevent
B:  h.PeopleEvent+=r1.RunAway;               //在事件中再加入处理方法 2
C:  h.PeopleEvent+=p1.Chase;                 //在事件中再加入处理方法 3
D:  label1.Text=h.Help();                    //平民触发事件
```

当执行到最后一行代码时，表示平民遇到了强盗，发出了触发事件的要求。由于他自己事先已经订阅了此事件，所以此事件委托中的所有处理方法（共 3 个），都会被执行一遍，因此会显示“help help...”“hurry run...”和“where to go!”。

若将语句 A、B、C 删除，则程序编译可以通过，但运行时会出错，因为该事件只有定义，而没有被任何对象订阅，所以没法触发执行。若保留语句 A，删除语句 B 和 C，则显示为“help help...”，表示该事件用默认方法处理。若删除了语句 D，虽然事件已经定义和被订阅，但事件没有被触发，没有任何方法会执行，表示平民没有主动求救。

所以，事件的定义、订阅、触发这三个环节，是缺一不可的。

在 C# 中，定义了系统默认的事件处理的委托：EventHandler 委托。标准控件的事件都订阅此委托，其定义如下。

```
public delegate void EventHandler(object sender,EventArgs e)
```

第 1 个参数代表触发事件的对象，由于是 object 类型的，所以可以接受任意类型的对象；第 2 个参数代表事件的参数，EventArgs 类也是保存数据的基类。这样，EventHandler 委托就提供了对所有事件和处理都通用的签名。

下面这段代码位于某窗体文件的资源界面，即 .Designer.cs 文件内。

```
this.Load+=new System.EventHandler(this.Form1_Load);
this.buttonOK.Click+=new System.EventHandler(this.buttonOK_Click);
this.buttonOK.DockChanged+=new System.EventHandler(this.buttonOK_
DockChanged);
```

第 1 行表明在本窗体的 Load 事件中订阅 EventHandler 委托，默认处理方法为 this.Form1_Load( )，当窗体装载时，就触发此方法执行，所以一般把用户窗体装载时需实现的功能，放在 Form1_Load( ) 方法里。

第 2 行表明按钮 buttonOK 的 Click 事件订阅 EventHandler 委托，默认处理方法为 this.buttonOK_Click，同理，当用户按下按钮，也触发此方法。

第 3 行表明按钮 buttonOK 的 DockChanged 事件订阅 EventHandler 委托，默认处理方法为 this.buttonOK_ DockChanged( )。若用户将 private void buttonOK_DockChanged(object sender, EventArgs e) 方法直接删掉，则系统编译一定会出错。因为此时，在资源窗体中，事件的订阅已经被自动生成（即第 3 行），而默认处理方法被用户删除。所以，读者可以在 .Designer.cs 文件中，手动删除第 3 行，取消订阅，错误就不存在了。初学者一般都会犯此错误，故在此予以详细说明。

委托和事件，是 C# 中的重要概念。设计者在编码时在委托中加入处理方法（即事件响应方法），则当事件被触发时，该方法将被执行，设计功能才能得以实现，也即事件驱动机制得以运行。

5.4.5　值参数

方法的参数包括形参和实参以及它们之间的参数传递。形参是方法为了完成自己的设计功能而必须接收的外部原始数据，实参是为了使方法能完成设计功能而在外部传送给形参的数据。实参和形参必须在次序、数量、类型上完全匹配。在方法调用时，首先进行实参和形参的参数传递，然后流程由主调方法进入被调方法。

值参数是把实参的值赋值给形参的参数，此时实参和形参前无任何传递用的修饰符。此时，实参和形参在栈内存占用两要套内存空间。

本小节主要讲解 C# 中参数传递的 4 种方式。

（1）如果实参和形参都是值类型，则实参把值传递给形参后，实参和形参再无任何关联，一方的改变不会影响另一方，如下面的代码所示。

```
class CanShu
{
    public void ChangeNumber(int num)
    {     num+=10;            }
}
// 主调方法中的调用代码如下
CanShu c=new CanShu();
int a=100;
c.ChangeNumber(a);
// 输出("a={0}", a);
```

此时，实参和形参之间进行值传递，实参 a 将自己的当前值传递给形参后，形参的值是 100，然后形参的值加了 10。这种改变不可能对实参的值产生影响，因为分别占用栈中的 2 个单元，实参 a 一直保持值 100，效果如图 5.10 所示，输出结果可证明之。

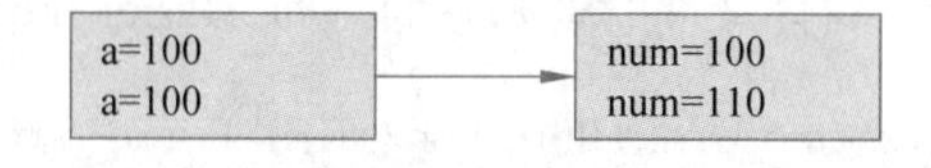

图 5.10
值参数传递——传值

（2）如果实参和形参都是引用类型，则实参把值传递给形参后，实参和形参的值一样，但这种值是地址，所以它们都指向堆中同一对象，任何一方中的改动，就相当于另一方的改动。

例如，通过属性 Name 修改 Person 类对象的 name 字段值，如下面的代码所示。

```
class CanShu
{
    public void Change ( Person ps )
    {
        ps.Name="obarsang";
    }
}
```

主调方法中的相关代码如下。

```
CanShu c=new CanShu();
Person p=new Person("CDD",29);
p.Say();
t.Change(p);
p.Say();
```

此时，实参和形参之间也进行值传递，实参 p 将自己的当前值传递给形参 ps 后，栈中的形参和实参一起指向堆中的实例对象。形参 ps 将实例的 name 字段改名，则相当于实参 p 所指对象的 name 字段也改了，效果如图 5.11 所示，输出结果可证明之。

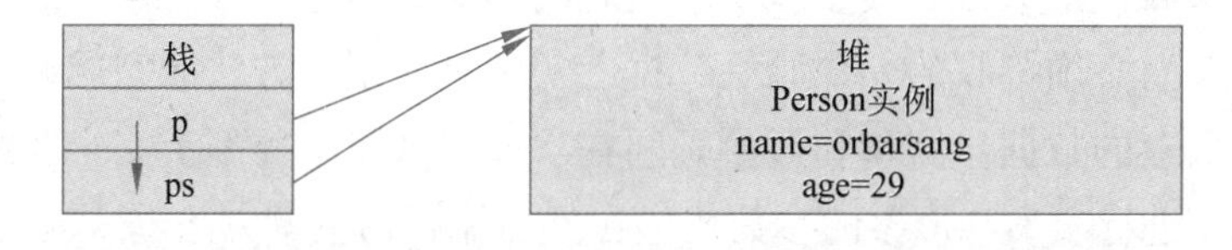

图 5.11
值参数传递——传地址

在 C# 中，数组名做参数时，实参数组也是将首地址传送给形参数组，此时，因为数组属于引用类型，这 2 个数组名就是 2 个引用，同时指向堆中的实参数组的首地址。其原理与上面的对象名做参数完全一致，对形参数组的改动（如排序等）就是对实参数组的改动，这里不再赘述。

总结：值参数是把实参的值赋值给形参的参数，此时实参和形参的前面无任何传递用的修饰符。如果实参和形参是值类型，则实参把值传递给形参后，实参和形参再无任何关联，一方的改变不会影响另一方；如果实参和形参都是引用类型（对象、数组等），则实参把值传递给形参后，实参和形参的值一样，它们都指向同一地址，任何一方的改动，就相当于另一方的改动。

5.4.6 引用参数

引用参数是在实参和形参前都加上 ref 这个传递用的修饰符。此时，实参在栈内存占用一套内存空间，形参不占用新的内存，实参与形参共用内存。任何一方的改动，就相当于另一方的改动。此时，无论参数是值类型还是引用类型，都同样适用。

下面的程序为添加一个重载的 ChangeNumber(ref int num) 方法。

```
class CanShu
{
    public void ChangeNumber(int num)
    {
        num+=10;
    }
    public void ChangeNumber(ref int num)
    {
        num+=10;
    }
}
//在主调方法中调用代码如下，此时编译器会根据方法的签名匹配调用第2个重载方法：
CanShu c=new CanShu();
int a=100;
c.ChangeNumber(ref a);
//输出("a={0}", a);
```

此时，实参和形参之间进行引用传递，实参 a 与形参 num 共用内存，形参将内存中的值加了 10，这种改变就是对实参值的改变，则实参 a 的值变为 110，效果如图 5.12 所示，输出结果可证明之。

a、num共用此内存单元
a: 100→110

图 5.12
引用参数

5.4.7 输出参数

在普通意义下，方法只有 0 个或 1 个返回值。如果在某些情况下，需要方法带回多个值，怎么处理呢？第一种方法，使用刚讲的引用参数；第二种方法，可以用输出参数。

输出参数是在实参和形参前都加上 out 这个传递用的修饰符。此时，实参在栈内存占用一套内存空间，形参不占用新的内存，实参与形参共用内存。任何一方的改动，就相当于另一方的改动。此时，无论参数是值类型还是引用类型，都同样适用。

对于输出参数，其参数传递的方向与其他所有的参数传递形式都不同，一般的参数传递方向是：在方法调用开始时，实参把值传给形参。而输出参数的传递方向是：在方法调用结束返回时，形参把值传给实参。

所以注意，输出参数的形参必须在方法返回前被赋值，如下面的代码所示。

```
class CanShu
{
    public void GetAvgMaxAndMin(int[] intArr, out int max, out int min)
    {
        int i;
        max=min=intArr[0];
        for(i=1;i<6;i++)
        {
            if(intArr[i]>max)
                max=intArr[i];
            if(intArr[i]<min)
```

```
                    min=intArr[i];
            }
        }
    }
    //则在主调方法中，应该如下调用
    CanShu c=new CanShu();
    int[] arr=new int[6] { 1, 6, 2, 3, 15, 30};
    int x, y;
    c.GetAvgMaxAndMin(arr, out x, out y);
    //输出("max={0},min={1}",x,y);
```

此方法有 1 个值参数，2 个输出参数。在方法调用时，实参 arr 把自己的地址传给形参 intArr，2 个数组共用一段内存，同理，2 个输出参数的实参和形参也共用其内存；然后，程序在方法内执行，分别求出此数组的 2 个最值 max 和 min；在方法返回时，这 2 个最值被传给实参 x 和 y。此方法中参数间的关系如图 5.13 所示。

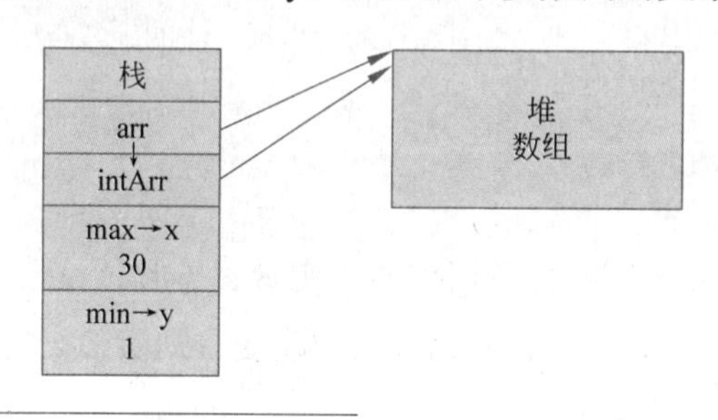

图 5.13
输出参数

5.4.8 参数数组

在很多情况下，方法存在这样一类参数，其类型一致，但个数未知，对这种情况，前面的几种参数均不能实现。C#.NET 提供了参数数组来解决。

在形参中，参数数组的定义格式如下。

```
params 类型 [] 数组名
```

它表示定义了一个该类型的参数数组，数组能接受任意数目的该类型的实参。

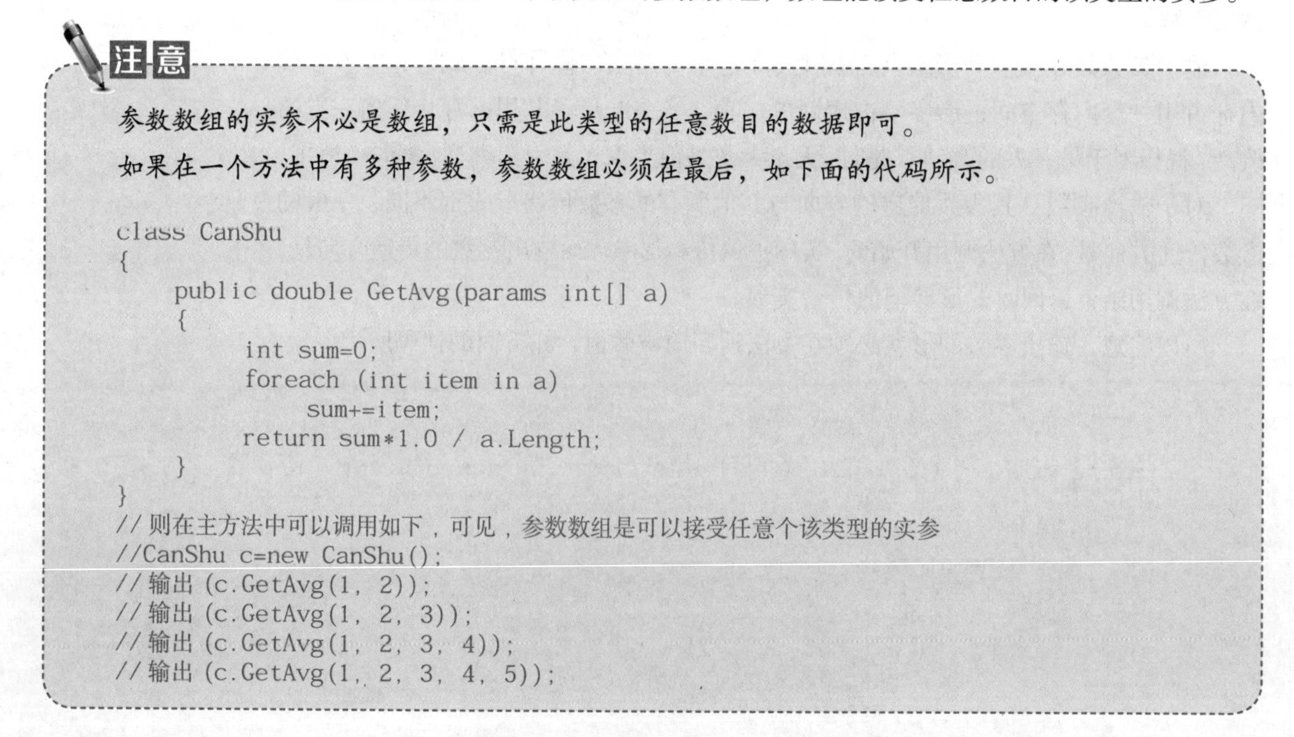

注意

参数数组的实参不必是数组，只需是此类型的任意数目的数据即可。

如果在一个方法中有多种参数，参数数组必须在最后，如下面的代码所示。

```
class CanShu
{
    public double GetAvg(params int[] a)
    {
        int sum=0;
        foreach (int item in a)
            sum+=item;
        return sum*1.0 / a.Length;
    }
}
//则在主方法中可以调用如下，可见，参数数组是可以接受任意个该类型的实参
//CanShu c=new CanShu();
//输出(c.GetAvg(1, 2));
//输出(c.GetAvg(1, 2, 3));
//输出(c.GetAvg(1, 2, 3, 4));
//输出(c.GetAvg(1, 2, 3, 4, 5));
```

在方法重载中讲过的两个重载方法之一，也可接受任意数目的参数值，如下面的代码所示。

```
public static int ExecuteCommand(string sql, params SqlParameter[]
values)
{
    SqlCommand cmd=new SqlCommand(sql, Connection);
    cmd.Parameters.AddRange(values);
    return cmd.ExecuteNonQuery();
}
```

任务小结

本任务介绍了类与对象的基本概念，将任务封装为类的思路，以及将类实例化为对象的过程。

1. 类的设计

类的设计包含以下几个方面。

（1）字段：为实现功能，类需要自己拥有的数据成员。

（2）属性：为在外部使用私有字段，而封装的公有的字段访问器。

（3）方法：类功能的实现方法。注意，若使用本类字段，可直接应用，无须设为形参。

（4）构造方法：在类的实例化过程中，为字段赋值的与类同名的无返回值的方法。

2. 类的实例化

类实例化的语法为：

```
类名 对象名 =new 类名（实参列表）
```

类的实例化过程如下。

（1）在栈中分配一个引用（对象名）。

（2）在堆中初始化原始的空对象。

（3）根据实例化时的实参，决定调用哪个匹配的构造函数，对堆中对象的相应字段进行初始化。

（4）使引用指向堆对象。

3. 对象的应用

类实例化为对象后，即可应用对象的属性、方法等，实现任务的需求。

4. OOP 基本编程思路总结

面对任何任务，将其抽取为类，设计类的字段、属性、方法和构造方法；并能在类外恰当的场合，实例化类对象来完成任务。

另外，在知识拓展中，对静态成员、常量成员、方法的重载、委托和事件，方法的 4 类参数，进行了补充说明，这些都是应用领域十分重要的知识点，希望读者可以自学。

自测题

1. 请读者查阅 MSDN 或使用搜索引擎，查阅“类”的常见修饰符有哪些及各修饰符的作用是什么，“类成员”的常见修饰符有哪些及各修饰符的作用是什么。

2. 编写“打印星号矩阵”小程序，如图 5.14 所示，一些要求如下。

（1）输入需要打印星号矩阵的长和宽，打印出该长宽的星号矩阵。

（2）如果长或宽没有输入，或输入的不是数字，则弹出对话框提示。

设计一个打印星号矩阵类，该类中提供一个打印星号矩阵的方法。

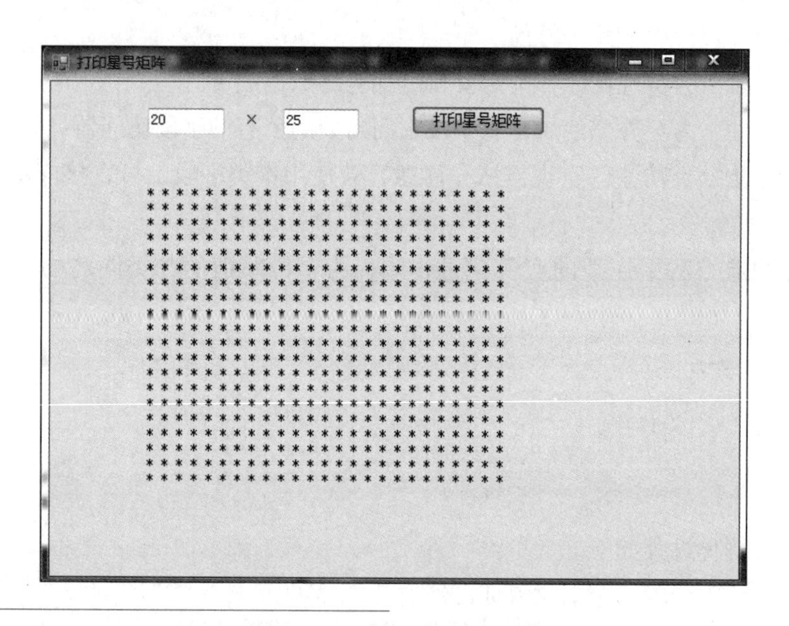

图 5.14
打印星号矩阵

3. 设计一个求某月份天数的类。要求：在界面上输入年份、月份，输出该年该月的天数，并用两种或两种以上的方法实现，并思考在这个过程中学到什么。具体功能要求如下。

（1）如果年份或月份未输入，弹出对话框提示用户输入。

（2）如果输入的年份不是数字或不符合格式，弹出对话框提示用户。

（3）如果输入的月份不是数字或不在 1 ~ 12 范围内，弹出对话框提示用户。

4. 编写一个类 MyArrayHelper，在该类中提供一个方法，该方法要求判断某一个整型数组中是否有指定的数字。如果有，返回 true，并且返回该数组中指定数字的个数；如果没有，返回 false。

5. 编写一个简易计算器，实现整数的加减乘除（要求分别用设计自定义类的方式和不设计自定义类的方式实现，并思考这两种方式的区别），界面如图 5.15 所示。

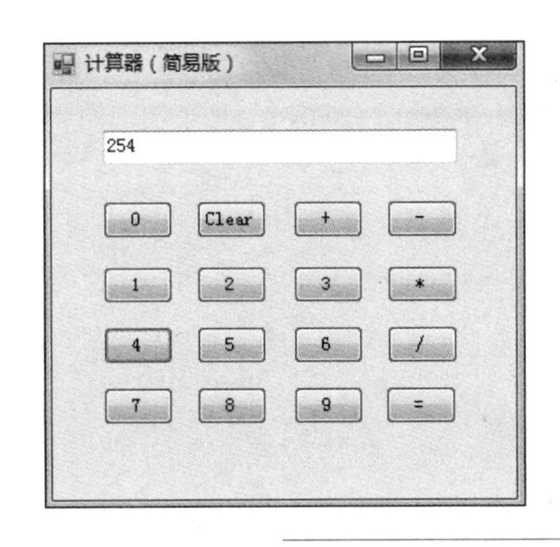

图 5.15
简易计算器界面

6. 设计类 Rectangle，实现任意矩形的面积和周长的求解，要求从窗体输入长和宽，然后在窗体上输出其周长和面积。将本题与任务 2 中求矩形面积周长的题目相比，本题的设计有何优越性？

7. 设计图书类，包括图书号、图书名称、单价和数目字段，包含两个构造方法和求此图书总价值的方法；并且实例化 6 个图书对象，显示在数据网格中，并在下方给出这 6 种图书的总价值。

提示

①根据具体要求，先设计好自定义的类；②设计窗体界面，利用实例化类对象，将结果按要求显示在相应的控件内。

8. 设有 Caculator 类设计如下，回答下面的问题。

```
public class Caculator
{
    public int Add(int x, int y)
    {    return x+y;
    }
    public int Add(int x)
    {    return x+10;
    }
    public double Add(double x)
    {    return x+10;
    }
    public int Substract(int x, int y)
    {    return x - y;
    }
    public double Substract(double x, double y)
    {     return x - y;
    }
    public int Multiply(int x, int y)
    {    return x*y;
    }
    public int Multiply(char x, char y)
    {    return x*y;
    }
    public int Divide(int x, int y)
    {    return x / y;
    }
```

```
        public double Divide(double x, double y)
        {    return x / y;
        }
    }
    Caculator ca=new Caculator();
```

给出以下各句的答案。

```
ca.Add(3, 3);  __________
ca.Add(3);  __________
ca.Add(3.5);  __________
ca.Substract(5.2);  __________
ca.Multiply('1','2');  __________
ca.Divide(4, 2));  __________
```

9. 以下描述错误的是__________。

A. 属性不能与其所封装的字段名一致

B. 属性的数据类型必须与其所封装的字段的数据类型一致

C. 构造函数的名字和该构造函数所在类的类名必须一样

D. string 类型是值类型

10. 以下关于 static 关键字的描述，错误的是__________。

A. 每个静态字段只有一个副本

B. 不能通过类名直接引用静态成员

C. 不可以使用 this 关键字来引用静态方法

D. 如果对类使用 static 关键字，则该类的所有成员都必须是静态的，否则编译将通不过

11. 编写“猜数字”趣味小游戏。

猜数字(Bulls and Cows)是一种大概于20世纪中期兴起于英国的益智类小游戏。该游戏有多种规则，本作业请按以下规则编写游戏。

（1）系统随机生成 0 ~ 9 中的 4 个数字，且不重复。

（2）然后，用户在这四个文本框中分别输入猜想的数字（不重复），单击“提交”按钮继续游戏。如果用户未输满 4 个数字，或者输入的不是数字，或者数字有重复，则弹出对话框提示用户输入正确的信息。

（3）程序根据用户猜想的数字与正确答案进行比对，给出比对结果（×A×B）。规则为：A 前面的数字表示位置正确的数的个数，而 B 前的数字表示数字正确而位置不对的数的个数。例如：正确答案为 5234，而猜的人猜 5346，则是 1A2B，因为其中有一个 5 的位置对了，记为 1A，而 3 和 4 这两个数字对了，而位置没对，因此记为 2B，合起来就是 1A2B。只要没有完全猜中正确答案（即 4A0B），就接着猜，直到猜中为止。

（4）如果连续 7 次未猜中结果，则提示游戏结束；如果在 7 次以内猜中，则提示成功。

程序运行界面如图 5.16 所示（仅供参考）。

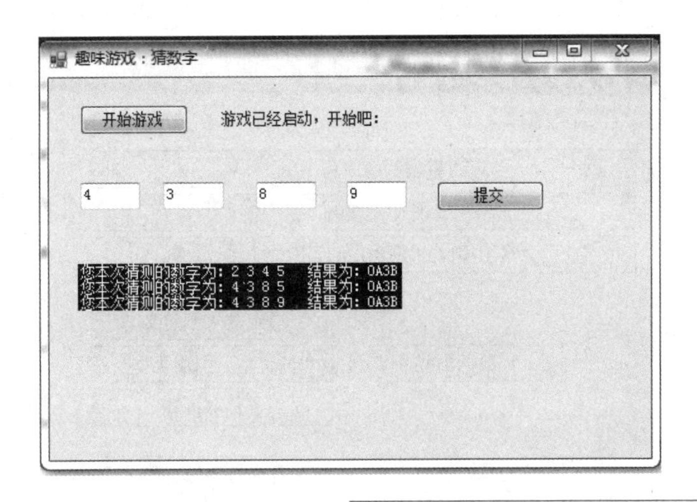

图 5.16
猜数字游戏界面

学习心得记录

阶段一知识路线图

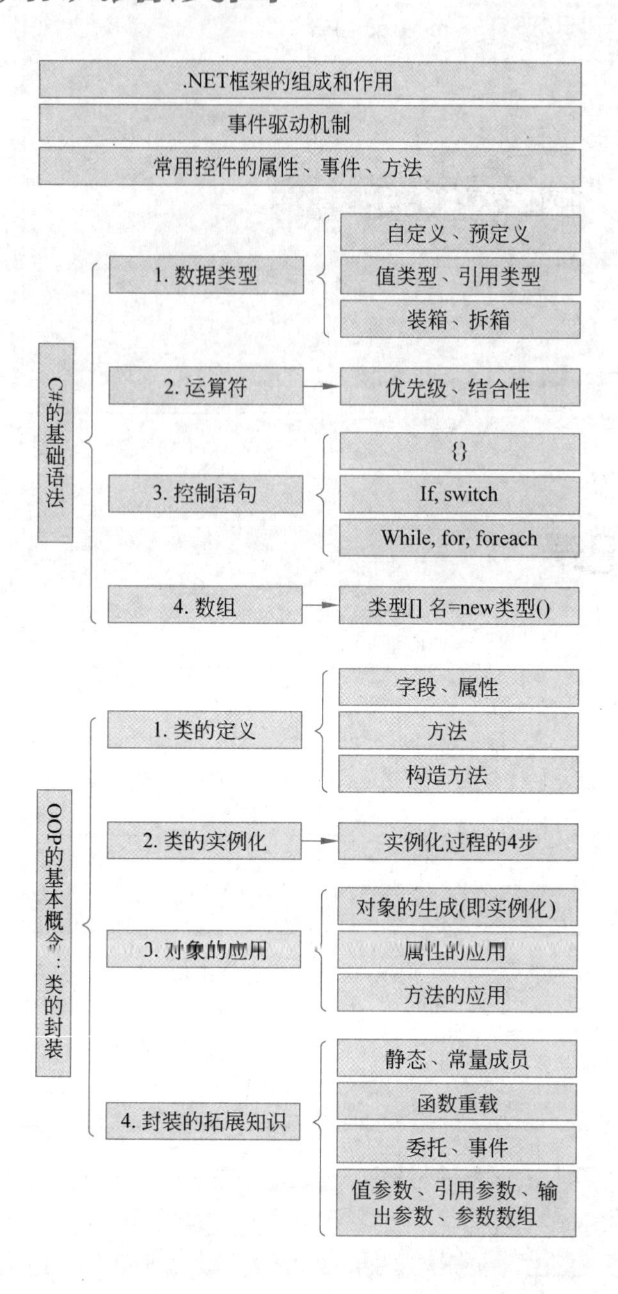
.NET框架的组成和作用
事件驱动机制
常用控件的属性、事件、方法
C#的基础语法
1. 数据类型
自定义、预定义
值类型、引用类型
装箱、拆箱
2. 运算符
优先级、结合性
3. 控制语句
{}
If, switch
While, for, foreach
4. 数组
类型[] 名=new类型()
OOP的基本概念：类的封装
1. 类的定义
字段、属性
方法
构造方法
2. 类的实例化
实例化过程的4步
3. 对象的应用
对象的生成(即实例化)
属性的应用
方法的应用
4. 封装的拓展知识
静态、常量成员
函数重载
委托、事件
值参数、引用参数、输出参数、参数数组

第二阶段　项目开发——原始版本

概述

在前面的阶段中，通过各类任务的实施，引入了 C# 语言的基础语法，以及 Windows 窗体应用程序的设计思路——事件驱动机制，还介绍了面向对象程序设计中最基础的理念：类的抽取和应用。以上知识点及其应用都是实现 C# 窗体类项目的基础。

本阶段开始实施学生选课管理项目开发的原始版本。首先是项目的需求分析和总体设计；然后介绍基于两层架构的课程管理模块的开发；最后引入自定义数据操作类 DBHelper，并用其重构代码。在此过程中引入 ADO.NET 数据库访问技术、两层架构等项目开发的关键技术及其应用。其中，ADO.NET 数据库访问技术和自定义数据操作类 DBHelper，是所有管理信息类软件开发的基础，是非常关键和重要的知识点。

本阶段任务

任务 6　项目的需求分析
任务 7　项目的总体设计
任务 8　基于两层架构的课程浏览查询模块
任务 9　基于两层架构的课程添加删除模块
任务 10　数据访问类 DBHelper 的设计和应用

本阶段知识目标

（1）了解软件项目开发的基本流程，理解类与对象在项目设计中的应用，了解学生选课管理项目的逐步重构的各版本。

（2）理解 5 个核心的 ADO.NET 数据访问类及其应用。

（3）掌握课程添加、删除、浏览、查询等功能的两层实现方法。

（4）理解自定义数据操作类 DBHelper 的设计和应用原理。

本阶段技能目标

（1）能应用 5 个核心的 ADO.NET 数据访问类，实现基于两层架构的信息添加、删除、浏览和查询。

（2）掌握自定义数据操作类 DBHelper 的设计，以及应用其优化原始代码的能力。

任务 6 项目的需求分析

6.1 情境描述

每个大学生进入大学，必须做的一件事情是为自己选课。学生应该能够看到可选择的课程，并要求在规定的学分范围内选课，在截止日期前可以再选或者退选。为此，计算机系决定开发一套学生选课管理系统，一方面让学生更好地理解选课的内在工作流程，从而理解本项目的需求；另一方面使学生能够在逐步实现学生选课管理系统的过程中，掌握面向对象的基本概念、设计理念，最终用三层体系架构实现该系统。

项目的负责人与学校有关部分充分沟通了实际的选课业务流程后，作为项目经理组建了开发团队。开发团队由教师团队和学生项目组组成，每个项目组包含 5 个左右的学生，自选一名组长。每个项目组必须根据项目经理的功能要求、技术要求和进度要求，合作完成规定的选课管理系统。并按照与教学项目基本一致的进度，完成自行调研设计的项目组练习项目。在完成各类项目的过程中，培养学生的团队合作精神、团队合作技能和自学能力。教师团队的其余老师负责若干项目小组的项目过程辅导和最终验收工作。

有哪些用户需要使用学生选课管理系统，这些用户又有哪些具体的功能要求？确定各用户所需要的功能，并进行描述和确认，在软件工程的开发中，就称为系统的需求分析。正确的需求分析，是软件系统开发成功的前提和必要条件；否则，这个软件就可能会不符合用户的需求，从而造成软件开发的失败。

因此，在本任务中，项目经理要求各项目组到学校有关部门，调研管理选课的流程，并结合自身实际，理解实际操作选课的流程。在以上基础上，根据软件工程的基本概念，给出项目的需求分析报告。

6.2 相关知识——软件开发流程概述

软件工程是用工程、科学的原则与方法，来研制、维护计算机软件的相关技术和管理方法。其目的是：在给定成本、进度、客户需求的前提下，开发出具有有效性、可靠性、可维护性、可重用性、可追踪性、可互操作性的，满足用户需求的软件产品。软件工程中，软件生存周期中包含的基本步骤如图 6.1 所示，具体内容如下。

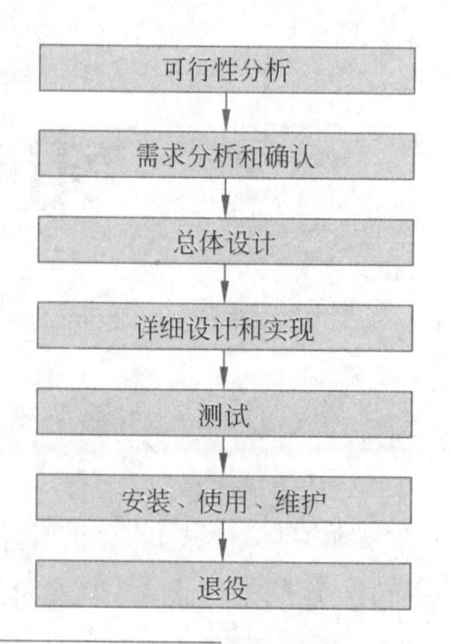

图 6.1
软件生命周期图

（1）可行性分析：从技术、操作和经济风险等角度对软件的可行性进行论证，若均可行，才有必要立项开发。

（2）需求分析和确认：确认软件的所有使用用户，以及各类用户的功能需求、操作需求等，称为需求分析。需求分析不仅是软件开发的依据，也是软件验收的标准。只有符合需求的软件才可能被用户认可。因此，根据需求分析而写成的需求规格说明书，必须与用户不断商榷，并最终由用户签字确认后，才能进行后续的开发。

（3）总体设计：需求确认后，对软件的系统体系架构、各功能模块功能和模块间的关系、系统数据库等要素，进行规划设计，称为总体设计。

（4）详细设计和实现：根据总体设计的规划，逐步细化各功能模块的细节，包括算法、数据结构、各模块之间的详细接口信息等，为编写源代码提供必要的说明，称为详细设计；然后据此编写各模块的源代码，称为实现。

（5）测试：软件测试分为单元测试、组装测试和集成测试。其中单元测试可以在实现的过程中由程序员实现，又称白盒测试。组装测试是指将经过单元测试的模块逐步组装后进行的测试。集成测试是按需求规格说明书定义的全部功能，测试系统是否达到预定需求，这个测试必须要由用户参与，发现问题及时回溯。

（6）安装、使用、维护和退役：测试成功后，系统就可安装在用户的机器上，运行过程中需要为各类用户需提供技术服务，直至软件退役或升级，升级时可按以上流程再次循环。

目前，软件开发的模型包括瀑布模型、快速原型模型、螺旋模型等，但基本上都以不同形式包含以上基本步骤。

6.3 项目需求概述

本项目有两类用户：管理员和学生。管理员的功能需求：按管理员账号和密码登录后，能够开课（管理课程），能够管理学生，能查看目前选课情况。学生的功能需求：按学生学号和密码登录后，能够选课（必须满足课程班还有空额，自己还有空余学分的前提）、退选等操作。系统的功能图如图 6.2 所示。

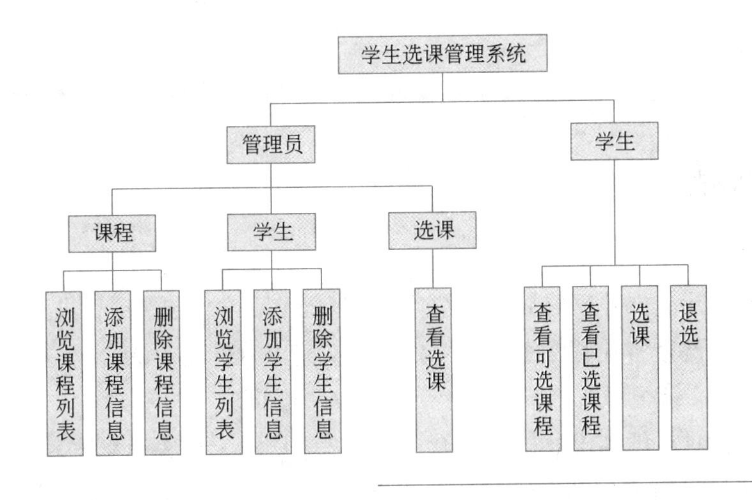

图 6.2
学生选课管理系统功能图

具体功能要求如下述。

1.“管理员”用户功能

（1）课程管理

① 浏览全部课程列表：显示的格式为课程编号、课程名、学分。

② 查找课程：根据输入的课程编号或课程名查询课程记录。

③ 添加课程信息：根据输入的课程编号、课程名、学分，向数据库中添加一门新课程，注意：所输入的课程编号、课程名、学分信息不能为空，并且所输入的课程编号在数据库中不能重复。

④ 删除课程信息：删除指定课程。

（2）学生管理

① 浏览所有学生列表：显示的格式为学号、姓名、登录密码。

② 查找学生：根据输入的学号或姓名查询学生记录。

③ 添加学生信息：根据管理员输入的学号、姓名、密码，向数据库中添加一条学生信息。注意：所输入的学生的学号、姓名、密码不能为空，所输入的学生的学号在数据库中不能重复。

④ 删除学生信息：删除指定学生信息。

（3）查看选课

可查看具体某一门课或所有课程的学生选课情况。

2.“学生”用户功能

（1）查看可选课程列表并选课

① 不能重复选课。

② 每个学生所选课程的总学分不能大于规定学分数。

③ 每门课程不能超过一定人数选课。

（2）查看已选课程列表及退选

学生可以查看自己已选的课程列表，并进行退选操作。

3. 项目扩展要求

（1）要求提供登录功能，管理员用户通过给定的用户名和密码登录后，操作管理员界面，即管理员模块;学生通过学号和密码登录后，操作学生界面，即学生模块。

（2）随着数据量的增加，要求日后需要能将系统数据库从 Access 迁移到

Microsoft SQL Server 数据库系统中。

任务小结

本任务介绍软件开发的基本流程，在此基础上对学生选课项目进行需求分析。

软件开发的基本流程：①可行性分析；②需求分析和确认；③总体设计；④详细设计和实现；⑤测试；⑥安装、使用、维护和退役。

学生选课项目的需求分析：本项目包含 2 类用户：管理员和学生。管理员的功能需求：按管理员账号和密码登录后，能够开课（管理课程）、能够管理学生、能查看目前选课情况。学生的功能需求：按学生学号和密码登录后，能够选课（必须满足课程班还有空额，自己还有空余学分的前提）及退选。

自测题

1. 根据调研结果，并查阅资料，给出“学生选课管理项目”的需求规格说明书和总体设计说明书。

2. 可行性分析是在系统开发的早期所做的一项重要的论证工作，它是决定该系统是否开发的决策依据，因此必须给出__________的回答。

A. 确定　　B. 行或不行　　C. 正确　　D. 无二义

3. 需求分析阶段的任务是确定__________。

A. 软件开发方法　　B. 软件开发工具

C. 软件开发费用　　D. 软件系统的功能

4. 软件维护产生的副作用是指__________。

A. 开发时的错误　　B. 隐含的错误

C. 因修改软件而造成的错误　　D. 运行时误操作

5. 为什么说需求分析阶段是重要且困难的？如何做好需求分析？

6. 本书的作业项目为图书管理系统，其初步功能需求说明如下。

（1）管理员的功能需求：按用户名和密码登录后，能管理图书、读者信息，操作借书、还书，查询借阅情况。其中规定：每个读者最多同时借 3 本书，同一图书在书库中有若干本，且用同一编号。

（2）图书管理的数据库先采用 Access 数据库，数据库名为 bookborrow，需要的表如下。

① 图书表 Book（BookId 图书编号，BookName 图书名称，BookNum 图书当前数量）。

② 读者表 Reader（ReaderId 读者编号，ReaderName 读者姓名，BorrowNum 当前借书数目）。

③ 借阅表 Borrow（ReaderId 读者编号，BookId 图书编号，BorrowDate 借书日期，ReturnDate 还书日期，Flag 本次借阅结束否（默认为 0，还书后置为 1））。

④ 用户表 Auser（userId 管理员用户账号，userName 用户名，UserPassword 登录密码）。

（3）业务流程分为借书流程与还书流程，具体内容如下所述。

① 借书流程：输入读者号和图书号，若此图书当前数量大于或等于 1，且此读者当前借书数目小于 3，则借书，添加一条借阅记录，然后，将此图书的当前数量减 1，此读者的当前借书数目加 1；否则，就不能借书。

② 还书流程：输入读者号和图书号，查询借阅表中此读者借此书并且借阅未结束的，若有，修改此记录，填入还书日期，将结束否置为 1，然后将此图书的当前数量加 1，此读者的当前借书数目减 1；否则，说明还书信息有错。

请根据以上需求说明，给出图书管理系统的需求规格说明书。

学习心得记录

任务 7

项目的总体设计

7.1 情境描述

项目的需求确定后，下面的步骤并不是马上编写代码，而是要把软件系统的技术架构、功能模块、采用的数据库管理系统、系统数据库结构等框架性的要素确定下来，在软件工程中称为总体设计。合理的总体设计，是软件开发中的纲领性工作，软件系统架构师是软件行业薪资最高的岗位之一，需要在长期的实践中不断学习、总结，才能具备这样的能力。

因此，在本任务中，需要对学生选课管理项目的总体设计思路进行梳理和分析，以便读者对项目的设计有一个较为整体性的认识。

7.2 相关知识——应用程序的分层架构

应用程序的架构是指其所有构件集合的部署模式。现代的软件开发架构简单概括就是 N 层架构，这里的 $N\geq1$。换而言之就是：单层架构（$N=1$）、两层架构（$N=2$）、多层架构（$N>2$），具体介绍如下。

（1）单层架构：所有构件都集中在一起，这种软件适用于单机状态，一般情况下是针对某一种单一的应用，如字典软件、翻译软件等，此架构不适用于综合性管理信息系统的开发。

（2）两层架构：这种软件的构件分布在表现层和数据层。数据层提供数据存放的载体，而表现层则通过一定技术将数据层中数据取出，进行一定的分析并以特定格式向用户进行显示。

在两层架构中，表现层对数据库进行直接操作，且大部分的业务逻辑（Business Logic）也在表现层中实现。所以，这种表示层又被称为“胖客户端”，其示例如图 7.1 所示。

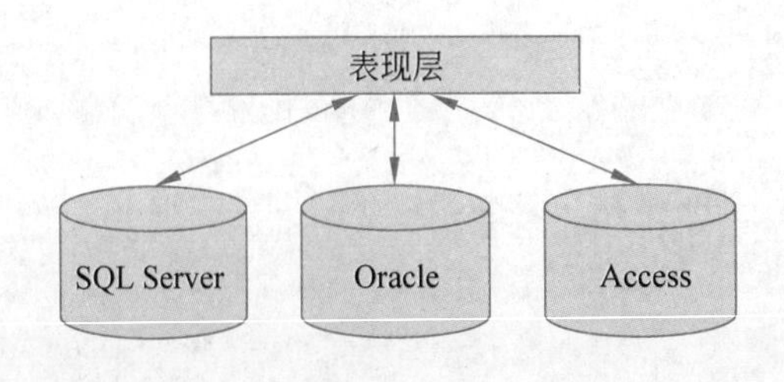

图 7.1
两层体系架构示例

（3）三层架构：三层架构是 N 层架构的典型，将原来在两层架构中的业务逻辑部分从表现层中提炼出来，形成中间的软件服务器层，所以三层就是：表现层、业务逻辑层、数据访问层。

在三层架构中，表现层主要提供与客户的交互功能，数据访问层提供对所有数据的访问，而业务逻辑层将整个系统中的业务处理逻辑整合在一起，形成中间件。在三层中，中间件起了承前启后的作用，表现层将客户端的请求传递给中间件，中间件在将其转化成数据处理操作，并从数据层中获得相应的数据，返回给客户端的软件，转换成客户要求的方式显示。关于三层架构的示意图如图 7.2 所示。

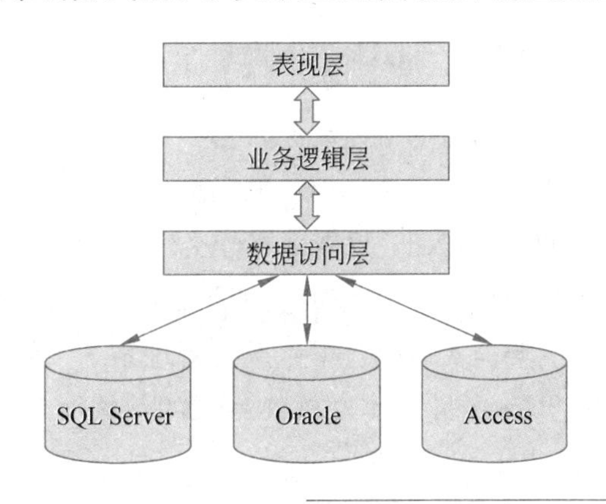

图 7.2
三层体系架构示意图

将两层架构与三层架构进行比较，可以看出两层架构有以下两点缺点。

（1）客户端工作量重：当将一个应用中的所有业务逻辑全部在各个客户端来实现的时候，客户端将发生不堪负载的情况。

（2）软件的重用性差：一旦软件需求发生改变的话，各客户端软件只能重做。

针对以上问题，三层架构给予了较好的解决方案，具体如下。

（1）在三层架构中，客户端的功能被有效分割，将业务逻辑从中分割出去，集中在中间件的业务逻辑层，能够减小客户端的工作量，并使敏感的数据访问变得简单。

（2）在三层架构中，由于业务逻辑、数据访问的实现，可以不受客户端用户界面的改变而改变，系统具有良好的组件重用性。

此时的表示层不再包含业务逻辑处理，因此称为“瘦客户端”。

7.3 项目总体设计

1. 软件系统界面设计

由于本书着重讲解基于 Windows 窗体的项目开发，所以，学生选课管理项目采用基于 Windows 窗体的界面。

2. 用户功能模块设计

本选课系统用户的功能模块包含：①登录模块；②管理员的功能模块：包括课程管理模块、学生管理模块、选课查询模块；③学生的功能模块：包括选课、退选、查看个人已选课程模块。整个系统的功能模块图如图 7.3 所示。

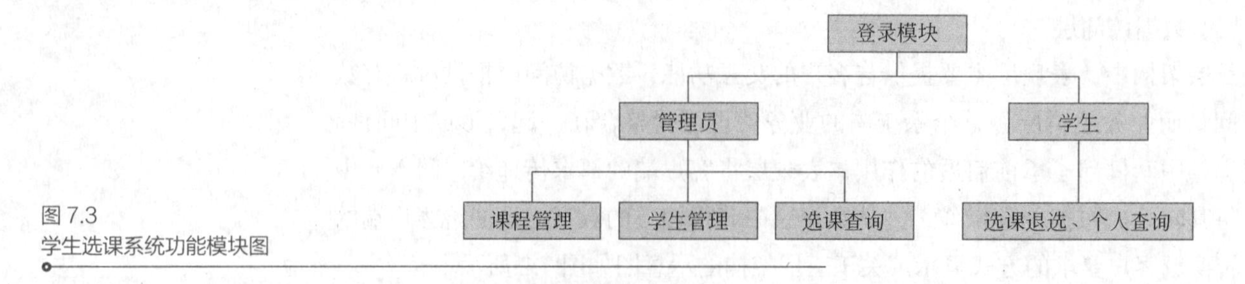

图 7.3
学生选课系统功能模块图

3. 软件系统架构设计

考虑到从简到繁，从易到难的学习规律，本项目的架构是这样设计的：先从实现两层的课程管理模块开始，通过这个模块的实现使学生理解面向对象的基本概念和设计理念，以及核心的 ADO.NET 数据库操作类；然后再把此模块从两层体系改为三层的体系架构，使学生在巩固以上概念的基础上，深入理解三层架构的原理和实现方法；然后再用三层架构实现整个学生选课管理系统，使学生进一步深刻理解面向对象和三层架构的思路；最后实现软件系统的数据库从 Access 向 SQL Server 的迁移，引入多态和简单工厂模式的概念。

4. 数据库设计

为了实现某软件系统的功能，而需要的所有原始数据、运行数据等，通常放在数据库中，称为该系统的系统数据库。目前常用的数据库管理系统是 Microsoft Access 和 Microsoft SQL Server 及 Oracle 等。

为了由简到难逐步递进，本选课管理系统的系统数据库先设计在 Access 中，最后再从 Access 向 SQL Server 迁移，并引入多态的概念。不管在那个数据库管理系统中，本系统数据库的结构都是一样的。

为了实现以上功能，必需的数据库结构设计如下：①数据库名：CourseSelect；②课程表 (course)：用来存放课程号、课程名、学分信息；③学生表 (student)：用来存放学号、姓名、登录密码信息；④选课表 (selectCourse)：存放学号、课程号、选课时间信息；⑤用户表 (adminuser)：存放管理员用户的用户名、登录密码。各数据表的结构见表 7.1。

表 7.1
学生选课系统数据库中各表结构

表　名	字段名	字段类型	备　注
course	courseId	文本（3）	课程号，长度为 3
	courseName	文本（20）	课程名，长度为 20
	courseCredit	短整型	课程学分
student	studentId	文本（8）	学号，长度为 8
	studentName	文本（10）	学生名，长度为 10
	studentPassword	文本（6）	学生用户密码
selectCourse	courseId	文本（3）	课程号，长度为 3
	studentId	文本（8）	学名，长度为 8
	selectDate	日期型	选课日期
adminuser	userId	文本（6）	管理员用户账号，长度为 6
	userName	文本（10）	管理员用户名，长度为 10
	userPassword	文本（6）	管理员用户密码

7.4　项目重构过程设计

为了能够由点及面、由简到难，逐步重构项目，项目的重构过程如下所述。

第 1 版：先实现两层的课程管理模块，通过这个模块的实现使读者理解核心的 ADO.NET 数据库操作类。

第 2 版：自定义一个通用的数据操作类 DBHelper，利用此类优化上个版本，并且此类在下面的各版本中都需应用。

第 3 版：把课程管理模块从两层架构改为三层架构，使学生在巩固以上概念的基础上，深入理解三层架构的优越性、必要性，实现的原理和方法。

第 4 版：用三层架构实现学生选课管理系统中的其余模块，使学生进一步深刻理解面向对象和三层架构的设计思路。

第 5 版：把系统数据库从 Access 向 SQL Server 迁移，重构系统，并引入多态和简单工厂模式的概念。

采用这种由点及面、由简到难，逐步重构项目的方式，在项目逐步重构的过程中，有利于巩固读者对基本概念的理解和应用能力，有利于巩固读者项目对开发过程中的各类关键技能的掌握。

本项目的 5 个版本，具体描述如下。

1. 第 1 版：两层架构的课程管理模块

（1）原始版运行效果如图 7.4 所示。

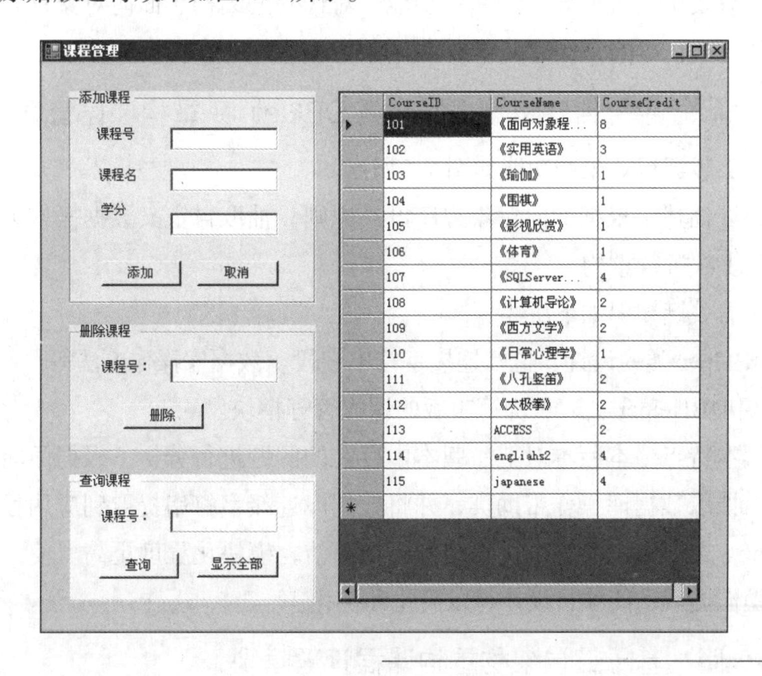

图 7.4
课程管理模块原始版界面

（2）功能描述。

界面加载的时候，或者单击“显示全部”按钮后，在右边的网格控件会显示全部课程列表。

单击“查询”按钮：会根据用户输入的关键字，按照课程编号字段进行查询，并在右边的网格控件显示匹配结果。

单击“添加”按钮：①如果课程编号、课程名称、课程学分 3 个文本框为有一个没有填，弹出对话框提示用户输入；②如果用户输入的课程编号在数据库中已经存在，则弹出对话框提示用户；③如果以上两个条件都通过，则根据用户输入的课程编号、课程名称、课程学分，向数据库中添加该课程记录；④添加完记录之后在右边的网格控件重新显示所有课程列表（包含新添课程），并将课程编号、课程名称、课程学分 3 个文本框的内容清空。

单击“取消”按钮：将课程编号、课程名称、课程学分 3 个文本框的内容清空。

单击“删除”按钮：则根据用户输入的关键字，删除相应的那条记录。

（3）所需关键知识。

前面模块已介绍过的：① C# 基础语法；②类与对象；③ Windows 窗体应用程序的设计。

后续模块中的知识：① ADO.NET 的两种数据访问模式；② ADO.NET 的 5 个核心数据访问类：Connection 类、Command 类、DataAdapter 类、DataSet 类、DataReader 类。

（4）版本特点。

第 1 版利用两层架构的 Windows 窗体应用程序，实现选课管理系统中的课程管理模块，将基本的类设计、对象实例化、ADO.NET 的核心数据访问类等概念融于其中，使读者掌握基础的 OOP 理念、ADO.NET 的核心数据操作类。

本版本只要求实现所要求的基本功能，对代码的结构、面向对象程序设计原则的思考不做要求，目的是让读者以最快的速度入门，并循序渐进地实施。

2. 第 2 版：应用自定义数据操作类 DBHelper 重构课程管理模块

（1）第 2 版运行效果和功能如图 7.4 所示。

（2）设计描述：根据面向对象程序设计原则，抽取自定义数据操作类，对课程管理模块第 1 次进行重构。

（3）所需关键知识如下所述。

① DBHelper 类的设计，包括连接字符串字段；数据库操作方法等。

② 应用 DBHelper 类，重构第 1 版的课程管理模块。

（4）版本特点：本版本对上一版本中存在的问题进行分析，根据面向对象程序设计原则，抽取数据库操作帮助类，并将数据库连接字符串提取到应用程序配置文件 App.config 文件中，使整个代码结构更加简洁，模块化程度更高。使读者体会自定义数据操作类后，使项目设计得以简化和优化。

3. 第 3 版：基于三层架构重构课程管理模块

（1）第 3 版运行效果和功能如图 7.5 所示。

此时，单击“删除”按钮，则删除该行那条记录，并将其与左边删除功能的实现方式进行比较。

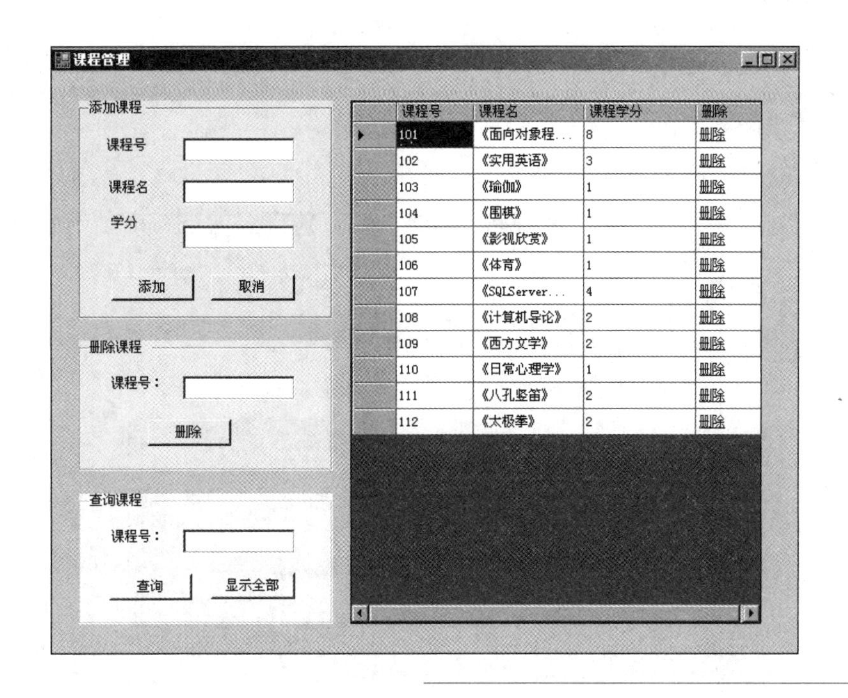

图 7.5
课程管理模块第 3 版界面

（2）设计描述：根据三层架构的设计原理（见图 7.6），抽取数据访问类，业务逻辑类、改进界面设计模式，将课程管理模块由原来的两层架构改为三层架构。

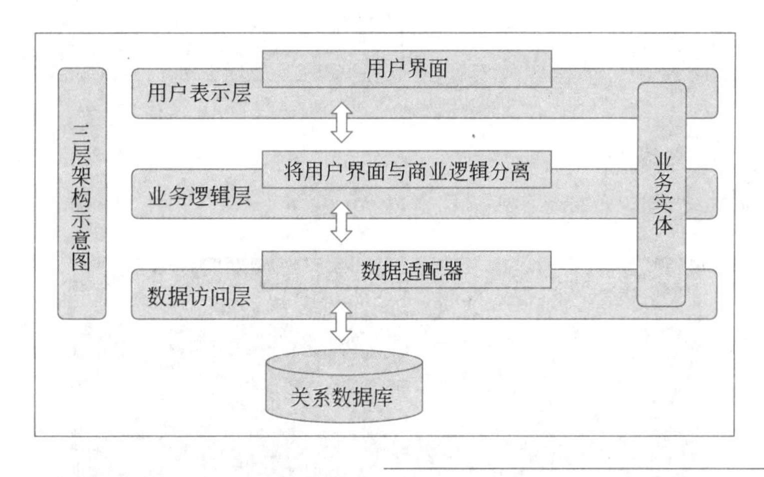

图 7.6
三层架构设计描述

（3）所需关键知识。

① 三层架构的设计技巧和运行原理，具体内容如下。

数据访问层（DAL）：DAL 类及其方法的设计原则及调用 DBHelper 类的方法的思路。

业务逻辑层（BLL）：BLL 类及其方法的设计原则及调用 DAL 层类方法的思路。

表现层（UI）：UI 层设计原则及调用 BLL 类方法的思路。

② 对象关系映射（ORM）、业务实体层（Model）及实体类的设计和应用。

③ 泛型集合及应用。

（4）版本特点：在本版本中使用三层架构对上一版本的两层的课程管理模块进行重构。使用三层架构主要有以下优点：①减轻了界面层的负担，功能基本由数据访问层和业务逻辑层分担；②更有利于标准化和模块化；③更利于各层逻辑的复用。

4. 第 4 版：基于三层架构完成“学生选课管理系统”所有模块

（1）第 4 版运行效果与功能描述。

① 学生、管理员登录界面如图 7.7 所示。

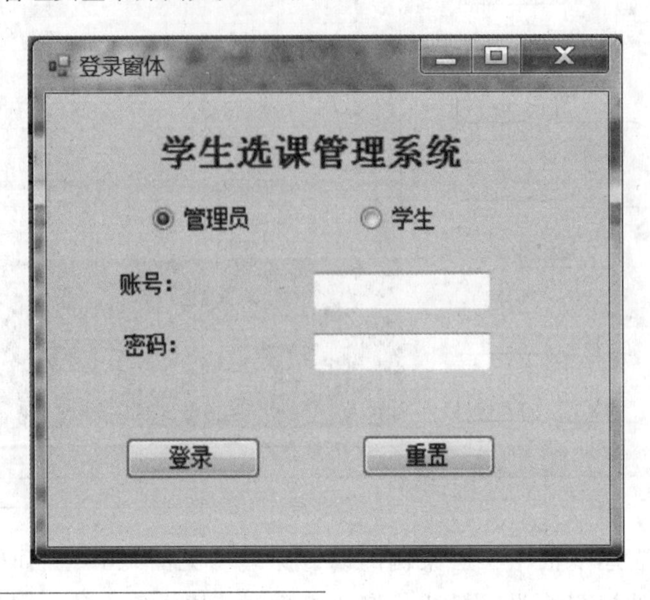

图 7.7
系统登录模块

单击“登录”按钮后，账号、密码必须输入，如果未输入，则提示用户输入。根据用户输入的账号和密码到数据库验证身份，如果账号和密码在数据库中存在，则登录成功，显示学生或管理员的相应主界面；如果登录失败，则提示用户相关错误消息。

单击“重置”按钮，清空账号、密码文本框。

② 管理员登录成功后的主界面，如图 7.8 所示。

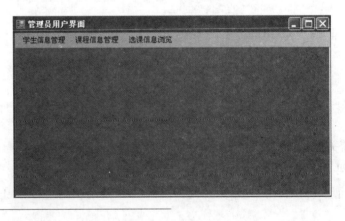

图 7.8
管理员用户主界面

该主窗体仅仅是提供一个导航功能，主要的知识点是 MDI 文档的相关内容。管理员的课程管理模块在第 1 版已实现，并且重构了两次。学生管理模块的界面和实现思路同课程管理模块，用三层架构实现，不再赘述。

③ 管理员对当前选课信息的查询模块，如图 7.9 所示。

界面加载的时候显示所有学生的选课信息。

单击“查询”按钮，则根据下拉列表框的当前选中内容，显示某一门课的学生选课信息。

单击“显示全部”按钮，显示所有学生的选课信息。

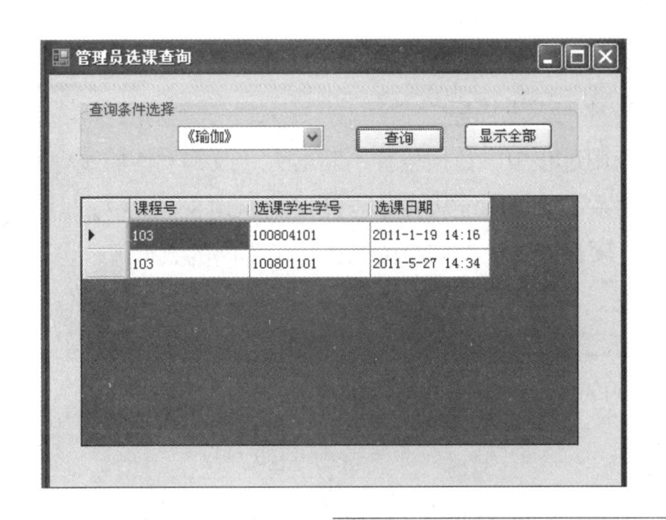

图 7.9
管理员查询选课模块

④ 学生登录成功后主界面，即学生选课退选模块，如图 7.10 所示。

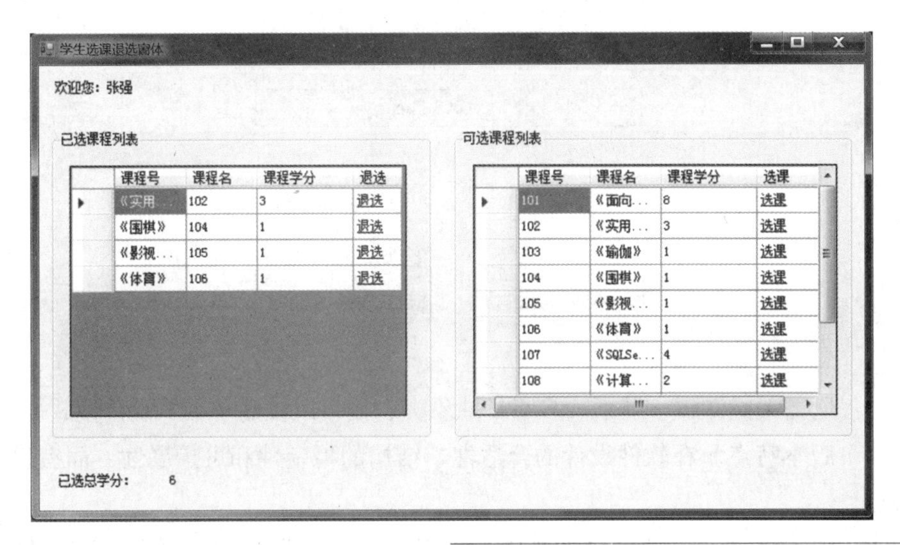

图 7.10
学生选课退选模块

界面加载的时候，右边的网格控件显示所有可选课程列表，左边网格控件显示当前登录学生的姓名、已选课程列表、已选总学分等。

单击“选课”链接后，有以下几种情况。

如果当前登录学生已经选了该课程，则不允许选该课程，并弹出对话框提示。

如果当前登录学生已经学分加上当前所选课程的学分大于 8 分，则不允许选课，并弹出对话框提示。

如果当前所选课程选课人数已经等于 30 人，则不允许选课，并弹出对话框提示。

当所有条件都成立时，则可以进行选课，在选课表添加记录，更新已选课程列表、已选总学分。

单击“删除”链接：删除指定的已选课程，也需更新已选课程列表、已选总学分。

（2）所需关键知识：OOP 基本概念、ADO.NET 核心数据访问类、三层架构的设计等。

（3）版本特点：本版本利用前面基于三层的“课程管理”模块所积累的知识点及设计思路，来完成学生选课管理系统其余模块的设计开发，使读者面对任意功能需求，对使用基于三层的设计，有更好的理解和灵活的应用能力。

5. 第 5 版：实现学生选课管理系统的数据库迁移

（1）数据库迁移的需求描述。

由于项目在应用过程中，数据量会不断增大，及并发性瓶颈等原因，有必要把学生选课管理系统的系统数据库统从 Access 迁移到 SQL Server 中去。并且在商业项目中，确实也有许多软件项目需要根据实际情况运行于不同的数据库，也存在此问题。

（2）设计描述。

如图 7.11 所示，在需要更换数据库系统时，通过应用简单工厂模式，即可将项目转接到新的数据库系统，实现数据库的灵活迁移。

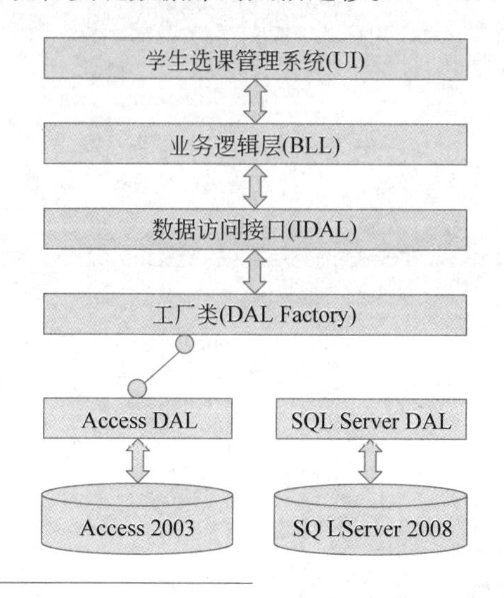

图 7.11
基于简单工厂模式的三层系统架构

（3）所需关键知识：继承、多态；抽象类、接口以及简单工厂设计模式。

（4）版本特点。在软件设计的合适性、结构的稳定性和可扩展性方面有以下几点特点。

① 根据学生选课管理系统的规模，采用 Access 数据库作为项目的系统数据库，体现了软件项目设计的合适性。

② 采用分层架构来设计该项目，体现了结构的稳定性。

③ 考虑到今后数据库系统迁移，本版本体现了设计的可扩展性。

本版本最终的解决方案结构与系统架构的关系如图 7.12 所示（使用了基于简单工厂模式的三层架构）。

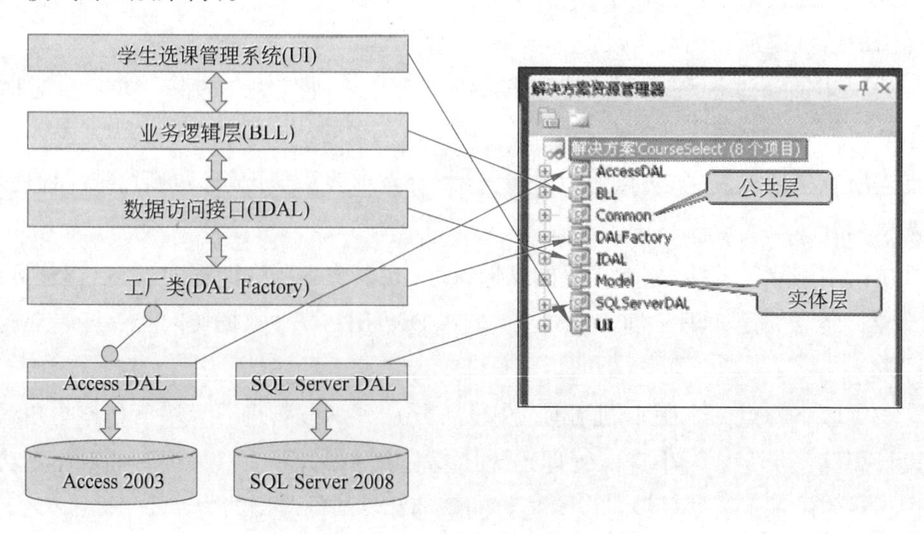

图 7.12
系统架构与解决方案之间的关系

7.5　项目中类的设计和应用

1. 两层架构的模块中类的设计和应用

在两层架构的课程管理模块中，需要用到的 ADO.NET 标准类有以下几个。

（1）Connection 类：实现应用程序与数据库的连接。

（2）Command 类：实现应用程序的 SQL 命令在数据库中的执行。

（3）DataAdapter 类：数据适配器，用于执行 SQL 查询命令，并把查询结果集填充到记录集 DataSet 中。

（4）DataSet 类：是数据在本地内存的驻留表示形式，无论数据源是什么，它都会提供一致的、离线的关系型数据集。

（5）DataReader 类：提供一种从数据源中读取行信息的只向前进的在线记录集，其记录指针只向前进。

在两层架构的课程管理模块中，需要自定义的类是：数据操作帮助类 DBHelper。应用 DBHelper 类，重构第 1 版的课程管理模块，原先许多需要重复书写的代码（如数据库的连接、表记录的浏览等），都可以调用此类进行简化。

2. 三层架构的模块中类的设计和应用

在三层架构的项目中，需要自定义和应用的类有以下几个。

（1）实体类：用于将关系表抽象为类。

（2）数据访问层的类：针对每个数据表，设计一个数据访问类，为业务流程中每个最底层的基本记录操作需求设计一个方法，实现记录的插入、删除、单条记录的查询、记录集的查询、单条记录的有无判断等功能，为实现业务逻辑提供数据库访问基础。设计数据访问层的原则是：力求满足业务流程中每个最底层的操作步骤。

（3）业务逻辑层的类：针对每个数据表，设计一个业务逻辑类。此时，类中的每个方法需要调用相关的数据访问层类，从而记录操作方法的特定集合，来实现整体逻辑功能中的每个功能需求。设计业务逻辑层的原则是：调用数据访问层类，力求满足用户界面每个逻辑功能的需求。

在表现层层，一般不需要设计特定的类，只须针对用户的具体需求，为每个功能模块，部署输入控件、操作控件和输出控件等，并利用从这些控件获取的实参，调用业务逻辑层中类的方法来实现各功能。

3. 数据库迁移过程中类的设计和应用

在数据库迁移过程中需要用到简单工厂模式，在此过程中需要自定义与应用的类有以下几个。

（1）接口类：是简单工厂模式所创建的所有对象的父类，负责描述所有实例所共有的特性。

（2）工厂类：此类负责创建目标对象。

（3）具体数据访问类：简单工厂模式所创建的目标对象，用于访问不同的数据库。

可以观察到，在学生选课管理项目逐步重构的各阶段，都需要用到各种标准类和自定义的类。这也正反映出 OOP 的基本设计思路：面对任何问题，都需设计类，并实例化为对象来解决，这贯穿于项目开发的全过程。

任务小结

本任务在介绍学生选课项目总体设计的基础上，详细介绍了学生选课项目逐步重构的实现过程，并在此过程中初步介绍后面所需的技术，使读者能对后续模块建立一个整体性的认识；然后，对项目中用到的类进行了梳理，使读者能理解类在整个项目实现中的关键作用，巩固强化面向对象的设计理念。本任务具体内容如下。

（1）学生选课项目的总体设计：对其系统界面、功能模块、体系架构、数据库，进行总体设计。

（2）学生选课项目逐步重构的过程总结如下。

第1版：先实现两层的课程管理模块，通过这个模块的实现使读者理解核心的ADO.NET数据库操作类；第2版：自定义一个通用的数据操作类DBHelper，利用此类优化上个版本；第3版：把课程管理模块从两层体系架构改为三层的架构，使读者在巩固以上概念的基础上，深入理解三层架构的优越性、必要性和实现方法；第4版：用三层架构实现学生选课管理系统中的其余模块，使学生进一步深刻理解面向对象和三层架构的设计思路；第5版：把系统数据库从Access向SQL Server迁移，重构系统，并引入多态和简单工厂模式的概念。

（3）项目中用到的类：ADO.NET中的标准类；自定义的数据操作帮助类DBHelper；实体类、数据访问层的类、业务逻辑层的类；接口类、简单工厂模式中的类。在后续模块中，重点讲解这些类的设计，并应用其实现所有功能。

自测题

1. 给出图书管理系统的总体设计说明书。

2. 图书管理系统的实现参照学生选课系统的实现流程，需要从两层向三层逐步重构，并实现数据库的迁移。先行梳理此项目中涉及的类，要求查阅相关网络资料，详细说明这些类所含的字段和方法，及其构造方式。

学习心得记录

....

....

....

....

....

....

....

....

任务 8

基于两层架构的课程浏览查询模块

8.1 情境描述

任务 6 和任务 7 分别介绍了学生选课管理系统的需求分析和总体设计，任务 8 和任务 9 将实现选课管理系统中两层架构的课程管理模块，包括课程浏览查询和课程添加删除功能，在此过程中要求能够理解 ADO.NET 的核心数据访问类，能连接到数据库，实现课程的添加、删除、浏览查询等功能。

课程管理模块的最终实现效果如图 8.1 所示。本任务所需实现功能如下。

图 8.1
课程管理界面

（1）当窗体加载时，在窗体右侧列表显示出当前所有的课程记录，也可以单击“显示全部”按钮，显示所有的课程记录。

（2）窗体左侧的下方实现课程的查询，可以输入课程号，单击“查询”按钮，查询该课程信息。

（3）窗体上的其余功能，待后续任务实现。

本任务中，项目经理要求用两层架构，实现如上所述的第（1）、（2）条功能。要求：能够连接到数据库的课程表，在数据网格中显示其中的所有课程信息；能够进行正确的查询，把查询结果也显示在同一个数据网格中。在此过程中理解 ADO.NET 的 3 个核心数据访问类：数据库连接类 Connection、数据适配器 DadaAdapter、离线取数据集的类 DataSet。

本任务的业务流程如图 8.2 所示。

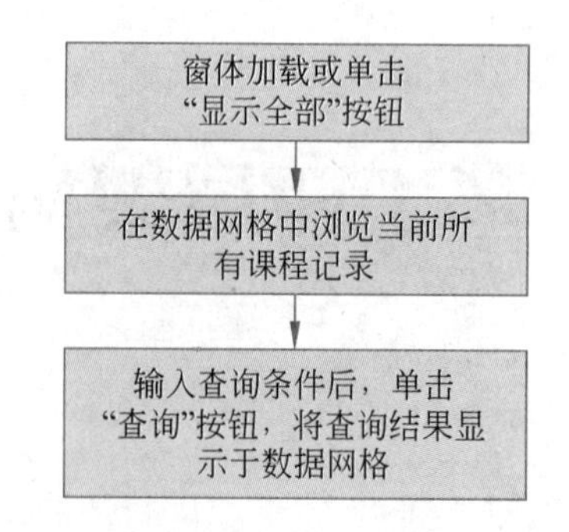

图 8.2
课程浏览查询的业务流程

8.2 相关知识

8.2.1 ADO.NET 概述

ADO.NET 是在 .NET 环境下使用的数据访问接口，包含了一系列的数据访问服务类，提供对关系数据、XML 数据和应用程序数据的访问，支持多种开发需求，包括应用程序的前端客户端和中间层业务对象。其核心组件主要有 DataSet 和 .NET 框架数据服务程序两大类。对数据库的访问基本按以下流程进行。

① 连接数据库。

② 执行命令。

③ 得到结果数据集。

④ 在界面上的数据展示控件中显示结果。

1. .NET 框架数据服务程序

.NET 框架数据服务程序能够为 SQL Server 、OleDb 、ODBC 和 Oracle 这 4 类数据源提供数据服务，包括连接到数据库、执行命令、以在线顺序只读数据集的方式返回查询结果等。在本教材的前面部分，由于使用的是 Access 数据库作为系统数据库，因此应用的是 System.Data.OleDb 命名空间。

.NET 框架数据服务程序主要包含 4 个核心类：Connection 类建立与特定数据源的连接；Command 类对数据库执行命令；DataReader 以在线的方式从数据源中读取向前且只读的数据流；DataAdapter 用数据源的记录填充 DataSet 并解析更新。

2. DataSet 数据服务程序

DataSet 类是支持 ADO.NET 的断开式、分布式数据方案的核心类。DataSet 是数据在本地内存的驻留表示形式，无论数据源是什么，它都会提供一致的关系编程模型，而且是一种离线的数据集。它可以用于多种不同的数据源。

DataSet 包括相关表、约束和表间关系在内的整个数据集，其模型如图 8.3 所示。

3. 数据访问模式

ADO.NET 提供两种数据访问模式：在线的直接访问模式和离线的数据集模式，如图 8.4 所示。

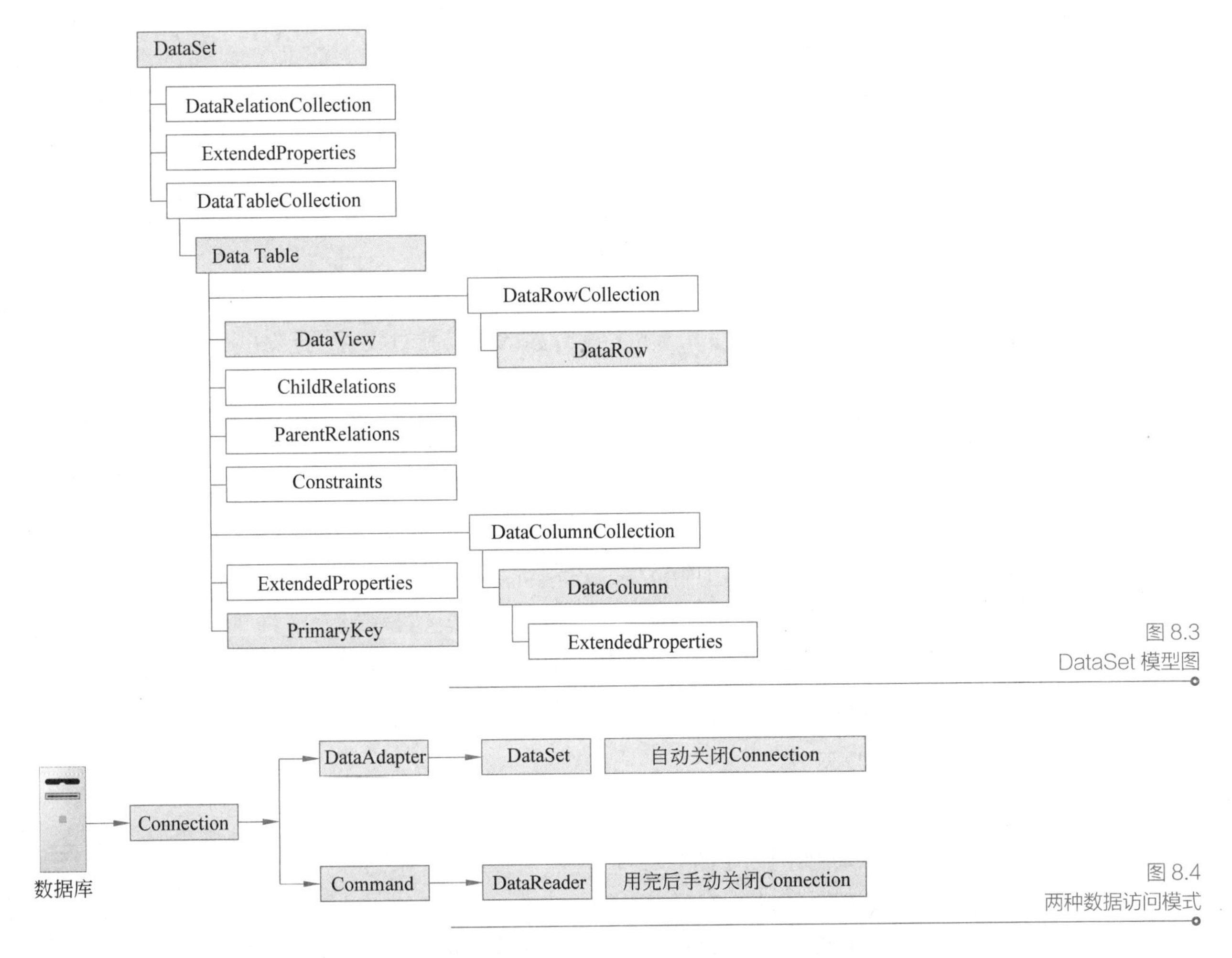

图 8.3
DataSet 模型图

图 8.4
两种数据访问模式

直接访问模式打开 Connection，应用包含各类 SQL 语句的 Command 对象，执行各类命令语句。其中，执行查询类 SQL 语句时，用 DataReader 返回在线结果集，用当前记录指针按只进方式读取数据，然后关闭 Connection。

而使用离线的数据集模式打开 Connection，应用包含 SQL 查询类语句的 DataAdapter 对象，执行命令语句，将从数据源获得的数据加载到 DataSet 离线数据集，自动关闭 Connection。随后，在断开的离线数据集中，所有记录都可以随机访问，这个过程中没有当前记录指针的概念。

也就是说，执行完数据库命令后，在 .NET 中可以用两种方法使用从数据库返回的记录集：第一种方法是使用 DataReader 对象，它需要一个打开而且可用的连接以便获取数据，根据当前记录指针不断向前读取。这种方法通常在单用户情况下比较快，但是如果需要在行间进行频繁的操作时，这种方法就会对连接池产生显著影响。第二种方法是使用 DataAdapter 数据适配器对象。数据适配器实现的方法有所不同：它是通过执行命令，把获取到的信息填充到非连接缓存（即 DataSet 或 DataTable）中来实现的。一旦填充完毕，数据适配器就会与底层数据源断开，这样底层物理连接就可以被其他人所重用。此时，记录集没有当前指针的概念，可以随机读取行列信息。

应根据实际情况选择实用哪种数据访问模式。

8.2.2　OleDbConnection 类

此类表示到数据源的连接。对每个标准的 ADO.NET 数据访问类，本书都从构造方法、属性、方法和应用这 4 个方面进行解释，以使读者进一步理解类的概念。

1. 构造方法

OleDbConnection( )，初始化 OleDbConnection 类的新实例，其所有属性为空。

OleDbConnection（ConnectionSring），使用指定的连接字符串初始化 OleDbConnection 类的新实例，其 ConnectionString 属性为实例化时的字符串。

2. 属性

ConnectionString 表示用于连接数据源的字符串，其中重要的两个属性如下。

（1）Provider：用于指定所连接的数据源的数据服务提供程序名称。

（2）DataSource：用于指定数据源的服务器名或文件名。

若实例化时调用的是有参的构造函数，则表明已指定了连接字符串，不必再为此属性赋值；否则，需要为此属性赋值以指定连接字符串。

3. 方法

（1）Open( )：使用 ConnectionString 所指定的属性打开数据库连接。

（2）Close( )：关闭到数据库的连接。

连接对象的生命周期起于打开方法执行，结束于关闭方法执行。因此强烈建议：连接到数据库并完成操作后，应及时关闭连接，这样可以避免因连接太多而造成排队。

4. 应用

（1）定义连接字符串。

（2）实例化连接类的对象。

（3）调用此对象的打开连接方法。

（4）使用完后调用此对象的关闭连接方法。

对于其应用，如以下代码所示。

```
string connectionString=@"Provider=Microsoft.Jet.OLEDB.4.0;Data
Source=|DataDirectory|\CourseSelect.mdb";
OleDbConnection conn=new OleDbConnection(connectionString);
conn.Open();
//数据操作
conn.Close();
```

其中，DataDirectory 是数据库文件路径，默认为 EXE 文件所在的路径，在每个工程的 bin\debug\ 文件夹下。在 DataDirectory 的位置也可以写上数据库文件的绝对路径。此段代码表示：应用 Microsoft.Jet.OLEDB.4.0 数据服务程序，来连接到相应路径的 CourseSelect.mdb 数据库。

综上所述：Connection 对象实例化时，必须指定的属性是 ConnectionString 连接字符串，常用的方法是 Open( ) 和 Close( )。

在下面的核心数据访问类中，均用如图 8.5 所示的方式表示其常用属性和方法。

OleDbConnection
–ConnectionString
+Open() +Close()

图 8.5
连接类的常用属性和方法

8.2.3 OleDbDataAdapter 类

此类表示数据适配器，用于填充 DataSet，是其和数据源之间的桥梁。

1. 构造方法

OleDbDataAdapter (SelectCommandText 或 SelectConnection)：用查询字符串和已打开的连接，初始化 OleDbDataAdapter 类的新实例。表示在连接上执行查询类语句，取得记录。在实例化时，查询命令就被执行，这些记录同时也就取得了。

2. 常用方法

Fill( ): 用于填充 DataSet。

3. 此类的应用

```
//假设查询字符串 strSql 已设计，连接类对象 conn 亦生成并打开
OleDbDataAdapter da=new OleDbDataAdapter(strSQL, conn);
DataSet ds=new DataSet();
da.Fill(ds);
return ds.Tables[0];            //返回 DataSet 里的第 1 个数据表
```

此段代码表示：在已打开的连接上，执行 SQL 语句，取得记录集，并填充到 DataSet 对象 ds 中，返回 ds 中的第 1 个数据表 ds.Tables[0]。

综上所述：DataAdapter 对象实例化时，必须指定的属性是 Connection 连接对象和命令语句 SelectCommandText，常用的方法是 Fill( )，如图 8.6 所示。

OleDbDataAdapter
–SelectCommandText –SelectConnection
+Fill()

图 8.6
数据适配器类的常用属性和方法

8.2.4 DataSet 类

DataSet 类表示离线记录集，其实例化语句如下。

```
DataSet 数据集对象名=new DataSet();
```

以上 3 个核心数据访问类的构造函数、属性和方法，不止以上所介绍的这些，可以在 .NET 编译器下，右击这些类，选择“转到定义”命令，查看这些类的定义。在类定义中，有对这些类的构造方法、属性、事件和方法的全面描述，读者可以参考学习。

8.2.5 DataGridView 控件

在本任务的界面上，需要用到 DataGridView 控件。DataGridView 控件是一种数据展示控件，它用来在窗体上展示从数据库中取得的数据集。所以，经常用到的是 DataSource 属性，为其指定数据源，数据源可以是数组、集合、DataSet 中的数据表。

在默认情况下，数据网格中的列，包含表、数组或泛型集合中的所有列。

数据网格中的列也可以自定义，自定义的列可以是：DataGridViewButtonColumn 列、DataGridViewCheckBoxColumn 列、DataGridViewComboBoxColumn 列、DataGridViewImageColumn 列、DataGridViewLinkColumn 列、DataGridViewTextBoxColumn 列等，分别表示按钮列、复选框列、下拉框列、图片列、链接列、文本列等。

在本任务中，需要用到文本列。添加了自定义文本列后，除了列宽和外观的设置外，要注意设置列所绑定的数据库字段，其 DataPropertyName 属性用于指定对数据库字段的绑定。

8.3 实施与分析

8.3.1 课程浏览查询的设计思路

1. 界面设计

根据图 8.1 所示界面的要求，界面设计需要用到 GroupBox 控件、Label 控件、TextBox 控件和 Button 控件、DataGridView 控件等。

2. 代码设计思路

根据业务流程的需要，以及上面介绍的 3 个数据访问类，浏览课程记录的思路如下所述。

（1）在窗体的 Load 事件和“显示全部”按钮的 Click 事件中，设计代码，实现全部课程记录的浏览，代码设计思路如下所述。

① 设置连接字符串，利用连接字符串，实例化 1 个连接对象，连接到数据库，打开此连接。

② 设计查询语句“select * from course”，利用它和连接，实例化 1 个 DataAdapter 数据适配器，取得记录集。

③ 实例化 1 个空的 DataSet 对象，用 DataAdapter 的 Fill( ) 方法填充它，将其第 1 个表 Tables[0] 作为数据网格的数据源。

④ 关闭连接。

在应用程序和数据库之间，存在着这样的操作流程：连接到数据库，利用数据适配器在数据源上执行查询语句，取得记录集，填充到 DataSet，作为数据展示控件的数据源，即可在界面上展示当前课程表中所有的数据记录。

（2）在“查询”按钮的 Click 事件中，设计代码，按文本框中输入的课程号，查询该课程记录，代码设计思路如下。

① 获取用户在文本框中输入的值，存入变量 courseId。

② 设置连接字符串，利用连接字符串，实例化 1 个连接对象，连接到数据库，打开此连接。

③ 设计查询语句 "select * from course where courseid='{0}'"，其中利用 courseId，实例化 1 个 DataAdapter 数据适配器，取得记录集。

④ 实例化 1 个空的 DataSet 对象，用 DataAdapter 的 Fill( ) 方法填充它，将其第 1 个表 Tables[0] 作为数据网格的数据源。

⑤ 关闭连接。

可以看到，浏览所有记录和查询某特定记录的设计思路是一样的，只不过 SQL

语句略有区别而已。

初学时，读者必须紧扣所需用到的3个核心数据访问类的实例化和应用，这样，既能正确应用这些数据访问类，又能巩固类与对象的基本概念。

8.3.2 课程浏览查询的实现

1. 新建项目

在Visual Studio 2010中，选择“新建”→“项目”命令，选择其中的“Windows窗体应用程序”，项目名为CourseSelect，则此项目内所有文件的命名空间名也为CourseSelect，并且自动生成了第1个窗体。

2. 界面制作

（1）拖1个GroupBox类到窗体，将其Text属性改为“课程信息添加”；将其BackColor属性改为wheat（小麦色），以便与背景窗体区分。

（2）拖3个Label类到此GroupBox，将其Text属性分别改为“课程编号：”“课程名：”和“课程学分：”；将其Name属性分别改为labelId、labelName和labelCredit。

（3）拖3个textBox类到此GroupBox，将其Name属性分别改为textBoxID、textBoxName和textBoxCredit。

（4）拖2个Button类到此GroupBox，将其Name属性分别改为buttonOk和buttonReset；将其Text属性分别改为“确定”和“取消”。

（5）再拖1个GroupBox类到窗体，将其Text属性改为“课程删除”；将其BackColor属性改为另一种色，以便与背景窗体区分。

（6）拖1个Label类到此GroupBox，将其Text属性改为“课程编号：”；将其Name属性改为labelIdD。

（7）拖1个textBox类到此GroupBox，将其Name属性改为改为textBoxIdD。

（8）拖1个Button类到此GroupBox，将其Name属性分别改为buttonDelete；将其Text属性分别改为“删除”。

（9）再拖1个GroupBox类到窗体，将其Text属性改为“课程查询”；将其BackColor属性改为其他颜色，以便与背景窗体区分。

（10）拖1个Label类到此GroupBox，将其Text属性改为“课程编号：”；将其Name属性改为labelIdQ。

（11）拖1个textBox类到此GroupBox，将其Name属性改为改为textBoxIdQ。

（12）拖2个Button类到此GroupBox，将其Name属性分别改为buttonQuery和buttonBrow；将其Text属性分别改为“查询”和“显示全部”。

（13）拖1个dataGridView类控件，将其Name属性改为dataGridViewCourse；选择控件的Columns属性，单击其后的“...”按钮，选择“添加”命令，添加1个文本列，名称为Column1，类型为DataGridViewTextBoxColumn，页眉文本为“课程号”，如图8.7所示。

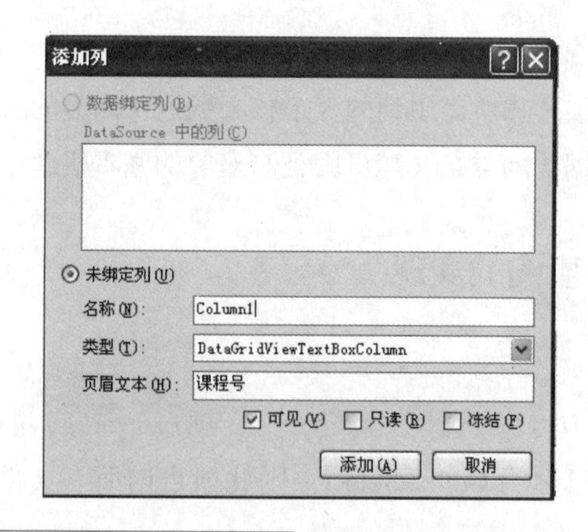

图 8.7
自定义文本列

注意一定要设置其 DataPropertyName 属性为课程表中的字段 courseId，如图 8.8 所示。

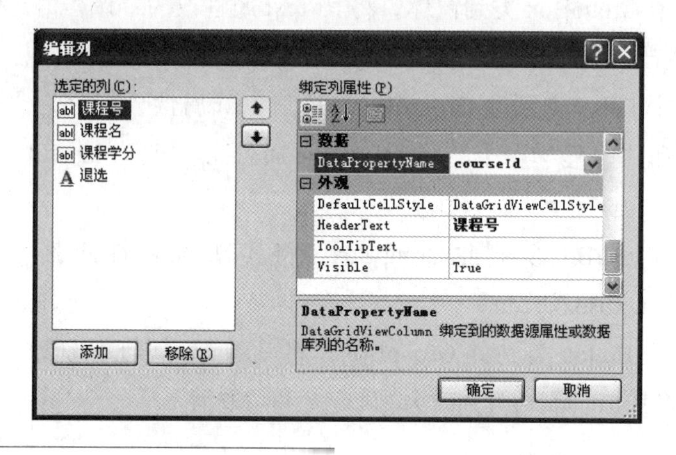

图 8.8
自定义文本列的数据绑定设置

另外 2 个文本列，对“课程名”和“课程学分”列的设置，均同上，不再赘述。

（14）将窗体对象 Form1 的 Text 属性赋值为“课程管理”，将其 Name 属性改为 FormCourse。

3. 代码

（1）在窗体的 Load 事件和“显示全部”按钮的 Click 事件中的代码，请读者自行完成。

（2）“查询”按钮的 Click 事件代码如下。

```
private void buttonQuery_Click (object sender, EventArgs e)
{
    string courseId=textBoxIdQ.Text.Trim();
    string strSql=string.Format("select*from course where
    courseId='{0}'",courseId);
    string connectionString=@"Provider=Microsoft.Jet.OLEDB.4.0;Data
    Source=|DataDirectory|\CourseSelect.mdb";
    OleDbConnection conn=new OleDbConnection(connectionString);
    conn.Open();
    OleDbDataAdapter da=new OleDbDataAdapter(strSql,conn);
    DataSet ds=new DataSet();
    da.Fill(ds);
    dataGridViewCourse.DataSource=ds.Tables[0];
}
```

此段代码表示，获取用户在查询文本框中输入的值，并生成查询语句，生成并打开连接对象；再生成数据适配器对象，在连接上执行语句，获取离线记录集，填充到 DataSet 中，用其首个数据表作为数据网格的数据源。也就是到课程表去查课程编号为输入编号的记录，作为数据网格的数据源。

请读者思考一下“conn.Close( );”语句，可以放在这段代码的什么位置？

注意这段代码采用的是哪种数据访问模式？直接的还是离线的？因为这段代码采用的是离线数据访问模式，其连接会自动关闭，所以可以不写“conn.Close( );”语句。

8.3.3　测试与改进

（1）编译程序，若有语法错误，请仔细查阅，并改正。

（2）编译通过后，窗体加载时，就会触发其 Load 事件，在数据网格中列出课程表当前的所有记录。

（3）在文本框中输入课程号的值，单击“查询”按钮，则会在数据网格中列出课程编号为输入值的记录，若没有符合条件的记录，则返回记录集为空，网格内容也为空。

（4）若文本框的值未输入，则查询语句只能去匹配课程号为空的记录，所以，应该控制让用户必须输入文本框的值。

可以在 buttonQuery_Click 事件的代码中加入如下代码，一旦发现文本框内容为空，则本次事件响应方法返回。若某次执行时文本框不为空，则不会执行到返回，继续执行后续代码。

```
if (textBoxIdQ.Text==String.Empty)
{
    MessageBox.Show("您尚未输入课程号，请先输入课程号！");
    textBoxIdQ.Focus();
    return;
}
```

任务小结

本任务主要实现基于两层架构的课程浏览和查询。在此过程中，主要学习的 ADO.NET 的核心数据访问类分为以下几种。

（1）数据库连接类 OleDbConnection：需要连接字符串，实例化后打开连接，要及时关闭连接。

（2）OleDbDataAdapter 类：数据适配器，需要打开的连接和 SQL 语句进行实例化，实例化时命令就执行了，记录集也取得了，专门用于取记录集填充到 DataSet 类对象中。

（3）DataSet 类：离线数据集，实例化后，需要用数据适配器进行填充，然后可离线地取数据集中的表、行、列等信息。

对以上数据访问类，要求读者能够进行恰当的实例化，设置必需的属性，调用恰当的方法等，实现数据库的连接、记录的浏览查询等。

自测题

1. 在C#中连接Access数据库，需要在代码中引入命名空间__________。

A. using System.Data.OleDb

B. using System.Data.SqlClient

C. using System.Data.Access

D. using System.Data.AccessClient

2. OleDbDataAdapter类在实例化时，若指定了查询命令，则此命令__________被执行。

A. 在实例化完成后

B. 在实例化过程中

C. 在填充记录到DataSet的时候

D. 由具体代码决定

3. 完成显示全部课程，即课程浏览的代码。

4. 应用基础的核心数据操作类，实现作业项目：图书管理系统的读者记录浏览和查询，并把设计界面和代码写在作业本上。

学习心得记录

任务 9 基于两层架构的课程添加删除模块

9.1 情境描述

本任务的实现效果如图 8.1 所示。用户在界面上输入了课程号、课程名和课程学分后，单击“添加”按钮，则按一定逻辑将此记录添加到课程表，并在窗体右边的数据网格里刷新课程记录显示，将新增记录也包含在内；单击“取消”按钮，则清空三个文本框的内容，并将焦点置于第一个文本框，重新输入。

本任务中，项目经理要求用两层体系架构实现将课程记录添加到课程表。要求理解另外两个 ADO.NET 的核心数据访问类：命令类 Command 和 DataReader 只进记录集类。

本任务的业务流程如图 9.1 所示。

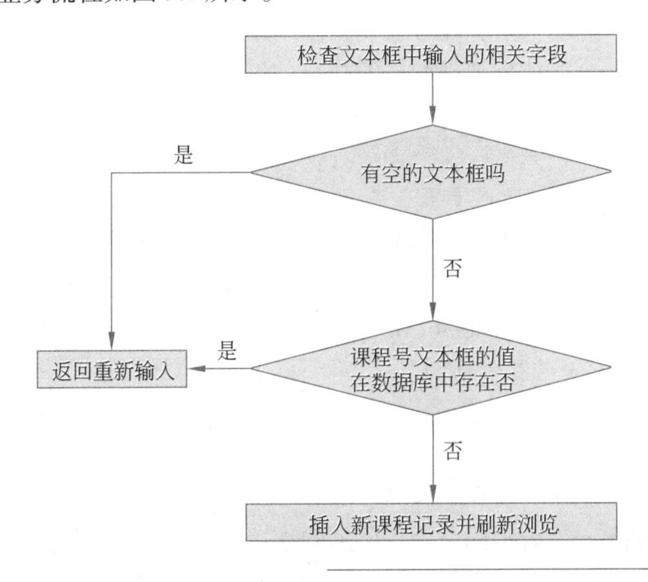

图 9.1
课程添加的业务流程

9.2 相关知识

9.2.1 格式化字符串

在添加记录的时候，需要用到 INSERT 语句。

```
INSERT INTO 表（字段名）VALUES（变量值）
```

在 Windows 窗体应用程序中，以上变量值需要从文本框等控件中取得，该如何在 SQL 语句中引用呢？

此时，要用到 String.Format( ) 格式化字符串方法，将变量插入到字符串的特定位置，即在字符串中加入对变量的引用，具体格式如下。

```
String.Format(字符串，变量1,变量2,...,变量n);
```

字符串中应包含 *n* 个占位符，这些占位符从 0 开始编号，用 { } 括起，分别表示在字符串中占位符所在位置插入变量的值。占位符 0 的值为变量 1，占位符 1 的值为变量 2，以此类推，如下面的代码所示。

```
string courId=textBoxId.Text.Trim();
string courName=textBoxName.Text.Trim();
int courCredit=Convert.ToInt32(textBoxCredit.Text.Trim());
string strSql=string.Format("insert into Course values('{0}','{1}',
    '{2}')", courId, courName, courCredit);
```

前三个语句表示将文本框控件的值取到变量，最后一个语句表示：在字符串 insert into Course values('{0}','{1}', '{2}'),{ 0 }的值是变量 courId,{ 1 }等的值以此类推。这样，就实现了在 SQL 语句中引用控件的输入值。

在任务 8 中，用到了以下代码，也是这个道理。

```
string courseId=textBoxId2.Text.Trim();
string strSql=string.Format( "select*from course where
   courseid='{0}'",courseId);
```

9.2.2 OleDbCommand 类

OleDbCommand 类表示要对数据源执行的 SQL 命令，命令执行方式由类的方法决定。

1. 构造方法

OleDbCommand( ) 用于初始化 OleDbCommand 类的空实例。

OleDbCommand（commandText,connectionString）使用指定的 SQL 命令字符串和已打开连接，初始化 OleDbCommand 类的新实例。表示将要在指定的连接上执行该 SQL 命令。实例化完成时，命令未执行，命令如何执行由此类的方法决定。

2. 属性

CommandText：表示此命令类所执行的 SQL 命令字符串。

ConnectionString：表示此命令类所需的连接。

当实例化了一个空的命令类对象后，可以为这些属性赋值，获得必要的连接和命令语句。

3. 方法

OleDbCommand 类有 3 个常用的方法，用来执行命令，并规定命令被执行的方式。

（1）ExecuteNonQuery ( )

功能：在连接上执行 SQL 语句并返回受影响的记录行数。

定义：

```
public override int ExecuteNonQuery ()
```

用法：一般用于执行插入、删除、更新等不返回结果集的命令，若返回大于 0，则说明操作成功，具体代码如下。

```
//设连接类对象 Connection 已生成并打开，查询字符串 strSql 为方法形参
public static int ExecuteCommand(string strSql)
```

```
{
    OleDbCommand cmd=new OleDbCommand(strSql, Connection);
    int result=cmd.ExecuteNonQuery();
    return result;
}
```

此方法用形参 strSql 和连接 Connection，实例化一个命令类对象，执行此对象的 ExecuteNonQuery( ) 方法，返回受其影响的记录行数。

（2）ExecuteScalar( )

功能：在连接上执行 SQL 语句，并返回结果集中第一行的第一列。忽略其他列或行。

定义：

```
public override Object ExecuteScalar ()
```

用法：一般用于统计 count、max、min、sum、average 等命令的执行，取得统计值，具体代码如下。

```
//设连接类对象 Connection 已生成并打开，查询字符串 strSql 为方法形参
public static int GetScalar(string strSql)
{
    int result;
    OleDbCommand cmd=new OleDbCommand(strSql, Connection);
    object obj=cmd.ExecuteScalar();
    if (obj==DBNull.Value)
        result=0;
    else
        result=Convert.ToInt32(obj);
    return result;
}
```

此方法用形参 strSql 和 Connection，实例化一个命令类对象，执行此对象的 ExecuteScalar ( ) 方法，判断返回的 Object 是否为数据库空常量(DBNull.Value)，若是，表示没统计值，返回 0；否则将返回的对象转换为整型再返回。

（3）ExecuteReader ( )

功能：在 Connection 上执行 SQL 语句，并生成一个 OleDbDataReader。

定义：

```
public OleDbDataReader ExecuteReader ()
```

用法：一般用于执行查询命令，并将结果集放在 OleDbDataReader 返回。

```
//设连接类对象 Connection 已生成并打开，查询字符串 strSql 为方法形参
public static OleDbDataReader GetReader(string strSql)
{
    OleDbCommand cmd=new OleDbCommand(strSql, Connection);
    OleDbDataReader reader=cmd.ExecuteReader();
    return reader;
}
```

此方法用形参 strSql 和 Connection，实例化一个命令类对象，执行此对象的 ExecuteReader ( ) 方法，返回一个 OleDbDataReader 只进记录集。

4. 应用

（1）创建连接对象，并打开连接。

（2）设计所要执行的 SQL 命令语句。

（3）应用以上 2 项，实例化 SqlCommand 类的对象。

（4）调用此对象的 ExecuteNonQuery ( )、ExecuteScalar( )、ExecuteReader ( ) 方法之一，执行命令。

（5）使用返回的信息，实现设计功能。

（6）使用完后关闭连接。

综上所述：Command 对象实例化时，必须指定的属性是 ConnectionString 连接对象和命令语句 CommandText，常用的方法是 ExecuteNonQuery( )、ExecuteScalar( ) 和 ExecuteReader( )，如图 9.2 所示。

OleDbCommand
–CommandText –ConnectionString
+ExecuteNonQuery() +ExecuteScalar() +ExecuteReader()

图 9.2
命令类的常用属性和方法

9.2.3 OleDbDataReader 类

OleDbDataReader 类提供一种从数据源中读取只进在线记录集的方式，其记录指针只向前进。

1. 实例化方式

此类的对象不能用 new 建立，只能用 Command 类对象的 ExecuteReader( ) 方法产生。这是唯一一种不能用 new 实例化的类。

2. 属性：HasRows 属性

功能：获取一个 bool 值，表示 OleDbDataReader 是否包含一行或多行。若有，其值为 true , 否则为 false。

定义：

```
public override bool HasRows { get; }
```

3. 常用方法：Read() 方法

功能：读 OleDbDataReader 中的当前记录，并使记录指针前进到下一条记录；如果能读到行，返回 true；否则为 false。

定义：

```
public override bool Read ()
```

4. OleDbDataReader 用法

（1）创建连接对象，并打开连接，设计所要执行的 SQL 命令语句。

（2）实例化 OleDbCommand 类的对象。

（3）调用命令对象的 ExecuteReader ( ) 方法，生成 OleDbDataReader 类对象。

（4）用 Read ( ) 方法读取只进记录集对象的各行记录，一般将记录的各字段放入相应实体类对象的各属性，从而实现将记录信息读取入 .NET 程序的对象中。

（5）也可用 HasRows 属性判断记录集是否有记录，来判断某些记录是否存在。

```
//设连接类对象 Connection 已生成并打开
string strSql=string.Format("select*from course where courseid='{0}' ",
textBox1.text);
OleDbCommand cmd=new OleDbCommand(strSql, Connection);
OleDbDataReader reader=cmd.ExecuteReader();
if (reader.Read())
{
    Course course=new Course();
    course.CourseId=reader["courseId"].ToString();
```

```
        course.CourseName=reader["courseName"].ToString();
        course.CourseCredit=Convert.ToInt16(reader["courseCredit"]);
    }
```

以上代码实例化一个命令类，用 ExecuteReader( ) 执行 SQL 查询语句（在课程表中查询课程号为文本框值的课程记录），并把记录集返回到 OleDbDataReader 对象。如果 OleDbDataReader 对象能读到记录，应该是一条，则把当前读到的记录的 3 个字段取出来，放在一个课程对象中。

注意

取在线记录集当前记录字段的格式如下。

记录集名 [字段名]

此时取得的是 1 个 object 字段，所以还需要转化为课程类对象属性的类型，方能赋值。

综上所述：OleDbDataReader 对象生成后，可用属性 HasRows 判断记录集是否有记录，常用的方法是 Read ( )，用于读取记录，如图 9.3 所示。

OleDbDataReader
–HasRows
+Read()

图 9.3
DataReader 类的常用属性和方法

9.3 实施与分析

9.3.1 课程添加的设计思路

根据业务流程的需要，以及上面介绍的两个数据访问类，添加课程记录的思路如下。

（1）在“添加”按钮的 Click 事件中，设计代码，实现课程记录的添加，代码设计思路如下。

① 对界面上的文本框进行输入完整性的判断，并读取文本框的值，并存入变量 courseId、courseName、courseCredit。

② 设置连接字符串，利用其实例化一个 Connection 类对象，连接数据库，打开连接。

③ 在记录添加前，需判断当前文本框中输入的课程号在表中是否已存在，否则当用户输入的课程号是表中已有的又再次添加会造成主键重复的错误。方法为：设计“select * from course where courseId='{0}'",courseId”语句，应用它和连接实例化一个 Command 类对象，应用 Command 对象的 ExecuteReader( ) 方法，生成一个 DataReader 对象，应用 DataReader 对象的 HasRows 属性，判断当前输入的课程号是否已存在，若不存在，则继续④，否则让用户重新输入课程号。

④ 设计 INSERT 语句："insert into course values('{0}','{1}', '{2}')。

⑤ 应用 INSERT 语句和连接，实例化另一个 command 类对象。

⑥ 执行该 Command 对象的 ExecuteNonQuery( ) 方法，并利用其返回值，判断并提示插入是否成功。

⑦ 若插入成功，将当前所有记录（包括新添加的）展示在数据网格中。观察新添记录是否在数据库中。

（2）在“取消”按钮的 Click 事件里，代码的设计思路为：清空 3 个文本框的内容，并将焦点置于第 1 个文本框，重新输入。

9.3.2 课程添加的实现

（1）在“确定”按钮的 Click 事件里添加如下代码。

```
private void buttonOk_Click(object sender, EventArgs e)
{
    string connectionString=@"Provider=Microsoft.Jet.OLEDB.4.0;Data
          Source=|DataDirectory|\CourseSelect.mdb" ;
    OleDbConnection conn=new OleDbConnection(connectionString);
    conn.Open();
    //界面上控件的输入完整性验证
    if (textBoxId.Text==String.Empty)
    {    MessageBox.Show("请输入课程编号");
         textBoxId.Focus(); return; }
    …
    //取取文本框中的值放入变量
    string courseId=textBoxId.Text.Trim();
    string courseName=textBoxName.Text.Trim();
    int courseCredit=Convert.ToInt32(textBoxCredit.Text.Trim());
    //查询当前课程号在课程表中是否已有，防止主键重复
    string strSql2=string.Format("select*from course where
    courseId='{0}'",courseId);
    OleDbCommand cmd2=new OleDbCommand(strSql2, conn);
    OleDbDataReader dr=cmd2.ExecuteReader();
    if (dr.HasRows)
    {
        MessageBox.Show("此课程号已存在，请重新输入课程号！");
        textBoxId.Clear();
        textBoxId.Focus();  return;
    }
    //否则，表示无重复记录，开始新课程记录的添加
    string strSql=string.Format("insert into course values('{0}',
    '{1}', '{2}')", courseId, courseName, courseCredit);
    OleDbCommand cmd=new OleDbCommand(strSql, conn);
    if (cmd.ExecuteNonQuery() > 0)
    {
        MessageBox.Show("课程添加成功！");
        //刷新当前记录的浏览，包含新添记录
        string strSql3="select*from course";
        OleDbDataAdapter da=new OleDbDataAdapter(strSql3,conn);
        DataSet ds=new DataSet();
        da.Fill(ds);
        dataGridViewCourse.DataSource=ds.Tables[0];
    }
    else MessageBox.Show("课程添加失败！");
    conn.Close();
}
```

（2）在“取消”按钮的 Click 事件里添加如下代码。

```
private void buttonCancel_Click(object sender, EventArgs e)
```

```
{
    textBoxId.Clear();
    textBoxName.Clear();
    textBoxCredit.Clear();
    textBoxId.Focus();
}
```

9.3.3 课程删除的设计思路

课程添加实现后，若要实现删除。则应该在删除的 GroupBox 内，在删除的文本框中录入需删除的课程号，单击“删除”按钮。

在此按钮的 Click 事件中，先判断此课程号是否存在，若不存在则返回重新输入课程号，否则删除该课程号对应的课程，并刷新显示。其代码设计思路如下。

（1）对界面上的文本框进行输入完整性的判断，并读取文本框的值，并存入变量 courseId。

（2）设置连接字符串，利用其实例化一个 Connection 类对象，连接数据库，打开连接。

（3）在记录删除前，需判断删除文本框中输入的课程号在表中是否不存在，否则删除不存在的记录，会造成错误回滚。此方法在添加中已实现。若存在，则继续步骤（4），否则让用户重新输入需删除的课程号。

（4）设计 delete 语句 delete from Course where courseId='{0}'。

（5）应用 delete 语句和连接，实例化一个 Command 类对象。

（6）执行该 Command 对象的 ExecuteNonQuery( ) 方法，并利用其返回值，判断并提示删除是否成功。

（7）若删除成功，将当前所有记录展示在数据网格中，观察被删记录是否不在数据库中。

可见，删除与添加的区别如下。

（1）添加前需必须判断需添加的主键是否存在，若不存在则不能添加；删除前必须判断需删除的主键是否存在，若不存在则不要删除。

（2）添加和删除的 SQL 语句不同。

其余的实现步骤和思路，都是一样的。请读者自行完成剩余的业务流程图和代码。

9.3.4 测试与改进

（1）编译程序，若有语法错误，请仔细查阅，并改正。

（2）编译通过后，分别在 3 个文本框中输入值，单击“确定”按钮，则会先判断在课程表中有无输入的课程号。若有，主键重复，提示用户重新输入；否则，在课程表中添加一条新记录，并刷新数据网格，显示新增记录；单击“取消”按钮，则清空文本框内容，重新输入。

（3）若文本框的值未输入，以上代码也能检测出来，并提示用户重新输入。

（4）读者可以试着删除检验文本框是否输入值的代码，这会造成主键为空的错误。读者也可以试着删除判断主键是否重复的代码，这会造成主键重复的错误。以上错误都会造成程序的非正常终止，严重影响软件项目的质量。所以，这两段代码必不可少，希望读者形成好习惯。

任务小结

本任务实现基于两层架构的课程添加、删除，在此过程中，涉及的 ADO.NET 的核心数据访问类如下。

数据库命令类 OleDbCommand：需要打开的连接和 SQL 语句进行实例化，由 3 个主要的方法 ExecuteNonQuery( )、ExecuteScalar( )、ExecuteReader( ) 来执行命令，产生不同的输出。

ADO.NET

OleDbDatareader 类：只进的在线数据集，只能用命令类的 ExecuteReader( ) 进行实例化，取得在线记录集，常用 Read( ) 方法和 HasRows 属性。

对以上数据访问类，要求读者能够进行恰当的实例化，设置必需的属性，调用恰当的方法等，进行数据库记录的插入、删除等。

自测题

1. OleDbCommand 类的 ExecuteNonQuery( ) 方法的返回类型是__________。
   A. int　　B. void　　C. string　　D. DataReader
2. OleDbCommand 类在实例化时，若指定了命令，则此命令__________被执行。
   A. 在实例化完成后，由其三个标准方法之一执行
   B. 在实例化过程中
   C. 在填充记录到 DataSet 时
   D. 由具体代码决定
3. 画出课程删除的业务流程图。
4. 完成课程删除的代码。
5. 应用基础的核心数据操作类，实现作业项目：图书管理系统的读者记录添加和删除，并把设计界面和代码写在作业本上。

学习心得记录

任务 10 数据访问类 DBHelper 的设计和应用

10.1 情境描述

本任务的实现效果仍如图 8.1 所示。

任务 9 实现了课程表记录的浏览、查询、添加、删除等操作，在此过程中学习了 5 个核心的 ADO.NET 数据操作类，对数据库的操作理论已经全部实现了，这也是课程管理模块的原始版本。但项目经理要求学生仔细观察上两个任务的代码设计，可以发现如下问题。

（1）经常需要建立、打开和关闭数据库连接。

（2）有些功能如浏览、判断主键是否存在等是经常要用的，每次用的时候都需要重复的书写代码。

所以，现在代码显得重复而杂乱，这显然不是一种好的程序设计风格。

因此，可以考虑将这些数据库操作封装在一个自定义类中，然后在类外需要的地方，调用这个类实现数据操作，从而优化编码风格。

本任务中，项目经理要求设计自定义类，实现数据库的及时连接和关闭，实现相应的命令执行、统计、返回只进数据集、返回离线数据集等功能，将这些数据库操作封装在一个类中。在类外需要的地方，调用此类实现数据操作。从而对原始版本进行第一次重构，完成项目的第 2 版。

本任务的业务流程如图 10.1 所示。

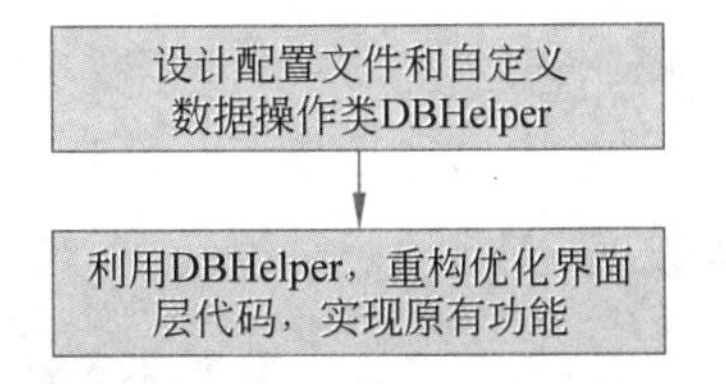

图 10.1
模块重构的业务流程

10.2 相关知识

10.2.1 数据操作类的设计思路

类是为了完成任务而设计的字段、属性、方法、构造方法组成的数据类型。为了封装连接和数据操作方法，设计此类为 public class DBHelper。

（1）类的字段：连接字符串，用于连接本项目的数据库。

（2）类的方法：根据类的功能需求，目前需要的数据操作方法有以下几个。

① 执行非查询 SQL 语句的方法。

② 执行 SQL 语句，以 DataReader 类型返回执行结果的方法。

③ 执行 SQL 语句，以 DataSet 类型返回执行结果的方法。

由于这些字段和方法在本项目中不需要再改动，因此，可以设计为 static 静态成员。静态成员不需要由对象调用，所以此类不必设计构造函数。

综上所述：DBHelper 类需要 1 个静态字段，3 个静态方法，如图 10.2 所示。

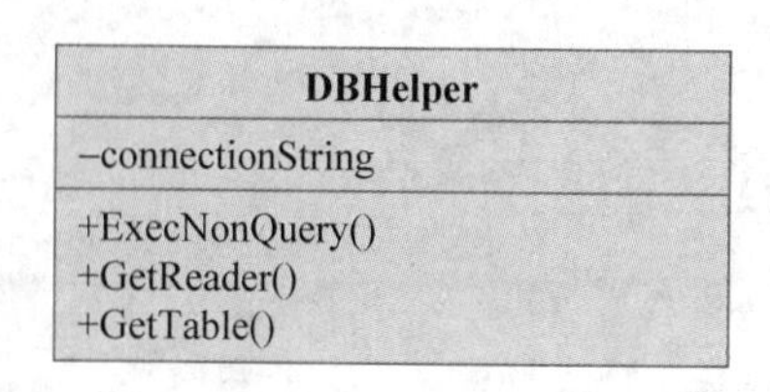

图 10.2
自定义数据操作类的字段和方法

10.2.2 连接字符串字段

1. 连接字符串的位置

连接字符串属于应用程序的配置之一，一般应放在配置文件中。配置文件是根据需要对应用程序设置各种类型的配置数据的文件。像连接字符串这样的配置信息，放在了配置文件后，一旦发生改变，只须修改配置文件即可。如果未将它放在配置文件中，一旦发生改变，所有连接的地方都要改，这种改动是无法保证正确的。

对于 asp.net 应用程序，配置文件是 web.config。对于 Windows 窗体应用程序，配置文件是 App.Config。其本质都是一个 XML 文件，从 .NET 2.0 开始，就提供了 System [.Web] .Configuration 这个命名空间来进行管理此文件。此时需要在项目中添加对 System.configuration 的引用。对于 Windows 窗体应用程序，使用 System.Configuration 命名空间中的 ConfigurationManager 类对配置文件进行管理。

2. 连接字符串的设置

（1）在项目上右击，选择“新建项”→“应用程序配置文件”命令，新建 App .config 文件。

（2）在配置文件中加入以下代码。

```
<configuration>                              //所有配置均放在这个最外层的根节点中
    <connectionStrings>                      //设置连接字符串的子节点
        <add name="CourseSelect.ConnectionString"
            connectionString="Provider=Microsoft.Jet.OLEDB.4.0;
            Data Source=|DataDirectory|\CourseSelect.mdb"
            providerName="System.Data.OleDb" />
    </connectionStrings>
</configuration>
```

3. 连接字符串的读取

在项目件中添加对 System.Configuration 命名空间的引用后，再加入 using System.Configuration 后，用 ConfigurationManager 类读取 App.Config 中的链接字符串。

读取方法如下。

```
ConfigurationManager.ConnectionStrings ["属性名称"].ConnectionString
```

DBHelper 类的连接字段可以如下设计。

```
public class DBHelper
{
    private static readonly string connectionString=Configuratio
    nManager.ConnectionStrings["CourseSelect.ConnectionString"].
    ConnectionString;
}
```

10.2.3　数据操作方法

数据操作方法需要完成的功能为：连接到数据库，执行各类 SQL 命令，以各种方式返回操作结果。在设计这些方法的时候，有一个问题需要事先考虑：连接字符串虽然已经设置和读取了，连接什么时候生成、打开，什么时候关闭呢？下面具体进行介绍。

1. 托管资源和非托管资源

在 NET 框架中，有两类资源：托管资源和非托管资源。托管资源（占 80% 以上），由垃圾回收机制 GC（Garbage Collector）进行释放和管理；非托管资源，包含文件句柄、COM 包装或 SQL 连接等，它们不被 GC 释放，此类资源可以用 using 语句进行释放，在使用一个或多个此类资源完成了代码后，using 确保这些资源的释放，这样，其他代码就可以使用它们。

using 语句主要有以下 2 个作用：在项目中引入需要用的命名空间，这在前面都已涉及应用；管理非托管资源。

using 语句管理非托管资源分 3 个步骤：获取、使用和释放。

（1）获取：表示创建资源所对应的对象并将其初始化，以便引用系统资源。

（2）使用：表示使用系统资源执行操作。

（3）释放：表示对所使用的系统资源对象显式调用 Dispose( ) 方法进行释放。因此，凡是继承了 IDispose 接口的资源类，均可以应用 using 进行管理。

DBHelper 类的 ExecNonQuery 方法可以设计为如下所示的形式。

```
public static int ExecNonQuery(string strSQL)
{
    using (OleDbConnection conn=new OleDbConnection(connectionString))
    {
        conn.Open();
        OleDbCommand cmd=new OleDbCommand(strSQL,conn);
        return cmd.ExecuteNonQuery();
    }
}
```

这段代码表示：using 语句创建并获取一个 OleDbConnection 对象，在花括号内打开它、使用它执行系列任务，遇到 using 的右花括号，关闭释放此连接对象。这样，当执行此方法时遇到 return 语句返回时，数据库连接已被安全关闭。

同理，DBHelper 类的 GetTable( ) 方法可以如下设计。

```
public static DataTable GetTable(string strSQL)
{
    using (OleDbConnection conn=new OleDbConnection(connectionString))
```

```
        {
            conn.Open();
            OleDbDataAdapter da=new OleDbDataAdapter(strSQL, conn);
            DataSet ds=new DataSet();
            da.Fill(ds);
            return ds.Tables[0];
        }
    }
```

同理，DBHelper 类的 GetReader( ) 方法可以如下设计。

```
/// 执行 SQL 命令，返回只进记录集 DataReader
public static OleDbDataReader GetReader(string strSQL)
{
    Using(OleDbConnection conn=new OleDbConnection(connectionString))
    {
        conn.Open();
        OleDbCommand cmd=new OleDbCommand(strSQL,conn);
        return cmd.ExecuteReader();
    }
}
```

但此时有一个特殊的问题：当 DataReader 需要被使用时，关联的 Connection 是不能关闭的，因为它是在线数据集。因此，利用 DataReader 取回记录集后，在要使用它时，连接还必须是打开的。

而此段代码返回时，相应的只进记录集返回了，但连接也已经被关闭和释放，对于这个问题，可以使用 CommandBehavior 枚举类解决。

2. CommandBehavior 枚举类

CommandBehavior 枚举是 System.Data 命名空间下的枚举，提供查询结果对数据库的影响的说明。当某个 DataReader 对象在生成时使用了 CommandBehavior. CloseConnection，那数据库连接将在 DataReader 对象关闭后，再自动关闭。因此，DataReader 生成时，一般要用 CommandBehavior 枚举类的 CloseConnection 属性。

所以，GetReader( ) 方法应该改为如下形式。

```
public static OleDbDataReader GetReader(string strSQL)
{
    OleDbConnection conn=new OleDbConnection(connectionString);
    conn.Open();
    OleDbCommand cmd=new OleDbCommand(strSQL,conn);
    return cmd.ExecuteReader(CommandBehavior.CloseConnection);
}
```

这段代码表示返回了 DataReader 对象后，等本对象应用完、释放后，再关闭连接。

10.3 实施与分析

10.3.1 DBHelper 数据操作类的设计

总结上面所述，此类设计时要注意以下几点。

（1）读取配置文件中的连接字符串，作为类的字段。

（2）设计执行命令的方法 ExecNonQuery( )，返回受命令影响的行数；注意，OleDbCommand 类有一个标准方法 ExecuteNonQuery( )，要注意这两个方法名的区别。

（3）设计返回只进数据集的方法 GetReader( )，返回 OleDbDataReader 记录集。

（4）设计返回离线数据集的方法 GetTable( )，返回数据集中的第一个表。

右击 CourseSelect 项目，选择“新建项”→“类”命令，文件名为 DBHelper.cs，在此数据操作类中的代码如下。

```
public class DBHelper
{
    private static readonly string connectionString=Configuratio
    nManager.ConnectionStrings["CourseSelect.ConnectionString"].
    ConnectionString;
    ///执行不返回记录集的 SQL 命令，如插入、删除、修改等
    public static int ExecNonQuery(string strSQL)
    {
        using (OleDbConnection conn=new OleDbConnection(connectionString))
        {
            conn.Open();
            OleDbCommand cmd=new OleDbCommand(strSQL,conn);
            return cmd.ExecuteNonQuery();
        }
    }
    ///执行 SQL 命令返回离线记录集 DataSet
    public static DataTable GetTable(string strSQL)
    {
        using (OleDbConnection conn=
            new OleDbConnection(connectionString))
        {
            conn.Open();
            OleDbDataAdapter da=new OleDbDataAdapter(strSQL,
            conn);
            DataSet ds=new DataSet();
            da.Fill(ds);
            return ds.Tables[0];
        }
    }
    ///执行 SQL 命令，返回只进记录集 DataReader
    public static OleDbDataReader GetReader(string strSQL)
    {
        OleDbConnection conn=new OleDbConnection(connectionString);
        conn.Open();
        OleDbCommand cmd=new OleDbCommand(strSQL,conn);
        return cmd.ExecuteReader(CommandBehavior.CloseConnection);
    }
}
```

10.3.2 应用 DBHelper 数据操作类优化代码

由于 DBHelper 类文件与窗体文件在同一项目、同一命名空间中，因此，在窗体的代码中可以直接调用。

（1）在窗体加载时，或者查询时单击“显示全部”按钮，显示全部课程列表，代码重构如下。

```
private void FormCourse_Load(object sender, EventArgs e)
{
    string strSql="select*from Course";
    DataTable dt=DBHelper .GetTable(strSql);
    dataGridViewCourse.DataSource=dt;
}
```

（2）添加课程时，单击“确定”按钮，添加记录并刷新课程浏览列表，代码重构如下。

```
private void buttonOk_Click(object sender, EventArgs e)
{
    //界面上控件的输入完整性验证
    if (textBoxId.Text==String.Empty)
    {    MessageBox.Show("请输入课程编号");
         textBoxId.Focus(); return;
    }
    …
    //取文本框中的值放入变量
    string courseId=textBoxId.Text.Trim();
    string courseName=textBoxName.Text.Trim();
    int courseCredit=Convert.ToInt32(textBoxCredit.Text.Trim());
    //查询当前课程号在课程表中是否已有，防止主键重复
    string strSql2=string.Format("select*from course where
    courseid='{0}'",courseId);
    OleDbDataReader dr=DBHelper.GetReader(strSql2);
    if (dr.HasRows)
    {
        MessageBox.Show("此课程号已存在，请重新输入课程号！");
        textBoxId.Clear();
        textBoxId.Focus();  return;
    }
    //否则，表示无重复记录，开始新课程记录的添加
    string strSql=string.Format("insert into Course
    values('{0}','{1}', '{2}')", courseId, courseName, courseCredit);
    if (DBHelper.ExecNonQuery(strSql) > 0)
    {
        MessageBox.Show("课程添加成功！");
        //刷新当前记录的浏览，包含新添记录
        string strSql3="sclcct*from course";
        dataGridViewCourse.DataSource=DBHelper .GetTable(strSql);
    }
    else
        MessageBox.Show("课程添加失败！");
}
```

（3）查询和删除时代码的重构，请读者自行完成。

（4）以上功能的原始代码在前面两个情境中均已实现。通过重构，可以看出优化后的程序有以下优点：①在界面上只需完成输入输出提示，和设计 SQL 语句，然后用 DBHelper 的相关方法执行语句，即可获得结果；②无须每次连接都写连接字符串，再关闭；③无须为每个 SQL 语句生成 Command 对象执行。

以上后面的两点，都由 DBHelper 类的方法实现。这样，大大简化了代码量，提升了编码效率。

因此，把常用的数据操作功能抽取在自定义类 DBHelper 中，在类外需要的地方进行调用的做法，简化了代码的量，优化了程序的结构，体现了责任分担的模块化设计理念，而且这种模块化是由类来实现的，充分体现了面向对象的设计理念。

掌握此类十分重要，在目前商业项目的开发中，这个类都是必需的，在本书的后续章节，均须应用此类。

10.3.3　测试与改进

（1）编译程序，若有语法错误，请仔细查阅，并改正。

（2）编译通过后，能实现课程管理的所有功能，包括浏览、查询、添加、删除。

（3）若把 GetTable( ) 方法的返回类型改为 DataSet，此时，方法应改为下面的形式。

```
public static DataSet GetTable(string strSQL)
{
    using (OleDbConnection conn=new OleDbConnection(connectionString))
    {
        conn.Open();
        OleDbDataAdapter da=new OleDbDataAdapter(strSQL, conn);
        DataSet ds=new DataSet();
        da.Fill(ds);
        return ds;
    }
}
```

在类外调用时，一般用于为数据网格指定数据源，由于数据源应是数据集中的数据表，所以，在所有调用的场合，均应改为：“DBHelper.GetTable(SQL 语句).Tables[0]”。请读者自行测试。

（4）若把 GetReader( ) 方法改回如下形式，也用 using 语句管理连接。

```
public static OleDbDataReader GetReader(string strSQL)
{
    using (OleDbConnection conn=new OleDbConnection(connectionString))
    {
        conn.Open();
        OleDbCommand cmd=new OleDbCommand(strSQL,conn);
        return cmd.ExecuteReader();
    }
}
```

如果按上述代码进行运行，则会出现如图 10.3 所示的错误，说明 OleDbDataReader 类这种类型在线记录集，在应用时，其连接是不能关闭的。所以，此方法必须应用 CommandBehavior.CloseConnection 的枚举来关闭连接。

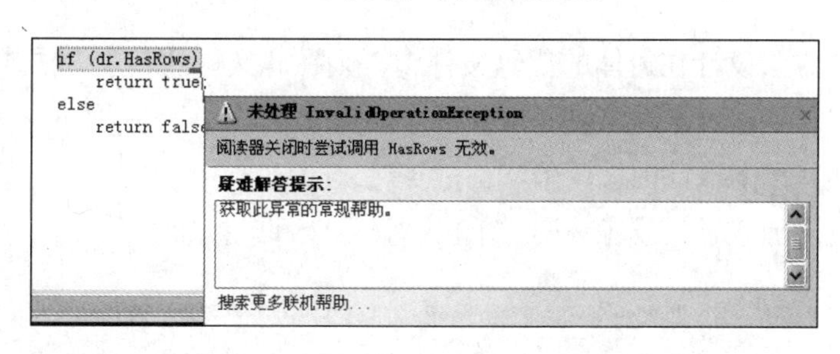

图 10.3
在线记录集关闭连接的错误提示

10.4　相关拓展

在本任务中，将数据库的连接和常用的数据操作方法抽取在自定义的数据操作类中，实现了代码的优化。这些连接和操作方法基本还属于底层的基础操作范畴，现在来探索一下：对于更高层的操作，如记录浏览、记录存在与否的判断等逻辑功能，是否也可以抽取为独立的模块呢？

答案是肯定的。因为按照当前的程序设计思路，基本要求程序模块具备“单一责任原则”，即一个方法内最好只实现单一的功能。

例如，在添加记录的“确定”按钮的 Click 事件中，要实现输入的验证、重复主键的判断、记录的插入、插入后刷新浏览等系列功能，其中的每个功能都可以抽取为独立的方法，在这些方法内调用 DBHelper 类来实现相应功能。

那么，这些方法放在程序的什么地方呢？按 OOP 的思路，应该再设计自定义类，将这些方法抽取在类内，这就涉及三层架构的必要性，将在下个模块中讨论。

在本任务中，仍可以将这些功能抽取在方法中，只是把这些方法放在界面层的代码文件的前面部分，在同一文件的后面调用它们。这在一定程度上提高了代码的模块化程度，不过，程序仍是两层的，仍然是一个“胖客户端”。

下面抽取两个功能为例，来具体说明。

（1）记录浏览功能，代码如下。

```
private void ShowAllCourseList()
{
    string strSql="select*from course";
    DataTable dt=DBHelper.GetTable(strSql);
    dataGridViewCourse.DataSource=dt;
}
```

（2）判断某主键是否存在的功能，代码如下。

```
private bool Exists(string courseId)
{
    string strSql=String.Format("select*from course where
    courseId='{0}'", courseId);
    using (OleDbDataReader dr=DBHelper.GetReader(strSql))
    {
        if (dr.HasRows)
            return true;
        else
            return false;
    }
}
```

把这两个方法设计在窗体的代码文件中，则在此文件的其余方法或事件内，就可以调用，实现了进一步的模块化抽取。

这些方法在以下事件中被调用。

（1）在窗体加载时，或者查询时单击“显示全部”按钮。

```
private void FormCourse_Load(object sender, EventArgs e)
{
    ShowAllCourseList();
}
```

（2）添加记录时，“确定”按钮的 Click 事件应添加以下代码。

```
private void buttonOk_Click(object sender, EventArgs e)
{
    //界面上控件的输入完整性验证
    if (textBoxId.Text==String.Empty)
```

```
    {     MessageBox.Show(" 请输入课程编号 ");
          textBoxId.Focus();  rerun;        }
    …

    string courId=textBoxId.Text.Trim();
    string courName=textBoxName.Text.Trim();
    int courCredit=Convert.ToInt32(textBoxCredit.Text.Trim());
    //查询当前课程号在课程表中是否已有，防止主键重复
    if (Exists(courId))
    {
         MessageBox.Show(" 此课程号已存在，请重新输入课程号！");
         textBoxId.Clear();
         textBoxId.Focus();  return;
    }
    //否则，表示无重复记录，开始新课程记录的添加
    string strSql=string.Format("insert into Course values ('{0}',
    '{1}', '{2}')", courId, courName, courCredit);
         if (DBHelper.ExecNonQuery(strSql) > 0)
         {
              MessageBox.Show(" 课程添加成功！");
               //刷新当前记录的浏览，包含新添记录
              ShowAllCourseList();
         }
         else
              MessageBox.Show(" 课程添加失败！");
              conn.Close();
}
```

同理，查询和删除的代码重构，请读者自行完成。

任务小结

本任务实现了自定义通用数据操作类 DBHelper 的设计和应用。

（1）DBHelper 类的设计：应把连接字符串写在配置文件中，在类中读取作为字段；然后设计实现数据操作功能的方法：执行命令非查询命令的方法、执行查询并返回只进记录集的方法、执行查询并返回离线记录集的方法。这些方法都应用了非托管资源和核心数据访问类。

（2）DBHelper 类的应用：在界面层，添加、删除、浏览、查询的实现代码中，调用此类来完成功能，对原始代码进行优化。在界面上只需设计 SQL 语句，然后用 DBHelper 的相关方法执行语句，即可获得结果。

此通用数据操作类在常用管理信息软件和下面模块均须应用，读者务必熟练掌握。

（3）常用的信息添加、删除、浏览、查询等功能，在本阶段中应用了以下 3 种方法实现。

① 应用 ADO.NET 核心数据库操作类实现原始版本；目的是使读者理解标准的数据操作类以及其应用。

② 设计 DBHelper 类，应用其简化、优化原始版本，得到第 2 版；目的是抽取通用的自定义数据操作类，体现模块化设计，进一步强化 OOP 设计思路。

③ 抽取更高级的功能到方法中，进一步提高代码的模块化程度；目的是使读者体会到两层架构虽然做到极致了，但仍然是“胖客户端”，对三层架构有合理的期望。

希望读者能仔细地、反复地对这 3 种实现方式进行实践和比较，对初学者深入理解基本概念、深入理解逐步优化的设计思路，有很好的指导作用。

自测题

1. 本系统需要从 App.Config 文件中获取数据库连接字符串，以下代码正确的是________。

A. ConfigurationManager.ConnectionStrings("connString").ConnectionString

B. ConfigurationManager.ConnectionStrings["connString"].ConnectionString

C. ConfigurationManager.ConnectionStrings("connString").Text

D. ConfigurationManager.ConnectionStrings["connString"].Text

2. 请设计配置文件和数据库操作类 DBHelper，重构图书管理系统中读者信息的添加、删除和浏览、查询功能。

3. 对第 2 题的原始版本和用 DBHelper 重构的版本分析优劣，并写出 200 字左右的总结报告。

4. 连接到选课数据库，将课程表中的课程名全部取出，作为下拉列表框的数据源，供用户在界面上选择用，并在数据网格中显示用户所选中的某课程的信息。

提示

对于ComboBox，必须指定DisplayMember、ValueMember、DataSource这3个属性，方能实现数据展示。

5. 连接选课数据库，求出课程表中目前课程的总数。

提示

用到命令类的 ExecuteScalar( ) 方法。

6. 在DBHelper类中，抽取的是基本的记录操作方法。较高层的逻辑功能，如浏览、判断等，在 OOP 中，也需要抽取在独立的类中的，假设设计了实现逻辑功能的类 Business，来放置这些高级功能，请总结并画出 DBHelper 类、Business 类和界面层的调用关系图。

7. 某项目使用 Access 数据库系统，数据库名为 Demo；该数据库中有商品信息表，表名为 Product，表的结构见表 10.1。

表 10.1
商品表结构

列 名	字段类型	是否主键	是否允许为空	说 明
ProductID	文本	是	否	商品编号
ProductName	文本		否	商品名称
UnitPrice	货币		否	单价
UnitName	文本		否	计量单位（例如：个、只……）

“商品管理”界面设计如图 10.4 所示。

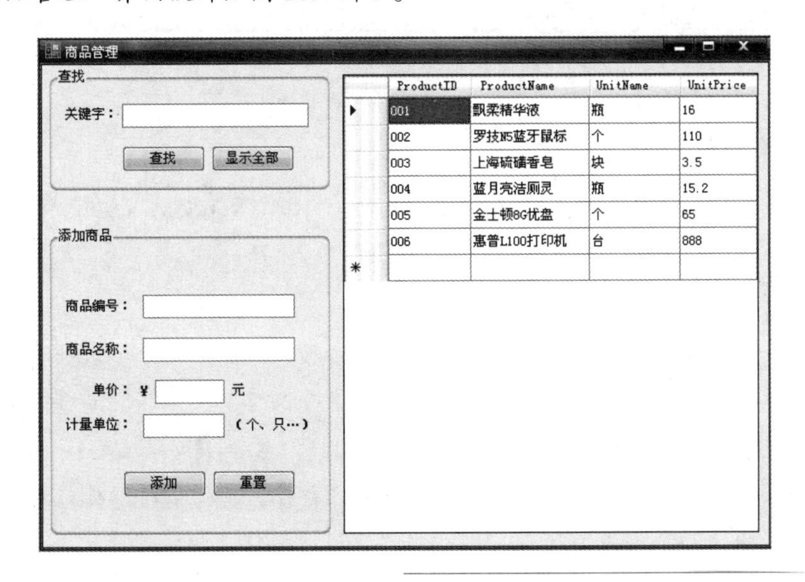

图 10.4
商品管理界面

上图中各控件的相关信息如下所述。

（1）商品编号文本框的 Name 属性为：txtProductID。

（2）商品名称文本框的 Name 属性为：txtProductName。

（3）商品单价文本框的 Name 属性为：txtUnitPrice。

（4）商品计量单位文本框的 Name 属性为：txtUnitName。

（5）显示数据的网格控件的 Name 属性为：dataGridView1。

该项目根目录下的应用程序配置文件 App.Config 的节点配置信息如下所示。

```
<configuration>
    <connectionStrings>
        <add name="connString"
        connectionString="Provider=Microsoft.Jet.OLEDB.4.0;
        Data Source=|DataDirectory|\DataBase\Demo.mdb"/>
    </connectionStrings>
</configuration>
```

设已提供 AccessDBHelper 类（数据库访问操作类）可供直接调用，该类中有如下所述的方法。

```
public static int ExecNonQuery(string strSQL)
//执行 SQL 语句，返回受影响的行数
public static DataSet GetDataSet(string strSQL)
//执行 SQL 语句，返回查询结果
public static object GetScalar(string strSQL
//执行 SQL 语句，返回查询结果第 1 行第 1 列
public static OleDbDataReader GetReader(string strSQL)
//执行 SQL 语句，返回查询结果
```

回答下列问题。

（1）如图 10.4 所示，要在以下代码实现如下功能：当页面加载完之后，在 DataGridView1 网格控件上显示数据库中 Product 表中的所有商品信息。请仔细阅读理解，并补全程序空白。

```
    //自定义方法：显示全部商品列表
    private void ShowAllProductList()
```

```
    {
1       string strSQL="________________________";
2       DataSet ds=AccessDBHelper.GetDataSet(__________);
3       dataGridView1.DataSource=__________;
    }

    //页面加载触发的事件所关联的方法
    private void ProductManage_Load(object sender, EventArgs e)
    {
4       __________;
    }
```

（2）如图 10.4 所示，以下代码实现“商品添加”功能，具体要求如下。

① 当单击“添加”按钮时，要求商品编号、商品名称、单价、计量单位文本框必填，如果有一个没有填，则弹出对话框提示用户输入。

② 如果用户添加的商品编号在数据库中已经存在，则弹出对话框提示。

③ 如果以上两个条件都通过，则根据用户输入的信息向数据库中添加一条商品记录。

④ 添加完记录之后重新显示全部商品列表，并将商品编号、商品名称、单价、计量单位文本框的内容清空。

请仔细阅读理解，并补全程序空白。

```
    //自定义方法：清空文本框内容
    private void ClearControls()
    {
        txtProductID.Text=String.Empty;          //清空商品编号文本框
        txtProductName.Text=String.Empty;        //清空商品名称文本框

5       __________=String.Empty;                 //清空商品单价文本框
        txtUnitName.Text=String.Empty;           //清空商品计量单位文
                                                   本框
    }


    //自定义方法：判断商品编号在数据库中是否存在。如存在，返回 true，否则返回
      false
    private bool Exists(string productID)
    {
        string strSQL=String.Format("select*from product where
           ProductID='{0}'", productID);
6       using (OleDbDataReader dr=__________)
        {
            if (dr.HasRows)
            {
7               __________;
            }
            else
            {
8               __________;
            }
        }
    }

    //单击“添加”按钮触发的事件所关联的方法
    private void btnAdd_Click(object sender, EventArgs e)
    {
        string strProductID=txtProductID.Text;
```

```
        string strProductName=txtProductName.Text;
        string strUnitPrice=txtUnitPrice.Text;
        string strUnitName=txtUnitName.Text;

        //输入完整性判断
        if (strProductID==String.Empty)
        {
            MessageBox.Show("请输入商品编号！");
            return;
        }

9       if (__________________ ==String.Empty)
        {
            MessageBox.Show("请输入商品名称！");
            return;
        }
        if (strUnitPrice==String.Empty)
        {
            MessageBox.Show("请输入商品单价！");
            return;
        }
        if (strUnitName==String.Empty)
        {
            MessageBox.Show("请输入商品计量单位！");
            return;
        }
        //主键重复判断
10      if (__________________)
        {
            MessageBox.Show("该商品编号在数据库中已存在，不能重复添加！");

11          __________________;
        }
        //开始执行插入
        string strSQL=String.Format("insert into Product values('
        {0}','{1}',{2},'{3}')",strProductID, strProductName,
12      __________________,strUnitName);

13      int result=__________________;     //执行SQL语句并返回受影响
                                           行数
        if (result > 0)
        {
            MessageBox.Show("添加成功！");
        }
        else
        {
            MessageBox.Show("添加失败");
        }

14      __________________;                //显示全部商品列表
15      __________________;                //清空控件
    }
```

学习心得记录

....

....

阶段二知识路线图

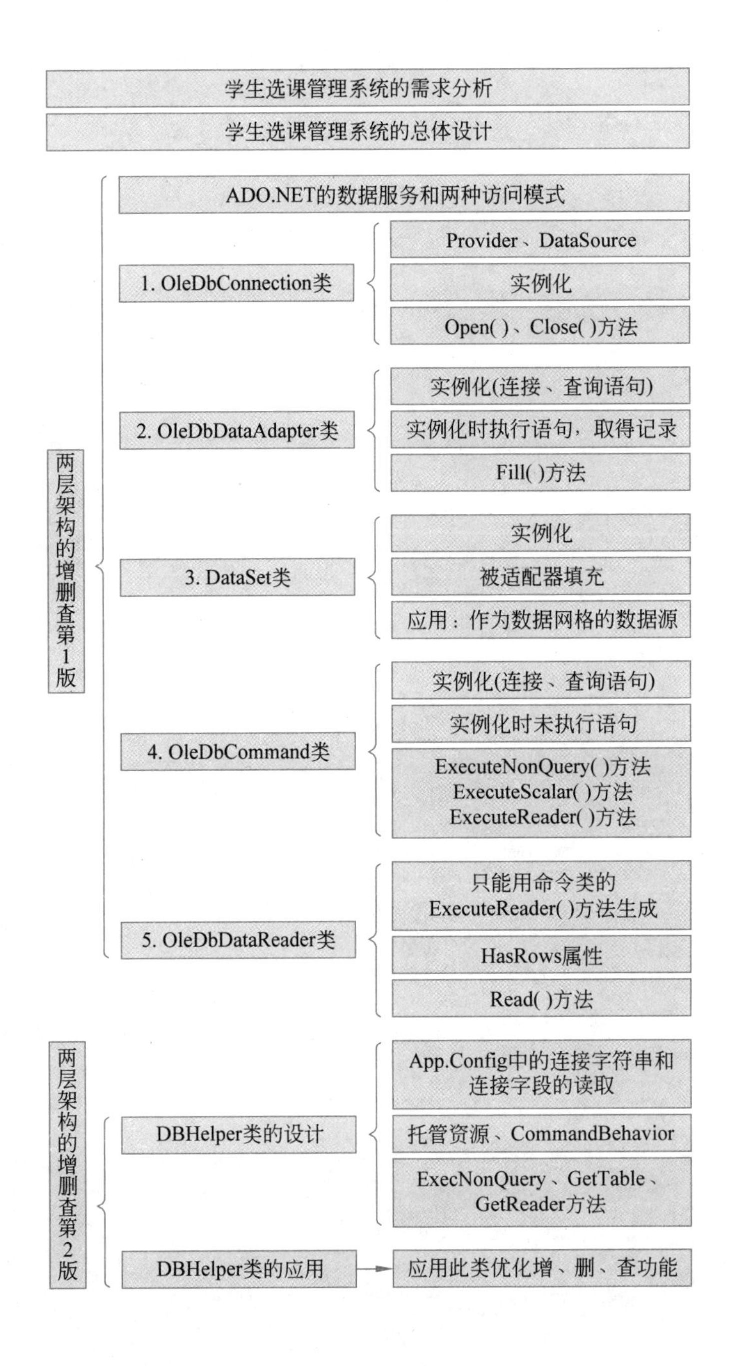

学生选课管理系统的需求分析
学生选课管理系统的总体设计
两层架构的增删查第1版
ADO.NET的数据服务和两种访问模式
1. OleDbConnection类
Provider、DataSource
实例化
Open( )、Close( )方法
2. OleDbDataAdapter类
实例化(连接、查询语句)
实例化时执行语句，取得记录
Fill( )方法
3. DataSet类
实例化
被适配器填充
应用：作为数据网格的数据源
4. OleDbCommand类
实例化(连接、查询语句)
实例化时未执行语句
ExecuteNonQuery( )方法
ExecuteScalar( )方法
ExecuteReader( )方法
5. OleDbDataReader类
只能用命令类的
ExecuteReader( )方法生成
HasRows属性
Read( )方法
两层架构的增删查第2版
DBHelper类的设计
App.Config中的连接字符串和
连接字段的读取
托管资源、CommandBehavior
ExecNonQuery、GetTable、
GetReader方法
DBHelper类的应用
应用此类优化增、删、查功能

第三阶段　项目开发——重构过程

概述

在前面的阶段中，用基于两层架构的技术完成了课程管理模块，引入了 ADO.NET 数据库访问技术和自定义数据操作类 DBHelper，这些都是设计 C# 窗体类项目的基础。

本阶段用三层架构重构课程管理模块，首先介绍三层架构的划分原理，以及把项目从两层向三层转换的过程；然后将课程记录的添加、删除、浏览功能，每个都用三层架构重构。

在此过程中，介绍了三层架构的优越性、必要性；三层架构的划分原理、各层的任务；设计三层时的原则；以及运行时层之间的调用关系。还介绍了从两层向三层的转换过程，以及用三层架构实现常用功能的方法，是实现任何三层架构项目的基础。

本阶段任务

任务 11　向三层架构的转换
任务 12　基于三层架构的课程浏览查询重构
任务 13　基于三层架构的课程添加重构
任务 14　基于三层架构的课程删除重构

本阶段知识目标

（1）理解三层架构的设计原理，各层的任务分工和合作机制。
（2）理解三层架构设计时，各层的设计思路，从底向上设计各层的方法。
（3）理解三层架构运行时，自上而下调用各层和依次返回的流程。
（4）理解常用功能（增、删、查）的三层设计和运行原理。
（5）理解常用功能，其两层和三层实现的区别。

本阶段技能目标

（1）能将任意项目，从两层架构转换为三层架构。
（2）能直接用三层架构，新建任意项目。
（3）面对任意软件的常用功能（增、删、查），能用三层架构来实现。

任务 11 向三层架构的转换

11.1 情境描述

在前面的阶段中，已实现了两层架构的课程管理模块。其中，数据库的连接、添加、删除、查询功能的实现、不同数据集的应用都已实现，并引入了应用程序配置文件和自定义的数据操作类，对程序进行了优化重构。实现一个管理信息系统所需要的技术，似乎已全了。

但是，如果应用程序的功能需求不是这么简单，而是有非常复杂的流程。那么，如果按照上个阶段的做法，在最后的重构中设计了一些功能实现方法，并且在同一层调用，表现层的代码就会很长而无序。并且，一旦用户需求发生改变，则对这么长的代码进行重写，是不可行的，这种做法对于大型的软件是不能承受的。

因此，目前通用的做法是：将应用程序的实现分布在从低向高的三个层：①数据访问层实现对数据库记录的操作，这对于特定的 DBMS 是固定的；②业务逻辑层调用数据访问层实现业务逻辑，这层是关键，如果用户的业务需求改了，可以在这层中修改，因为这层有很多独立的方法，而且，改某个功能不会影响到别的功能，这种改动就比较科学；③界面层调用业务逻辑层实现用户的功能，只要业务逻辑层有这个功能，就可以调用，界面层只须提供输入输出和提示等。这就是基于三层架构的应用程序体系结构，是目前最通用的架构模式。

本任务中，考虑到项目训练的延续性，并且为了使学生能够更好地理解三层架构，项目经理要求学生能够将原来的只有 1 个项目的两层架构的课程管理模块，重构为标准的具有 5 个项目的三层架构的形式，并进行恰当的初始化，仍能实现课程的添加、浏览功能。在此过程中掌握从两层向三层转化的技巧，深入理解三层架构的来由和必要性。

三层架构下，解决方案中的项目如图 11.1 所示。

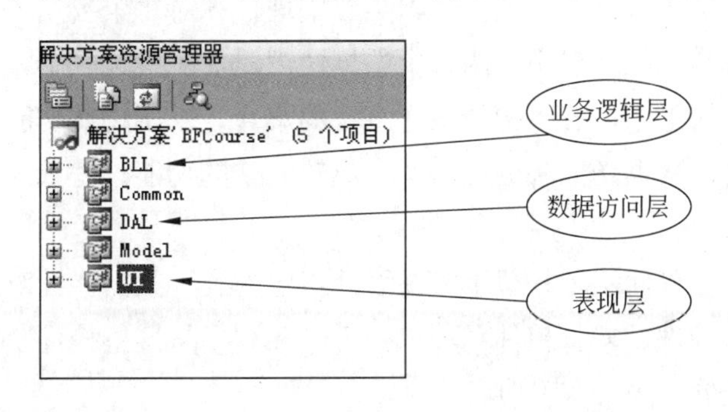

图 11.1 包含 5 个项目的三层架构解决方案

本任务的业务流程如图 11.2 所示，其最终实现效果仍如图 8.1 所示。

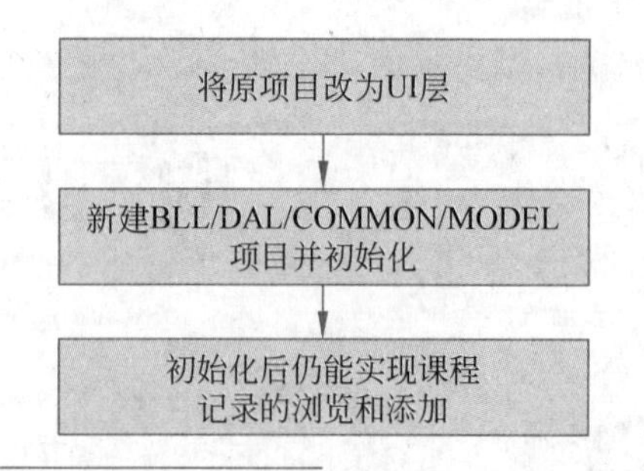

图 11.2
单层转化为三层架构的业务流程

11.2 相关知识

11.2.1 三层架构的划分原理

三层架构的划分如图 11.3 所示。

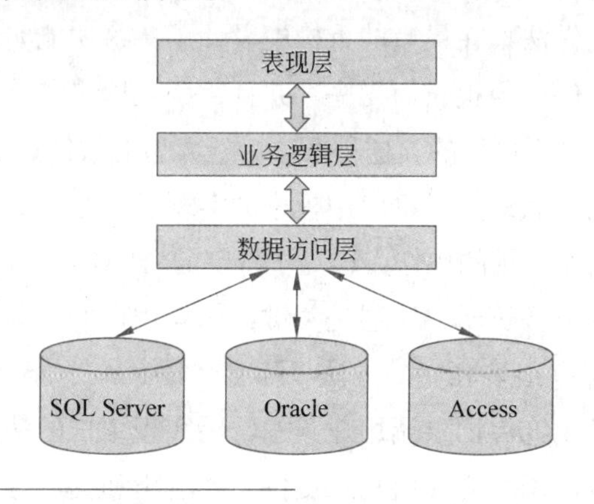

图 11.3
三层架构原理图

1. 各层的分工

（1）数据访问层包含若干数据访问类，一般针对每个数据表，都设计一个数据访问类。在此类中，为业务流程中每个最底层的基本记录操作需求，设计一个方法，实现记录的插入、删除、单条记录的查询、记录集的查询、单条记录的有无判断等功能，为实现业务逻辑提供数据库访问基础。设计数据访问层的原则是：力求满足业务流程中每个底层的操作步骤的要求。

（2）业务逻辑层包含若干业务逻辑类，同理，针对每个数据表，也设计一个业务逻辑类。在此类中，针对用户的每个整体性逻辑功能设计一个方法，在其中调用相关的数据访问层类中、若干记录操作方法的集合，来实现此功能。设计业务逻辑层的原则是：整合数据访问层的方法，完成较完整的功能，力求满足用户每个逻辑功能的需求。

（3）表现层（界面层）一般不需要设计特定的类，只需要针对用户的具体功能需求，部署输入控件、操作控件和输出控件，并利用从这些控件获取的实参，调用业务逻辑层中类的方法来实现功能。

打个通俗的比方，数据访问层就像是工厂的零件组装车间，业务逻辑层则是大部件的组装中心，而表现层就是调度总装部门。

在三层架构的设计阶段，需要自下而上依次设计 DAL 层、BLL 层、UI 层代码，具体内容为：①数据访问层：调用 DBHelper 类，访问数据库，实现基本记录操作；

②业务逻辑层：调用相关的数据访问类中方法的集合，实现逻辑功能；③表现层：部署控件后，调用业务逻辑层的类，实现用户界面上所需的功能。其中，上层的形参作为下层的实参。

2. 各层之间的调用关系

当三层架构的代码设计完运行时，调用流程是从表现层开始执行，自上而下调用，当从数据库取得相关值后，再自下而上逐层返回各层的调用关系具体如下。

（1）表现层：收集实参，调用业务逻辑层类的方法。

（2）业务逻辑层：获得实参，调用相关的数据访问类方法。

（3）数据访问层：获得实参，调用 DBHelper 类，访问数据库，得到返回值；再依次返回到上层，直至在表现层的数据展示控件中显示出来。

将应用程序的功能分层后，对于固定的 DBMS，各层的基本设计原理是不变的。一旦用户的需求改变，首先修改数据访问层的方法，然后修改业务逻辑层，表现层稍做改动即可。这种做法使程序的可复用性、可修改性，都得到了很好的改善，大大提高了软件编程的效率。

11.2.2 对象关系映射 ORM

在图 11.1 中看到，除了表现层、业务逻辑层和数据访问层的项目外，还有两个项目。其中，Common 项目中一般放的是公用文件，如数据操作类 DBHelper 等，被数据访问层的类调用，其必要性在上个阶段已述；Model 项目中存放的是实体类，实现对象关系映射。

对象关系映射（Object Relational Mapping，ORM）用于解决面向对象的类与关系数据库的表之间存在的不匹配的情况。通过使用描述对象和关系之间映射的元数据，使程序中的类对象与关系数据库的表之间建立持久的关系。ORM 用于在程序中描述数据库表，本质上就是将数据从一种形式转换到另外一种形式。

ORM 是一个广义的概念，适应于关系数据库与应用程序之间的各类数据转换，目前有许多自动转换工具可用，如 codesmith 等。在本教材中，应用手工书写代码的形式来实现 ORM。

如对于学生选课管理系统数据库中的课程表（course），其结构见表 11.1。

表 11.1
课程表（course）结构

字 段 名	字段类型	备 注
courseId	文本（3）	课程号，长度为 3
courseName	文本（20）	课程名，长度为 20
courseCredit	短整型	课程学分

可以如下设计类来描述 course。

```
public class Course
{
    private string courseId;
    public string CourseId
```

```
        {
            get { return courseId; }
            set { courseId=value; }
        }
        private string courseName;
        public string CourseName
        {
            get { return courseName; }
            set { courseName=value; }
        }
        private int courseCredit;
        public int CourseCredit
        {
            get { return courseCredit; }
            set { courseCredit=value; }
        }
        public Course() { }
        public Course(string courseId,string courseName,int courseCredit)
        {
            this.courseId=courseId;
            this.courseName=courseName;
            this.courseCredit=courseCredit;
        }
    }
```

将表中的每个字段抽取为类的字段（注意类型匹配），并封装成属性，从而来设计构造方法，将表抽取为类。这种类就称为实体类，这个抽取过程称为对象关系映射 ORM。

在 Model 项目中，为数据库的每个表，都设计一个相应的实体类，这样就相当于在 .NET 程序中的每个表实体，都可以通过类对象来应用。在下面介绍的三层架构中，通常都会用到实体类对象。

综上所述，这 5 个项目之间的关系如图 11.4 所示。

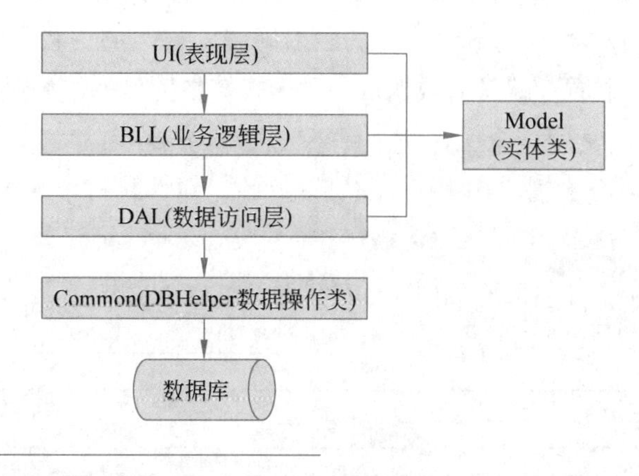

图 11.4
三层架构中 5 个项目之间的关系图

11.3 实施与分析

11.3.1 向三层架构转换的设计思路

（1）在上个阶段基于两层架构的课程管理的基础上，将原有的 Windows 窗体应用程序类型的项目，设置为表现层，改名为 UI。界面的控件部署不用改变，并将其设置为启动项目。

（2）在解决方案中添加业务逻辑层项目 BLL、数据访问层项目 DAL、Common 项目、Model 项目，注意它们都是类库类型的项目。

（3）将 DBHelper 类文件移到 Common 项目中。

（4）在 Model 项目中，为学生选课管理系统的每个表，设计对应的实体类。

（5）调整好项目之间的引用关系后运行时，仍可实现课程记录的添加和浏览。

注意

此时，三层架构虽已架设好，运行时也可实现课程管理的记录添加和浏览功能，但是运行的仍是表现层代码，其余层的代码从任务 12 开始设计。

11.3.2　向三层架构转换的实现

建议读者在开始下面的步骤前，将原来的基于两层架构的项目另存到别处，保留下原始版本，再开始向三层架构的转换。以便将来进行对比理解。

（1）在原来的版本中，仅用一个 Windows 窗体应用项目 CourseSelect 就实现了课程管理。在三层架构中，这个项目就是表现层。首先，把原有的项目改名为 UI，右击此项目，改名即可。然后，右击解决方案，选择“设置启动项目”命令，即可将表现层项目设置为启动项目。

（2）右击解决方案，选择“新建项目”命令，分别生成 4 个新的项目，这些项目均是类库项目。按照惯例，数据访问层项目起名为 DAL，业务逻辑层项目起名为 BLL，另外两个项目起名为 Common 和 Model。

（3）右击 Common，选择“添加”→“现有项”命令，将 DBHelper 类文件添加入此项目。右击 UI 下原有的 DBHelper 类文件，选择“从项目中排除”命令，就实现了将 DBHelper 类移到 Common 项目中。再将 DBHelepr 类文件的命名空间改为 CourseSelect.Common，其中 CourseSelect 为解决方案名。

注意

以后每个项目中的每个文件，其命名空间都应写成“解决方案名（CourseSelect）. 项目名”格式，这样，就都处于同一个解决方案的命名空间 CourseSelect 下，可以方便相互引用。

（4）在 Model 项目中，选择“新建项”命令，参考课程表的抽取方法，为学生选课管理系统的每个表，设计对应的实体类。其中，学生表实体类为 Student；选课表的实体类为 CourseSelect；同理，将每个类文件的命名空间改为 CourseSelect. Model。

11.3.3　测试与改进

（1）编译程序，会显示语法错误称 DBHelper 找不到。因为 DBHelper 原来与界面层在同一个项目中，现在被移到了 Common 项目。所以，必须在表现层项目中添加对 Common 项目的引用，并且在界面层项目的文件中添加引用语句“using CourseSelect.Common;”。

在任意一个项目的文件中添加对另一个项目的引用，需要以下两个步骤。

① 右击此项目，选择“添加引用”命令，再在“项目”选项卡中，选择本解决

方案中的某项目，会发现被添加的项目出现在本项目的“引用”文件夹中。同理，若需要添加 .NET 或 COM 中的一些系统类库，也是同样的方法，也会发现被添加的系统类库出现在本项目的“引用”文件夹。

② 在本文件的首部，写入 using 语句，后跟引用的项目名或系统类库名。

这两个步骤，适用于任何需要引用其他自定义类或系统类的场合，下文不再赘述。

（2）添加引用后，编译通过，能实现课程管理的所有功能。

（3）此时，虽然形式是三层的，但实际运行的是 UI 和 Common 中的代码。在这里，给出了从两层向三层架构转化的具体步骤，有助于初学的读者理解从两层架构向三层架构转换的步骤。建议读者保留 DBHelper 文件和 Model 项目中的实体类文件，将表现层的代码全部删除。以便在下面的任务中，将相关代码分布到三个层中。

任务小结

三层架构

本任务介绍了三层架构的设计和运行原理，以及将项目从两层架构重构为三层架构的过程。

1. 三层架构的设计和运行原理

数据访问层：针对每个数据表，设计一个数据访问层的类。其中，为业务流程中每个最底层的基本记录操作需求设计一个方法，应用 DBHelper 类中的数据操作方法，提供数据库访问基础。设计数据访问层的原则是：力求满足业务流程中每个底层的操作步骤。

业务逻辑层：针对每个数据表，设计一个业务逻辑层的类。其中，针对用户的每个整体性逻辑功能，设计一个方法，调用相关的数据访问层类中、若干记录操作方法的集合，来实现此功能。设计业务逻辑层的原则是：调用数据访问层中类的方法集合，满足用户每个逻辑功能的需求。

界面层：针对用户的具体需求，部署输入控件、操作控件和输出控件，并利用从这些控件获取的实参，调用业务逻辑层中类的方法来实现功能。

可以形象地比喻为：DAL 层像是零件生产车间，BLL 层则是组装车间，UI 层是成品调度车间。三层架构设计时，需自下而上进行。

另外，还需要是存放实体类的项目 Model 和存放通用数据操作类的项目 Common。

当三层架构的程序设计完毕，运行时，是由表现层开始自上而下调用的。当某事件被触发，实参从界面取得，传给业务逻辑层的方法，再向下传给数据访问层的方法，最终传递到数据库中执行，并依次返回上传到界面，完成整个事件的功能。

总之，三层架构设计时，是依据功能需求，从底向上设计；调用时，是从 UI 层开始，从上向下依次调用。

2. 从两层架构向三层架构的转换

从原来两层架构的系统，改为三层架构的系统，在转换过程中应注意以下几点。

（1）将原来的窗体应用程序项目改名为 UI，并设置为启动项目。

（2）添加入 DAL、BLL、Common、Model 项目，这些项目均为类库，分别存放数据访问层类、业务逻辑层类、通用类和实体类。注意每个项目中，文件的命名空间前必须加上"解决方案名 . 项目名"，以便把 5 个项目组织在同一个命名空间中。

（3）注意层间相互调用时，要先在本项目中加入对其他项目的引用，再添加 using 语句引用。

自测题

将上个阶段完成的两层架构的图书管理系统，重构为三层架构，要求生成如图 11.1 所示的 5 个项目，完成所有表的实体类的设计，项目仍能运行。

学习心得记录

....

....

....

....

....

....

....

....

....

....

任务 12

基于三层架构的课程浏览查询重构

12.1 情境描述

根据从简到繁的原则，在本情境中，项目经理要求首先用三层架构实现课程记录浏览和查询的重构，效果图仍如图 8.1 所示。

记录浏览的业务流程比较简单，就是在窗体加载时、添加、删除记录后，浏览课程表当前的所有记录。课程查询则是根据输入的课程查询该条课程记录。

记录浏览和查询的本质都是设计并执行查询语句，返回的记录集为数据网格提供数据源。数据源要求是一个数据表（DataTable），或者是一个集合（数组、集合、泛型集合等）。

在上阶段的两层架构中，实现浏览查询，用的是数据表做数据源。在更复杂的项目中，一般建议用集合做数据源更普适和灵活。因此，本任务用集合来实现浏览查询。

根据业务需求，从低到高来设计每层，如下所述。

（1）DAL 层：取得集合。设计课程表的数据访问类，在其中添加浏览方法。设计并执行查询语句，将查得的所有记录取出，放入集合。

（2）BLL 层：传递集合。设计课程表的业务逻辑类，在其中也添加浏览方法，调用数据访问层的方法，将该集合向上传递。

（3）UI 层：应用集合。在表现层恰当控件的恰当事件里，调用业务逻辑层的浏览方法，将取得的集合作为数据网格的数据源。即可实现课程表记录的浏览。

查询的实现同浏览，只是查询语句不同，并且在界面层需要获取一个实参作为查询的参数。

12.2 相关知识——泛型集合

在本任务中，需要用到新的知识点：集合和泛型集合。

集合好比容器，将一系列相似的对象组合在一起，集合中包含的对象称为集合元素。在 .NET 中，集合可分为泛型集合类和非泛型集合类。泛型集合类位于 System.Collections.Generic 命名空间中，非泛型集合类位于 System.Collections 命名空间中，除此之外，在 System.Collection. Specialized 命名空间中也包含了一些有用的集合类。

1. 非泛型集合

System.Collections 命名空间下的 .NET 非泛型集合类如下。

（1）System.Collections.ArrayList：数组集合类。

（2）System.Collections.BitArray：布尔集合类。

（3）System.Collections.Queue：队列。

（4）System.Collections.Stack：堆栈。

（5）System.Collections.HashTable：哈希表。

（6）System.Collections.SortedList：排序集合类。

非泛型集合操作直观，但由于集合中的对象只能是Object类型，如果集合中需要存放其他类型的对象，则每次使用都必须进行烦琐的类型转换。因此，一般情况下，泛型集合用的比较多。

2. 泛型

泛型就好比Word中的模板，在定义Word模板时，对具体编辑哪个文档是未知的。在.NET中，泛型为类、结构、接口和方法提供模板，定义这些泛型时的具体类型也是未知的。

例如，可以定义一个泛型类，如下所示。

```
class FX<T>
{
    private T x;
    public FX(){}
    public FX(T x)
    {
        this.x=x;
    }
    public T num()
    {
        return x;
    }
}
```

此类表示一种模板，此模板中包含一个字段，两个构造函数和一个返回字段值的方法，字段和方法的类型都是未知的。

实例化此类可以是用以下形式进行。

```
FX<int> f=new FX<int>(3);
```

以上代码表示用整型来实例化，并将字段赋值为3。

也可以如下进行实例化。

```
FX<double> g=new FX<double>(3.4);
```

以上代码表示用实型进行实例化，并将字段赋值为3.4。

所以，实例化泛型类必须在< >内填上确定的类型，表示此模板目前作用于什么类型。

3. 泛型集合

在三层架构的应用程序中，用到的泛型集合在System.Collections.Generic命名空间下。本书主要介绍泛型集合类System.Collections.Generic .List（泛型列表类）。查阅MSDN的List(Of T)类，理解泛型列表集合的定义和使用。

（1）定义格式如下。

```
List < T > 集合名 =new List < T > ();
```

其功能为，定义一个 List 类的泛型集合，集合中对象的类型为 T。其中的 T 就是所要使用的类型，既可以是简单类型，如 string、int，也可以是用户自定义类型如 Course 类。

（2）主要属性如下。

count：获取集合中实际包含的元素数。

item：获取或设置指定索引处的元素。

（3）主要方法如下。

Add(T item)：将类型为 T 的对象 item 添加到 List 的结尾处。

例如：

```
class Person
{
    private string name;
    private int age;
    public Person() {}
    public Person(string name, int age)
        {this.name=name; this.age=age;}
}
private void button1_Click(object sender, EventArgs e)
{
    List<Person> pList=new List<Person>();
    string name=textBox1.Text.Trim();
    int age=Convert.ToInt32(textBox2.Text.Trim());
    Person p=new Person(name,age);
    pList.Add(p);
    dataGridView1.DataSource=pList;
}
```

以上代码定义了一个 Person 类的泛型列表集合，实例化一个 Person 类对象，再将此对象添加入泛型列表集合，最后作为数据网格的数据源。

12.3 实施与分析

12.3.1 课程浏览的三层架构设计思路

1. 课程浏览的数据访问类

课程表的数据访问类命名为：CourseAccess，在新建类时，CourseAccess.cs 文件也同时被创建，并包含此类。

为了实现课程记录的浏览，此类需新建一个方法，具体要求如下。

（1）功能：获取此表的所有记录，并放入课程集合。

（2）方法名：GetCourseList。

（3）形参：无。

（4）返回值：List<Course>。

（5）方法内代码设计：①设计语句 SELECT * FROM course；②定义课程实体类的泛型集合对象；③应用 using 语句，调用 DBHelper 类的 GetReader( ) 方法执行语句，生成一个 DataReader 对象；④应用 Read( ) 方法读此 DataReader 对象的记录行，当可以读取到记录时循环，循环体内包含：实例化一个课程类的对象；将此行记录各字段的值，取到课程类对象的相应属性中；将对象添加入泛型集合；读取下一行记录。

循环结束后，读完所有的记录并将相应的对象添加入集合后，返回泛型集合对象。

（6）应用场合：取整个表的所有记录，并将其加入课程类的泛型列表集合。

2. 课程浏览的业务逻辑类

将课程表的业务逻辑类命名为 CourseBiz。同理，在新建类时，CourseBiz.cs 文件被同时新建，包含此类。为了实现课程浏览业务，此类中应新建一个方法，具体要求如下。

（1）功能：传递课程集合。

（2）方法名：GetCourseList。

（3）形参：无。

（4）返回值：List<Course>。

（5）方法内代码设计：调用 CourseAccess 类对象的 GetCourseList ( ) 方法，返回课程泛型集合类。

此时，由于需要调用数据访问类 CourseAccess，因此，需要在业务逻辑类内实例化此类对象。

```
CourseAccess courseAccess=new CourseAccess();
```

注意

本任务中，在数据访问层和业务逻辑层中均包含浏览记录的方法 AllCourseList ( )，方法的参数和返回值亦相同。前一个方法读取课程表的所有记录，每读一条记录，将它存放到一个课程表的实体对象中，并将此对象放入课程列表集合，所以方法的返回值为课程类的泛型列表集合。而后一个方法只是将课程表数据访问类所取得的集合，做一个传递，供表现层应用。请读者仔细体会数据访问层和业务逻辑层的设计思路的区别。

3. 课程浏览界面

课程浏览时，界面上主要的功能为：窗体加载时，代码放在 Load 事件中。实例化一个课程管理业务逻辑类 CourseBiz 的对象，调用此对象的 GetCourseList( ) 方法，应用泛型集合作为数据网格的数据源，实现浏览。

12.3.2　课程查询的三层架构设计思路

按课程号查询某条课程记录并显示在数据网格，其三层架构实现思路与课程浏览同。只是所用的 SQL 语句不同、三层之间有参数的传递，这两点不同，其设计思路如下。

1. 课程查询的数据访问类

为了实现课程记录的查询，应在 CourseAccess 类添加一个方法，具体要求如下。

（1）功能：根据课程号查询某课程记录，加入课程集合（最多含1个对象）。

（2）方法名：GetCourse。

（3）形参：课程号 courseId。

（4）返回值：List<Course>。

（5）方法内代码设计：①设计语句“select * from course where 字段 courseid=形参 courseId”；②定义此表实体类的泛型集合对象；③应用 using 语句，调用 DBHelper 类的 GetReader( ) 方法执行语句，生成一个 DataReader 对象，应用 Read( ) 方法读此 DataReader 对象的记录行，当读取到一条记录时：实例化一个课程类的对象；将此行记录各字段的值，取到课程类对象的相应属性中；将对象添加入泛型集合，返回泛型集合对象。

（6）应用场合：取符合查询条件的记录，并加入课程类的泛型列表集合。

2. 课程查询的业务逻辑类

为了实现课程记录的查询，应在 CourseBiz 类添加一个方法，具体要求如下。

（1）功能：传递课程集合（最多含1个对象）。

（2）方法名：GetCourse。

（3）形参：课程号 courseId。

（4）返回值：List<Course>。

（5）方法内代码设计：调用 CourseAccess 类对象的 GetCourse(courseId) 方法，返回课程泛型集合类。

3. 课程查询界面

课程查询时，界面上主要的功能为：当用户单击“确定”按钮进行查询时，代码放在其 Click 事件中。同上，实例化一个课程管理业务逻辑类 CourseBiz 的对象，获取文本框的输入作为查询实参，调用此对象的 GetCourse(courseId) 方法，应用泛型集合作为数据网格的数据源，实现查询功能。

12.3.3 课程浏览和查询的实现

1. 操作步骤

（1）在 DAL 项目中新建课程表的数据访问类文件 CourseAccess.cs，将所需的两个方法设计在内。

（2）在 BLL 项目中新建课程表的业务逻辑类文件 CourseBiz.cs，将所需的两个方法设计在内。

（3）优化表现层代码，调用业务逻辑层类的方法，实现浏览和查询。

（4）在 DAL 项目的文件中，要用到 DBHelper 类和课程实体类 Course，分别位于 Common 和 Model 项目中，所以，必须在项目中加入对这两个项目的引用，在项目文件中添加引用语句。同理，在 BLL 项目中，要用到 CourseAccess 类和课程实体类 Course，分别位于 DAL 和 Model 项目中。在 UI 项目中，要用到 CourseBiz 类和课程实体类 Course，分别位于 BLL 和 Model 项目中。同理，也必须在项目中加入对这两个项目的引用，在项目文件中添加引用语句。

2. DAL 层代码

右击 DAL 项目，选择新建类文件，将其命名为 CourseAccess.cs，CourseAccess 类被同时新建。将其命名空间改为 CourseSelect. DAL。右击项目，选择“添加引用”命令，选中“项目”里的 Common 和 Model，然后在文件中添加以下引用语句。

```
using CourseSelect.Model;
using CourseSelect.Common;
```

（1）CourseAccess 类中，获取所有课程记录的方法如下代码所示。

```
public class  CourseAccess{…
///<summary>
///获取课程列表
///</summary>
///<returns></returns>
public List<Course> GetCourseList()
{
    string strSql=string.Format("select*from course");
    List<Course> list=new List<Course>();
    using (OleDbDataReader dr=DBHelper.GetReader(strSql))
    {
        while (dr.Read())
        {
            Course course=new Course();
            //将dr中当前记录该字段的值，送入课程对象的相应属性
            course.CourseId=dr["courseId"].ToString();
            course.CourseName=dr["courseName"].ToString();
            course.CourseCredit=Convert.ToInt32 (dr["courseCredit"]);
            list.Add(course);
        }
    }
    return list;
}…
```

（2）CourseAccess 类中，根据课程号查询某课程记录的方法代码如下。

```
public class  CourseAccess{…
///<summary>
///根据课程号查询某课程
///</summary>
///<returns></returns>
public List<Course> GetCourse(string courseId)
{
    string strSql=string.Format("select*from course where
    courseid='{0}'",courseId);
    List<Course> list=new List<Course>();
    using (OleDbDataReader dr=DBHelper.GetReader(strSql))
    {
        if (dr.Read())
        {
            Course course=new Course();
            course.CourseId=dr["courseId"].ToString();
            course.CourseName=dr["courseName"].ToString();
            course.CourseCredit=Convert.ToInt32 (dr["courseCredit"]);
            list.Add(course);
        }
    }
    return list;
}…
```

3. BLL 层代码

在 BLL 项目中，新建类文件，将其命名为 CourseBiz.cs，CourseBiz 类被同时新建。将其命名空间改为 CourseSelect. BLL。右击项目，选择“添加引用”命令，选中项目里的 DAL 和 Model 选项，然后在文件中添加以下引用语句。

```
using CourseSelect.Model;
using CourseSelect.DAL;
```

（1）CourseBiz 类中浏览课程的方法如下所示。

```
public class  CourseBiz{…
CourseAccess courseAccess=new CourseAccess();        //实例化数据访问类对象
    ///<summary>
    /// 获取课程列表
    ///</summary>
    ///<returns></returns>
    public List<Course> GetCourseList()
    {
         return courseAccess. GetCourseList();
    }…
```

（2）CourseBiz 类中查询某课程的方法代码如下。

```
public class  CourseBiz{…
    ///<summary>
    /// 获取课程列表
    ///</summary>
    ///<returns></returns>
    public List<Course> GetCourse(string courseId)
    {
         return courseAccess.GetCourse(courseId);
    }…
```

注意

在 BLL 层的 CourseBiz 文件中，由于要使用 DAL 层的方法，所以必须在其所有的方法前面，先实例化一个数据访问类对象：

```
CourseAccess courseAccess=new CourseAccess()
```

然后将其作为此类的字段，供其方法使用。

4. UI 层代码

右击项目，选择“添加引用”命令，选中“项目”里的 BLL 和 Model 选项，然后在文件中添加以下引用语句。

```
using CourseSelect.Model;
using CourseSelect.BLL;
```

（1）在表现层的 3 个事件（窗体加载时、添加、删除记录后）中添加如下代码。

```
CourseBiz cb=new CourseBiz();
DataGridViewCourse.DataSource=cb.GetCourseList();
```

（2）在界面上“确定”按钮的 Click 事件中，添加如下代码。

```
private void buttonQuery_Click(object sender, EventArgs e)
```

```
{
    if (textBoxId2.Text==String.Empty)
    {
        MessageBox.Show("请输入课程编号！");
        return;
    }
    string courseId=textBoxId2.Text.Trim();
    dataGridViewCourse.DataSource=new CourseBiz().GetCourse(courseId);
}
```

5. 运行时三层架构的调用流程

此时运行系统，记录浏览的部分是由三层实现的，在窗体加载或者记录添加、删除成功后，UI 层调用 BLL 层的 GetCourseList( ) 方法，此方法又调用 DAL 层的 GetCourseList( ) 方法，它再调用 DBHelper 中的具体数据记录操作方法，执行语句获得集合（包含所有课程记录）后，再将此集合从 DAL 层返回到 BLL 层，从 BLL 层返回到 UI 层。一个标准的三层架构调用机制，如图 12.1 所示。这个模块不需要实参，因为是提取课程表的所有记录。

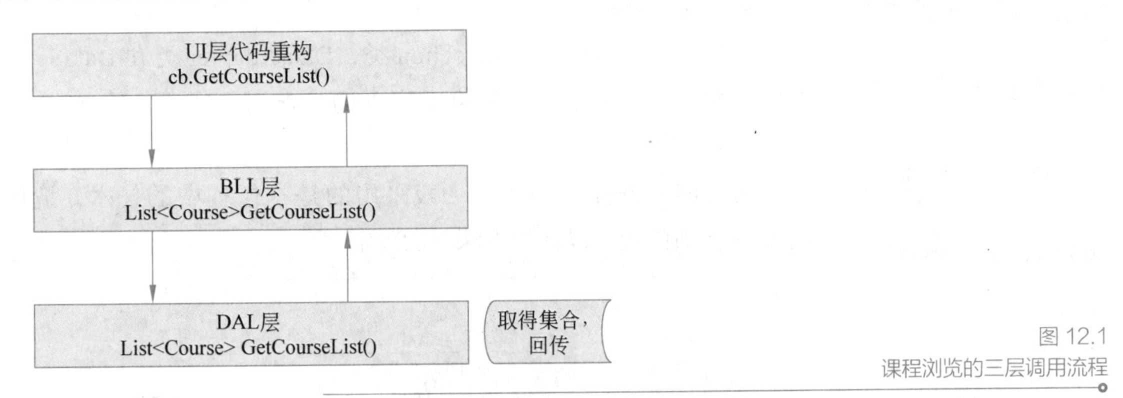

图 12.1
课程浏览的三层调用流程

记录查询的部分也是由三层架构实现的，UI 层单击“确定”按钮后，确保文本框控件输入值，得到 1 个课程号变量，作为实参，调用 BLL 层的 GetCourse(string courseId) 方法；此方法又调用 DAL 层的 GetCourse(string courseId) 方法，这些的形参都得到具体的实参值，从而能再调用 DBHelper 中的具体数据记录操作方法，在数据库中执行查询语句，获得集合（包含符合条件的课程记录）后，再将此集合从 DAL 层返回到 BLL 层，从 BLL 层返回到 UI 层，如图 12.2 所示。

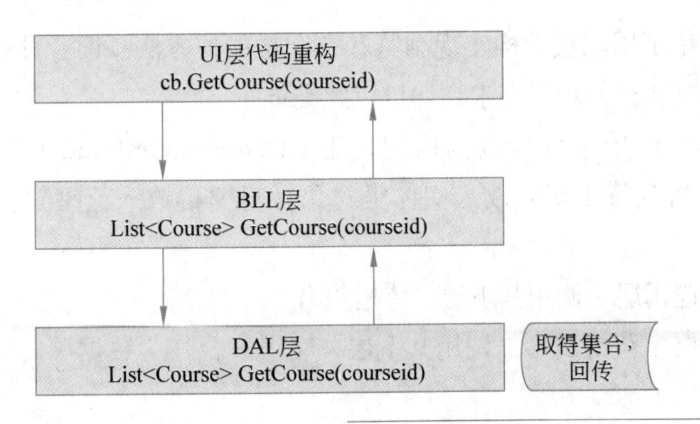

图 12.2
课程查询的三层调用流程

总结：三层架构设计时，根据功能需求，从下而上设计；实际运行时，实参从界面取得后，从上而下调用，把实参给下面各层的形参，最终在数据库得到执行，再逐级返回。

本情境中，DAL层方法取得集合，BLL层方法上传集合，界面层用此集合作为数据网格的数据源。请读者在此仔细体会。

12.3.4 测试与改进

（1）编译程序，若有语法错误，请仔细查阅，并改正。

（2）编译通过后，窗体加载时，就会触发其Load事件，在数据网格中列出课程表当前的所有记录。

（3）在文本框中输入课程号的值，单击“查询”按钮后，则会在数据网格中列出课程编号为输入值的记录，若没有符合条件的记录，则网格内容为空。

（4）将本任务中浏览和查询的实现方法，与上阶段中浏览和查询的实现方法相比较。

本任务中，是利用泛型集合作为数据源、三层架构逐层传递实现的。查询语句和数据操作都在DAL层，获得集合后，UI层只要应用此集合即可，UI层十分简单，且泛型集合更灵活方便。

上阶段中，是应用Connection类、DataAdapter类和DataSet类，直接操作数据库，用数据集的表作为数据源实现的。查询语句、各种ADO.NET类的生成应用都在UI层。

在目前的商业项目中，一般采用的是本任务中的技术，请读者对图12.3和图12.4仔细比较，以获得更深刻的理解。

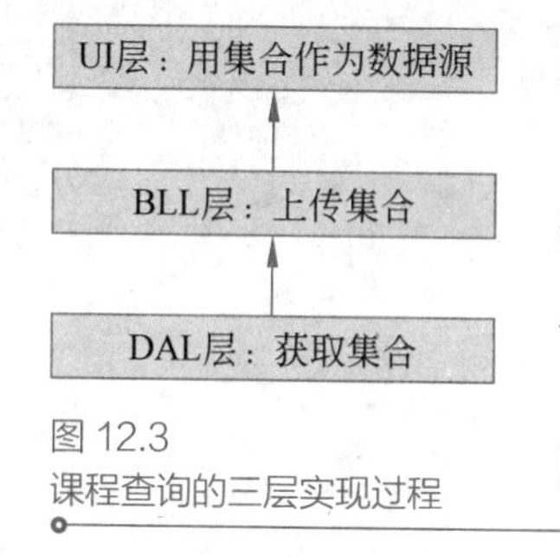

图12.3
课程查询的三层实现过程

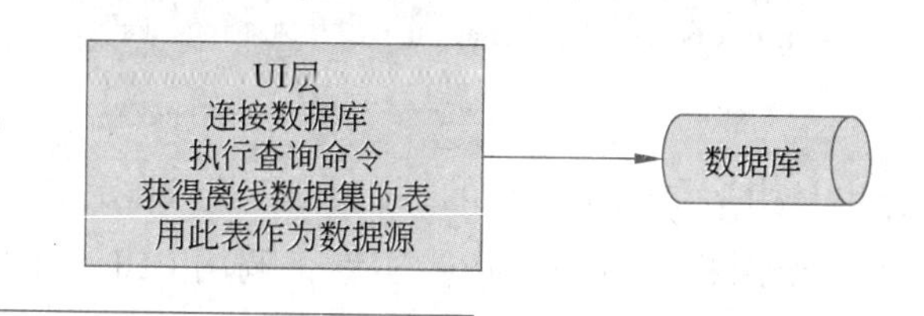

图12.4
课程查询的两层实现过程

任务小结

本任务介绍了用三层架构实现浏览和查询功能的方法。读者日后遇到任何三层架构软件的浏览和查询功能需求，均可以此类推。

（1）数据访问层：设计查询语句，用DBHelper.GetReader执行语句，获得在线记录集，将其每个记录放入实体类对象，对象再放入泛型集合。在此层获得集合。

（2）业务逻辑层：调用其下层，传递集合。

（3）表现层：获得实参，调用其下层，应用集合作为数据源，即实现查询数据的展示。

自测题

用三层架构，重构图书管理系统中，读者信息的浏览和查询，要求给出电子版的源代码。

学习心得记录

任务 13 基于三层架构的课程添加重构

13.1 情境描述

实现效果图仍然如图 8.1 所示，实现课程记录的添加。项目经理要求用三层架构的技术来重构课程添加功能。

首先，回顾一下记录添加的业务流程，如图 9.1 所示：①要判断输入的完整性；②然后判断输入的课程号主键在数据库中是否已有；③若无，则插入记录到数据库中。

然后，根据业务需求，从低到高来设计每层，具体如下所述。

（1）DAL 层。单纯地判断记录有无、单纯的记录添加操作，每个都单独地设计一个方法，放在数据访问层中课程表的数据访问类。

（2）BLL 层。记录添加的逻辑功能：判断输入的课程号主键在数据库中是否已有；若无，则插入记录到数据库中。只须设计一个方法，放在业务逻辑层中课程表的业务逻辑类，此方法需要调用数据访问层的判断和添加两个方法来实现。

（3）UI 层。在 UI 层，其控件部署不用改变，只需判断文本框的输入完整性，获取实参，然后调用业务逻辑层的添加方法就可以了。

本任务的业务流程如图 13.1 所示。

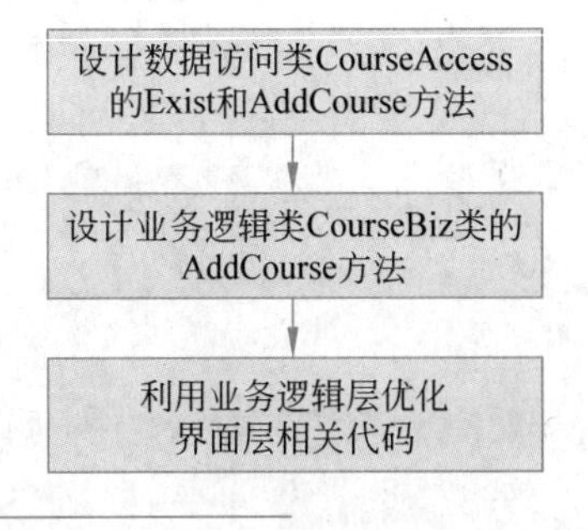

图 13.1
数据添加的三层设计流程

13.2 课程添加的三层架构设计思路

13.2.1 课程添加的数据访问类

为了实现课程记录的添加，在任务 12 的 CourseAccess 类中，应添加如下方法。

1. 判断某主键的记录是否存在

（1）方法名：Exist。

（2）形参：代表主键的变量 courseId。

（3）返回值：bool。

（4）方法内代码设计：①设计语句：select * from 表 where 字段 courseid= 形参 courseId；②应用 using 语句，调用 DBHelper 类的 GetReader( ) 方法，生成一个 DataReader 对象；③应用 DataReader 对象的 HasRows 属性判断此对象是否有行，若有，表示该主键的记录已存在，返回真，否则返回假。

（5）应用场合：在插入记录前判断，若有则不能再插；在删除记录前判断，若无则不能删。

2. 添加记录到课程表

（1）方法名：AddCourse。

（2）形参：课程类对象 Course course。

（3）返回值：int。

（4）方法内代码设计：①设计语句：insert into course values(course.CourseId, course.CourseName, course.CourseCredit)。注意，此时应用形参对象的各属性作为新添记录各字段的值；②调用 DBHelper 类，用 ExecNonQuery( ) 方法执行此语句并返回。若返回值大于 0，则表明执行成功。

（5）应用场合：在表中添加一条记录，根据返回值是否大于 0 判断执行成功否。

13.2.2　课程添加的业务逻辑类

在上个任务的 CourseBiz 类中，需要添加如下方法。

添加课程

（1）方法名：AddCourse。

（2）形参：课程类对象 Course course。

（3）返回值：void。

（4）方法内代码设计：调用 CourseAccess 类对象的 Exist(course.CourseId) 方法，判断形参所表示的课程类对象是否存在。①若存在则方法结束；②若不存在则添加记录，调用 CourseAccess 类对象的 AddCourse(course) 方法添加课程，并应用返回值提示添加是否成功。

同样，由于需要调用数据访问类 CourseAccess，因此需要实例化此类对象，这种实例化已经在任务 12 中实现了，但这个理念一定要记牢，形成分层调用的牢固思路。

注意

在数据访问层和业务逻辑层中均包含添加记录的方法 AddCourse(Course course)，方法的参数亦相同。但前一个方法只是实现记录向数据库表的添加，调用的是 DBHelper.ExecNonQuery( )，所以此方法返回值为整型。而后一个方法先判断记录是否存在，若不存在再插入记录，并提示插入是否成功，所以此方法的返回值为 void。请读者借此仔细体会数据访问层和业务逻辑层的设计思路的区别。

13.2.3 课程添加的表现层

表现层的设计，控件部署在上个阶段已实现，不用改变。然后，把功能实现代码放在恰当控件的恰当事件中。在这些代码中，需要调用业务逻辑层的方法。课程添加时，表现层重构的主要思路如下。

（1）代码放在“确定”按钮的 Click 事件中。

（2）代码设计思路：首先进行控件的输入正确性验证；其次应用控件的输入值实例化 1 个课程实体类对象 course；应用此对象作为实参，调用业务逻辑类对象的 AddCourse（course）方法，插入记录；最后刷新浏览。

13.3 课程添加的三层架构实现

13.3.1 操作步骤

（1）在 DAL 项目中的数据访问类文件 CourseAccess 中，将添加所需的两个方法设计在内。

（2）在 BLL 项目中的业务逻辑类文件 CourseBiz 中，将添加所需的一个方法设计在内。

（3）优化表现层代码，调用业务逻辑层类的方法，实现数据添加。

13.3.2 DAL 层

（1）CourseAccess 类中，添加判断某课程记录是否存在的方法。

```
public class CourseAccess{…
///</summary> 根据课程号判断此课程是否存在
///<param name="courseId"></param>
///<returns></returns>
public bool Exist(string courseId)
{
    string strSql=string.Format("select*from course where
    courseId='{0}'",courseId);
    using (OleDbDataReader dr=DBHelper.GetReader(strSql))
    {
        if (dr.HasRows)
            return true;
        else
            return false;
    }
}…
```

（2）CourseAccess 类中，添加如下所示的插入课程的方法，注意形参是课程对象，返回类型为 int。

```
public class  CourseAccess{…
///<summary> 应用课程对象添加课程
///</summary>
///<param name="course"></param>
```

```
///<returns></returns>
public int AddCourse(Course course)
{
    string strSql=string.Format("insert into course values('{0}','{1}',
    '{2}')",course.CourseId,course.CourseName,course.CourseCredit);
    return DBHelper.ExecNonQuery(strSql);
}...
```

13.3.3 BLL 层

在 CourseBiz.cs 中，添加如下方法，注意形参也是课程对象，返回类型为 void。

```
public class CourseBiz
{
    //实例化所需的数据访问类
    CourseAccess courseAccess=new CourseAccess();
    ///<summary>
    ///判断是否有重复主键；若无，插入课程，并提示成功与否
    ///</summary>
    ///<param name="course"></param>
    public void AddCourse(Course course)
    {
        //调用数据访问类的 Exist 方法需要课程号作为实参，取当前形参对象
          course 的 CourseId 属性作为其实参
        if (courseAccess.Exist(course.CourseId))
        {
            MessageBox.Show("此课程号已存在，请重新输入");
            return;  //如若已存在，则返回
        }
        //调用数据访问类的添加记录方法，注意其返回值的应用
        if (courseAccess.AddCourse(course) > 0)
            MessageBox.Show("添加成功");
        else
            MessageBox.Show("添加失败");
    }
}
```

注意

由于需要在 BLL 项目中进行提示，这需要用到 MessageBox 类，且此类位于 System.Windows.Forms 命名空间中。所以，需要在 BLL 项目中添加对此命名空间的引用，并在文件中添加 using System.Windows.Forms 语句。

13.3.4 UI 层

在 UI 层中，重构“确定”按钮 Click 事件，代码如下。

```
private void buttonOk_Click(object sender, EventArgs e)
{
    //控件输入验证
    if (textBoxId.Text==String.Empty)                //基本输入验证
    {
        MessageBox.Show("请输入课程编号！");
```

```
            return;
        }
        …
        string courId=textBoxId.Text.Trim();
        string courName=textBoxnName.Text.Trim();
        int courCredit=Convert.ToInt32(textBoxCredit.Text.Trim());
        //实例化一个课程类对象，作为业务逻辑类添加课程的实参
        Course course=new Course(courId, courName, courCredit);
        CourseBiz  cb=new CourseBiz();
        cb.AddCourse(course);
        dataGridViewCourse.DataSource=cb.GetCourseList();
    }
```

此时运行系统，记录添加的功能就是这样实现的：①确保文本框控件都输入值后，在 UI 层单击“确定”按钮，会生成一个课程实体类对象作为实参，调用 BLL 层的 void AddCourse(Course course) 方法；②此方法又调用 DAL 层的 bool Exist(string courseId) 和 int AddCourse(Course course) 方法，这些形参都得到具体的实参值，再调用 DBHelper 中的具体数据记录操作方法，在数据库中执行 insert 操作，返回值传回到 BLL 层后给出提示，再返回 UI 层。这是一个标准的三层架构调用机制，参数调用流程如图 13.2 所示。

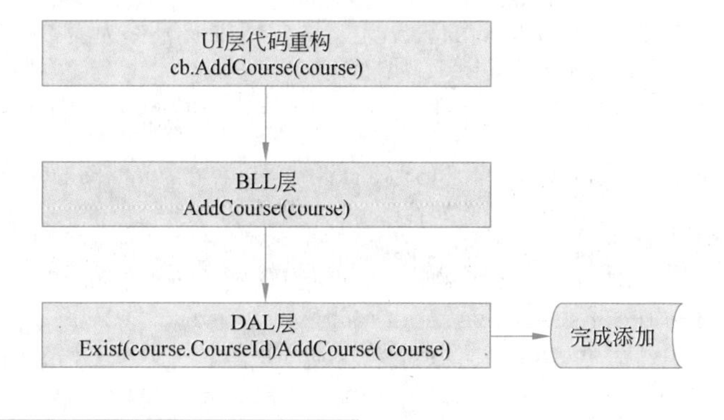

图 13.2
课程添加的三层调用流程

再次强调：进行三层架构设计时，根据功能需求，从下而上设计；实际运行时，实参从界面取得后，自上而下调用，把实参给下面各层的形参，最终在数据库得到执行，再逐级返回。

在本任务中，DAL 层和 BLL 层有一对同名同参的方法 AddCourse( )，但 DAL 层方法返回整型，BLL 层方法返回值为 void。请读者再次仔细体会。

13.3.5 测试与改进

（1）编译程序，若有语法错误，请仔细查阅，并改正。

（2）编译通过后，在文本框中输入课程号、课程名、学分三个值，单击“确定”按钮，先判断课程号在表中是否存在，若存在，则返回重新输入；否则把新的课程记录插入到课程表，显示添加成功，并刷新数据网格，把最新的记录也包含在内。

（3）刷新数据网格中记录的功能，由任务 12 实现。

（4）请读者将本任务中添加记录的实现方法，与上个阶段中添加记录的实现方法相比较。

本任务中，是利用三层架构逐层传递实现的，功能的实现有序的分布在三层。

判断和添加的语句及数据库操作,都是在DAL层实现;逻辑的添加,则在BLL层实现;UI层只需获得实参，调用BLL层即可，UI层十分简洁。

上个阶段中，判断重复记录、插入记录、刷新浏览，都是在UI层实现的。

在目前的商业项目中，一般采用的是本任务中的技术，请读者对图13.3和图13.4仔细比较，就可知道“胖客户端”的内涵，从而理解三层架构的必要性主优越性。

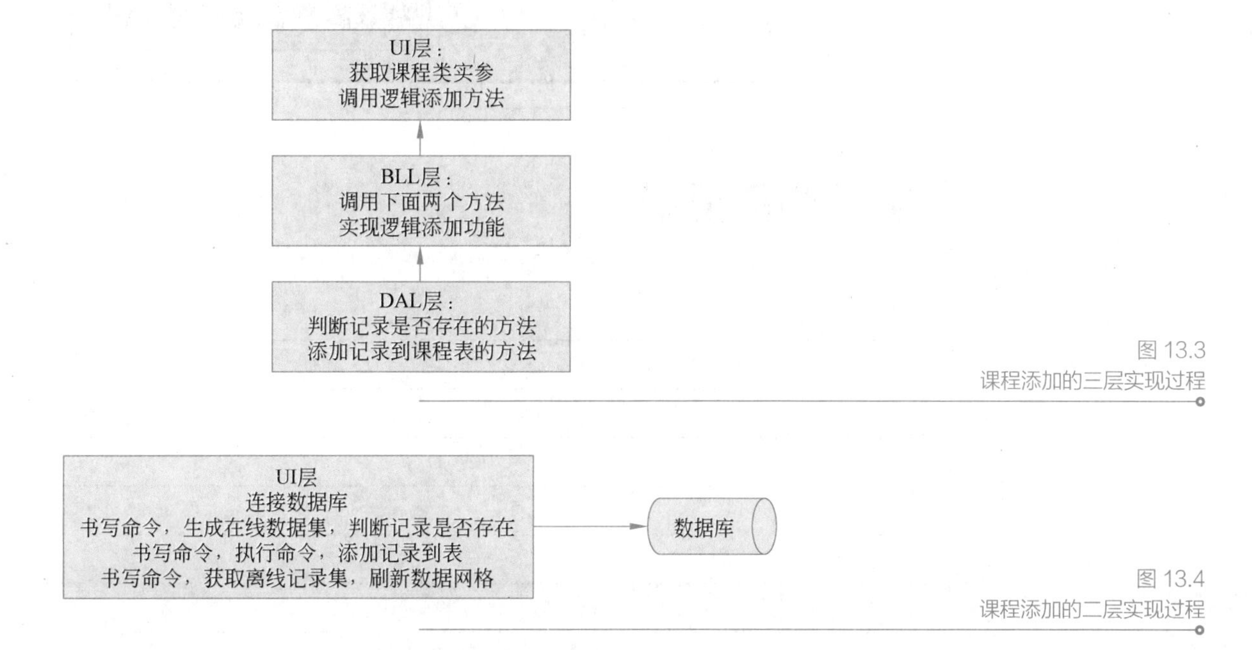

图13.3
课程添加的三层实现过程

图13.4
课程添加的二层实现过程

任务小结

本任务介绍了用三层架构实现数据添加的方法。读者日后遇到任何三层架构软件的添加功能，均可以此类推。

（1）数据访问层：第一个方法判某主键的记录是否存在：设计查询语句，用DBHelper.GetReader执行语句，判断记录集是否有记录，从而判断存在否；第二个方法插入记录，设计INSERT语句，用DBHelper.ExecNonQuery执行语句。在此层实现了两个零件（方法）。

（2）业务逻辑层：设计一个方法，先调用下层的判存方法，若不存在再调用插入记录的方法，通过组装下层方法，实现逻辑添加。

（3）表现层：获得实参，实例化一个课程类对象，调用其下层，实现添加，并刷新当前记录的浏览。

自测题

重构图书管理系统中，读者信息的添加，界面如图13.5所示，要求给出电子版的源代码。

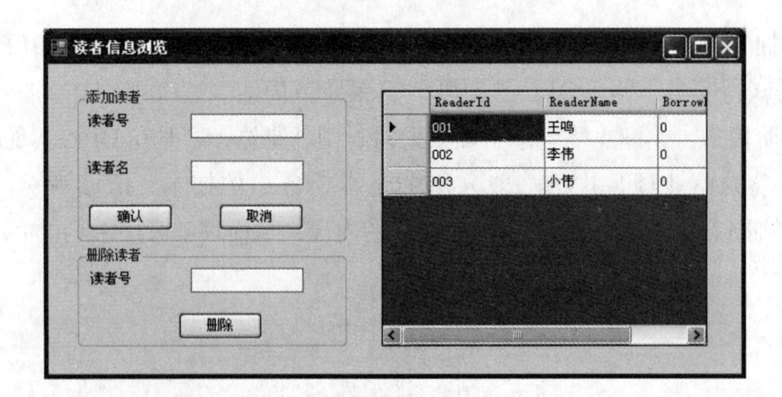

图 13.5
作业系统界面层效果图

学习心得记录

任务 14 基于三层架构的课程删除重构

14.1 情境描述

为了加深对三层架构设计思路的理解，并体现项目从简到繁的逐步重构，项目经理要求在课程管理模块增加在网格里的课程删除功能，管理界面如图 14.1 所示。

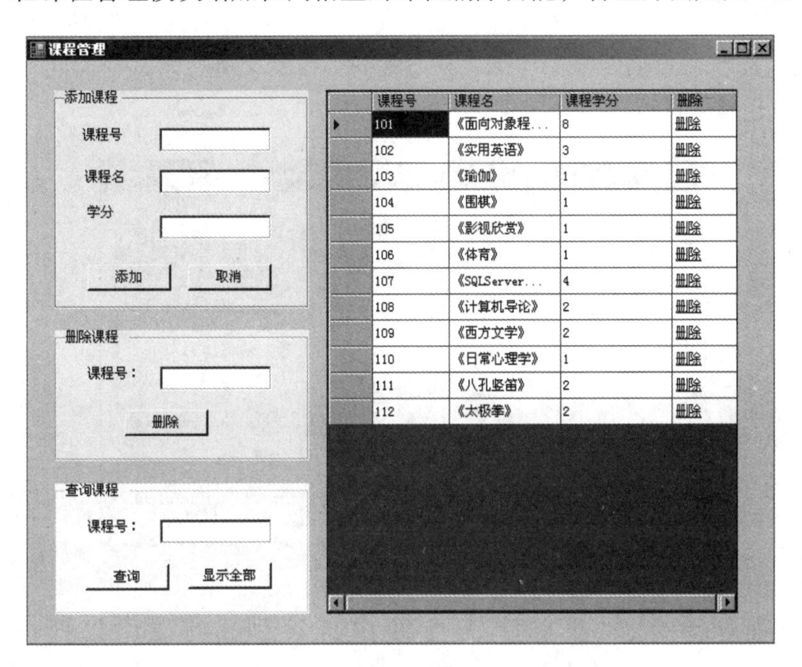

图 14.1
增加课程删除功能后的课程管理界面

本任务要求用三层的技术来实现课程删除。首先，也需要理顺记录删除的业务流程，如图 14.2 所示。

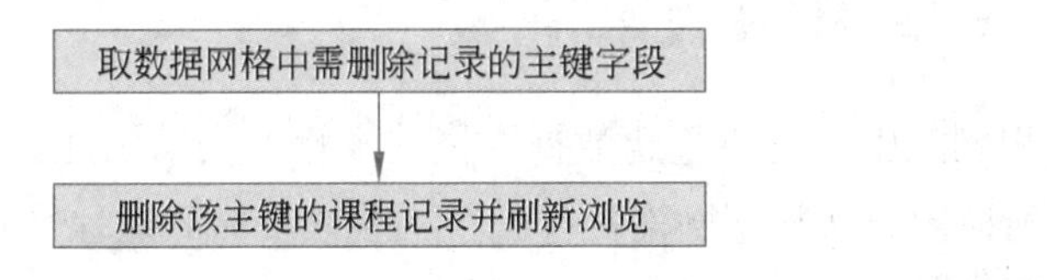

图 14.2
课程删除的业务流程

根据业务需求，从低到高来设计每层。

1. DAL 层

单纯的记录删除方法，可以添加在课程表的数据访问层类。

2. BLL 层

记录删除的逻辑功能在课程管理的业务逻辑类添加删除方法来实现。此时需调用数据访问层的相关方法。本来，应该判断要删除的课程号是否存在，若不存在则要求返回重新输入课程号，否则删除该课程号对应的课程。但由于在数据网格中删除记录时，该记录及其主键均是一定存在的，所以，可以不必调用判断记录是否存在的方法。

3. UI 层

在 UI 层，只须在数据网格获取当前需删除课程的课程号主键，然后调用课程管理业务逻辑类的删除方法即可。

14.2 相关知识

14.2.1 自定义链接列

此时，需要在数据网格中增加一列，此列为自定义链接列，增加此列需用到如图 14.3 所示的界面。

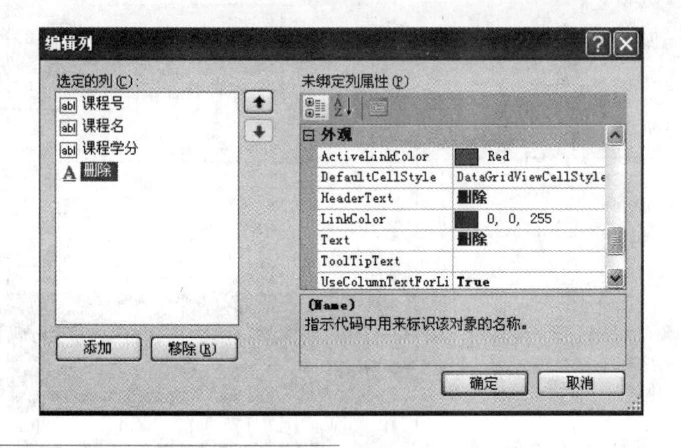

图 14.3
“编辑列”对话框

在课程删除中，“删除”需要做成链接列。此时，此列的类型为 DataGridViewLinkColumn；headerText 和 Text 属性要设置为一致的文本；UseColumnTextForLinkValue 属性必须改为 True，表示用指定的 Text 作为链接文本。

14.2.2 数据网格中行值的获取

在课程删除中，先要选定数据网格的某行，表示用此行的课程号作为参数，删除这行。所以需要从数据网格控件的行中获取具体的课程号主键值。

从数据网格控件的当前行中获取指定字段的值，需要两个集合：Rows 集合表示所有行，当前行的下标由 e.RowIndex 表示，则 Rows[e.RowIndex] 表示当前行。Cells 集合表示行中的所有单元格，每行都由 Cells 集合组成，Cells[1] 表示当前行第 1 列，下标从 0 开始。

在数据网格控件 dataGridViewCourse 的 CellContentClick（单击单元格内容）事件中添加以下代码。

```
private void dataGridViewkc_CellContentClick(object sender,
DataGridViewCellEventArgs e)
{…
    string courseId=dataGridViewCourse.Rows[e.RowIndex].Cells[1].
    Value.ToString(); …}
}
```

以上代码表示将该控件当前行的第 1 列的值取出，转换类型后，放入变量 courseId。

依此类推，可以取出当前需要删除的那行的课程号，作为删除的条件，在代码中调用。

14.3　课程删除的三层设计思路

14.3.1　课程删除的数据访问类

在上面 CourseAccess 类中，为了实现删除，需要添加的方法如下。

删除记录

（1）方法名：DelCourse。

（2）形参：课程号 courseId。

（3）返回值：int。

（4）方法内代码设计：①设计语句 delete from course where 字段 courseid= 形参 courseId；②调用 DBHelper 类，用 ExecNonQuery( ) 方法执行此语句并返回；若返回值大于 0，则表明执行成功。

（5）应用场合：在表中删除一条记录，根据返回值是否大于 0 判断执行成功否。

14.3.2　课程删除的业务逻辑类

在上个任务的 CourseBiz 类中，为了实现删除，需要添加的方法如下。

（1）方法名：DelCourse。

（2）形参：课程号 courseId。

（3）返回值：void。

（4）方法内代码设计：调用 CourseAccess 类对象的 DelCourse(courseId) 方法，删除课程，并应用返回值提示删除是否成功。

由于是在数据网格中删除记录，每个被删记录的课程号主键肯定是存在的，所以，在业务逻辑层，不必判断此主键存在后再删除，直接进行删除操作即可。如果是在文本框输入主键，然后根据此主键删除，则需要判断此主键存在后才能删除。请读者仔细体会这两种情境下，设计思路的差异。

注意

与课程添加任务相同，本任务中，在数据访问层和业务逻辑层中均包含删除记录的方法 DelCourse(courseid)，方法的参数也相同。前一个方法只是实现数据库表记录的删除，调用的是 DBHelper.ExecNonQuery( )，方法返回值为整型。而后一个方法删除记录，并提示删除是否成功，所以返回值为 void。请读者再次仔细体会数据访问层和业务逻辑层的设计思路的区别。

14.3.3 课程删除表现层

修改完数据网格控件，增加了链接列后，把功能实现代码放在恰当控件的恰当事件中。

（1）代码放在数据网格的 CellContentClick 事件中。

（2）代码设计思路：①首先将“课程号”的值取出，放在某变量中；②应用此变量作为实参，调用业务逻辑类对象的 DelCourse(courseId) 方法，删除记录；③刷新浏览。

14.4 课程删除的三层架构实现

14.4.1 操作步骤

（1）在 DAL 层项目中的 CourseAccess 类中，添加删除课程的方法。

（2）在 BLL 层项目中 CourseBiz 类中，添加课程删除相关方法。

（3）优化 UI 层代码，调用 BLL 层类的方法，实现删除功能。

14.4.2 DAL 层

在 CourseAccess 类中，添加删除课程的方法，注意形参是课程号，返回类型为 int。

```
public class  CourseAccess{…
///<summary>
///根据课程号删除课程
///</summary>
///<param name="courseId"></param>
///<returns></returns>
public int DelCourse(string courseId)
    {
        string strSql=string.Format("delete from course where
        courseId='{0}'", courseId);
        return DBHelper.ExecNonQuery(strSql) ;
    }
}…
```

14.4.3 BLL 层

在 CourseBiz 类中，添加删除课程的方法，形参也是课程号，返回类型为 void。

```
public class  CourseBiz{…
///<summary>
///删除课程
///</summary>
///<param name="courseId"></param>
public void DelCourse(string courseId)
{
    if (courseAccess.DelCourse(courseId) > 0)
```

```
            MessageBox.Show("删除成功！");
        else
            MessageBox.Show("删除失败！");
    }...
```

同理，由于需要在 BLL 层项目中进行提示，要用到 MessageBox 类，要在 BLL 层项目中添加对 System.Windows.Forms 命名空间的引用。

14.4.4 UI 层

UI 层代码如下。

```
private void dataGridViewkc_CellContentClick(object sender,
DataGridViewCellEventArgs e)
{
    string courseId=dataGridViewkc.Rows[e.RowIndex].Cells[1].
    Value.ToString();
    new CourseBiz().DelCourse(courseId);
    dataGridViewCourse.DataSource=cb.GetCourseList();}
```

此时运行系统,记录删除的部分是由这三层实现的。在 UI 层单击"删除"链接后，取得课程号的值，作为实参；调用 BLL 层的 void DelCourse(string courseId) 方法，此方法又调用 DAL 层的 int DelCourse(string courseId) 方法；它再调用 DBHelper 中的具体数据记录操作方法。这些层的形参都得到具体的值，从而在数据库中执行删除操作，返回到 BLL 层进行提示，再返回界面层。这也是一个标准的三层架构调用机制，如图 14.4 所示。

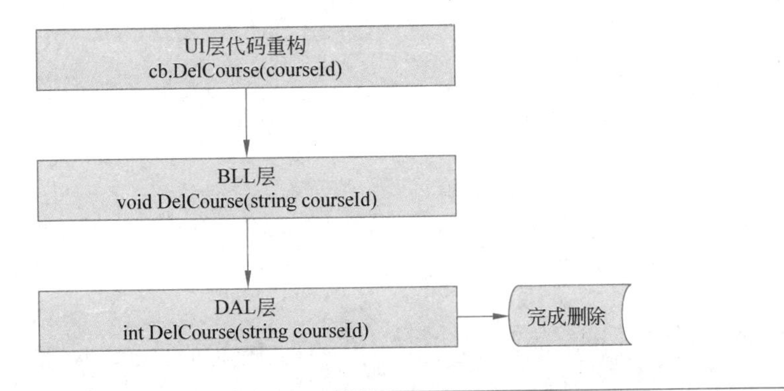

图 14.4
课程删除的三层架构调用流程

同理，在本任务中，DAL 层和 BLL 层有一对同名同参的方法 DelCourse( )，但 DAL 层方法返回整型，BLL 层方法返回值为 void。请读者在此亦仔细体会。

14.4.5 测试与改进

（1）编译程序，若有语法错误，请仔细查阅，并改正。

（2）编译通过后，单击某记录的"删除"链接，先获取此条记录的课程号，在课程表删除此条记录，显示删除成功后，刷新数据网格，可以看到已经把删除的记录排除在外。

（3）刷新数据网格的功能，已经由任务 12 实现。

（4）本任务中删除记录的实现方法，利用三层架构逐层传递实现，功能的实现有序地分布在三层中，UI 层十分简洁。在目前的商业项目中，一般采用的都是本任务中的技术。

14.5 知识拓展：取单条记录到实体类对象

在本阶段中，应用三层架构实现了课程的添加、删除和浏览查询功能，基本的信息管理都实现了。在很多场合，还有一个额外但常用的需求，根据主键获取一个此类对象，比如根据课程号获取一个课程类实体对象等。这个需求一般是在BLL层中被调用，不会直接展示到界面上。因此，需要在DAL层增加一个方法实现它。

所以，在课程表的数据访问类public class CourseAccess中添加一个方法，具体内容如下。

（1）方法名：GetCourseModal。

（2）形参：课程号courseId。

（3）返回值：课程类对象Course。

（4）方法内代码设计：①设计SQL语句：select * from Course where 字段courseid= 形参courseId；②应用DBHelper的GetReader( )方法执行，获得一个记录集，若此记录集有记录，则只有一条；③若记录集有记录，实例化一个课程类对象，将此记录的各字段的值取出，赋给对象的各属性，既可将记录集中记录的值取到对象中；④返回课程对象。

（5）其关键代码如下。

```
public class  CourseAccess{...
///<summary>
///根据课程编号获取课程对象
///</summary>
///<param name="courseID">课程编号</param>
public Course GetCourseModel(string courseID)
{
    string strSQL=string.Format("select*from course where
    courseid='{0}'", courseId);
    using (OleDbDataReader dr=AccessDBHelper.GetReader(strSQL))
    {
        if (dr.Read())//若记录集有记录，返回此记录对应的对象
        {
            CourseInfo course=new CourseInfo();
            //取当前记录该字段的值，赋给相应属性
            course.CourseID=dr["CourseID"].ToString();
            course.CourseName=dr["CourseName"].ToString();
            course.CourseCredit=Convert.ToInt32(dr["CourseCredit"]);
            return course;
        }
        else //否则返回空
        {       return null;       }
    }
}...
```

任务小结

本任务介绍了利用三层架构实现删除的方法。读者日后遇到任何三层架构软件的删除功能需求，均可以此类推。

（1）数据访问层：第一个方法判某主键的记录是否存在：在任务 13 中已实现。第二个方法删除记录，设计 DELETE 语句，用 DBHelper.ExecNonQuery 执行该语句。在此层实现了两个零件（方法）。

（2）业务逻辑层：设计一个方法，先调用下层的判存方法（当然在数据网格里删除不需要判存），若存在再调用删除记录的方法，通过组装下层方法，实现逻辑删除。

（3）表现层：获得删除操作所需的实参（主键），调用其下层，实现删除功能，并刷新当前记录的浏览。

自测题

1. 用三层架构重构图书管理系统中读者信息的删除，界面如图 13.5 所示，要求给出电子版的源代码。

2. 用三层架构，重构图书管理系统中读者信息的删除，要求界面上加入如图 14.1 所示的删除链接列。

3. 比较上 2 个题目中，删除设计思路的异同，写出总结报告。

4. 将图书管理系统基于两层架构的最后版本与三层架构的版本进行对比，写出总结报告。

5. 在项目要求完全相同的前提下，将上个阶段中任务 10 的第 7 个习题进行重构。

（1）完成商品添加的 DAL 层的方法（仔细阅读理解，并补全程序空白）。

```
    public class ProductAccess{...
    //判断某商品是否已存在
    public bool Exist(string productId)
    {
1       string strSql=string.Format(________________);
2       using(OleDbDataReader dr=________________)
        {
3           if (__________)
                return true;
            else
4               __________;
        }
    }
    //添加商品记录
5   public________AddProduct(ProductInfo product)
    {
6       string strSql=string.Format(________________);
        return AccessDBHelper.ExecNonQuery(strSql);
    }
    ...}
```

（2）完成商品添加的 BLL 层的方法（仔细阅读理解，并补全程序空白）。

```
      public class ProductBiz
      {
7         ProductAccess productAccess=__________;
          …
8         public void AddProduct(__________)
          {
9             if (productAccess.Exist(__________))
              {
                  MessageBox.Show("该商品号已存在，请重新输入！");
10                __________;
              }
11            if (productAccess.AddCourse(__________)>0)
                  MessageBox.Show("添加成功！");
              else
                  MessageBox.Show("添加失败！");
          }
      …}
```

（3）完成商品添加的界面层的代码（请仔细阅读理解，并补全程序空白）。

```
      //单击"添加"按钮触发的事件所关联的方法
      private void btnAdd_Click(object sender, EventArgs e)
      {
          string strProductID=txtProductID.Text;
          string strProductName=txtProductName.Text;
          string strUnitPrice=txtUnitPrice.Text;
          string strUnitName=txtUnitName.Text;

          //输入完整性判断
          if (strProductID==String.Empty)
          {
              MessageBox.Show("请输入商品编号！");
              return;
          }

12        if (__________==String.Empty)
          {
              MessageBox.Show("请输入商品名称！");
              return;
          }
          if (strUnitPrice==String.Empty)
          {
              MessageBox.Show("请输入商品单价！");
              return;
          }
          if (strUnitName==String.Empty)
          {
              MessageBox.Show("请输入商品计量单位！");
              return;
          }
13        ProductInfo product=new ProductInfo(______________);
14        ProductBiz pb=__________;
15        ______________;           //添加新商品
          Pb.GetProductList();       //显示全部商品列表，设该功能已实现
      }
```

学习心得记录

阶段三知识路线图

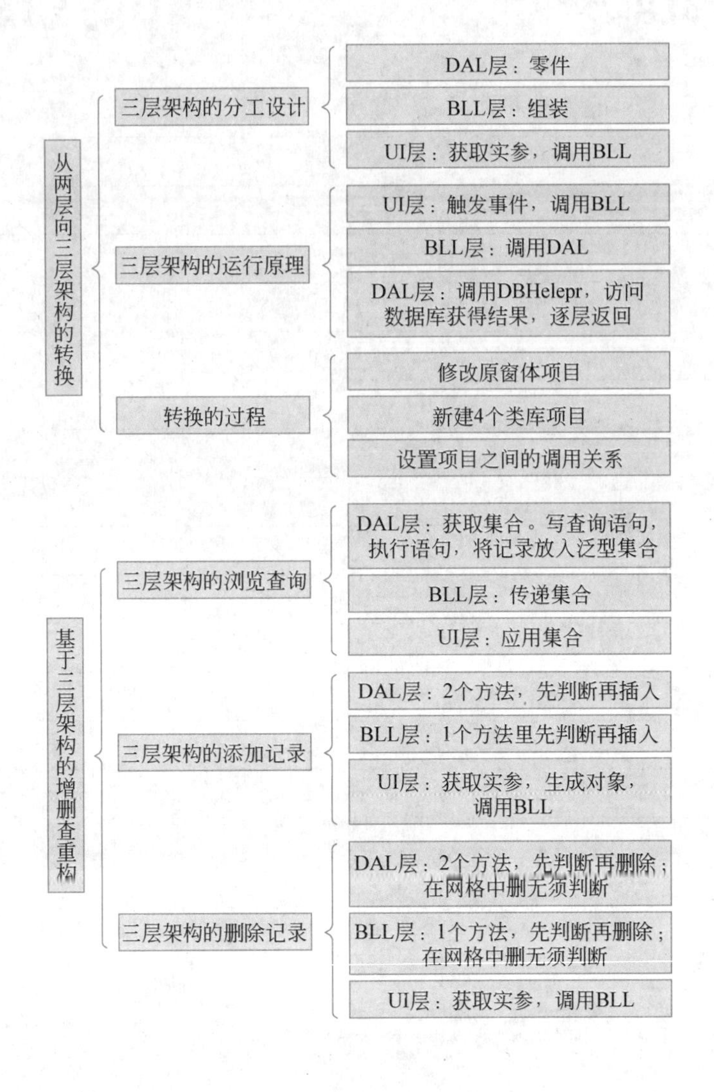
从两层向三层架构的转换
三层架构的分工设计
DAL层：零件
BLL层：组装
UI层：获取实参，调用BLL
三层架构的运行原理
UI层：触发事件，调用BLL
BLL层：调用DAL
DAL层：调用DBHelepr，访问数据库获得结果，逐层返回
转换的过程
修改原窗体项目
新建4个类库项目
设置项目之间的调用关系
基于三层架构的增删查重构
三层架构的浏览查询
DAL层：获取集合。写查询语句，执行语句，将记录放入泛型集合
BLL层：传递集合
UI层：应用集合
三层架构的添加记录
DAL层：2个方法，先判断再插入
BLL层：1个方法里先判断再插入
UI层：获取实参，生成对象，调用BLL
三层架构的删除记录
DAL层：2个方法，先判断再删除；在网格中删无须判断
BLL层：1个方法，先判断再删除；在网格中删无须判断
UI层：获取实参，调用BLL

第四阶段　项目开发——最终版本

概述

在前面的 3 个阶段中，分别讲述了：① OOP 编程的基本思路；②基于两层架构的课程管理模块；③基于三层架构的课程管理模块。在项目逐步重构的过程中包含了事件驱动机制、C# 基础语法、OOP 程序设计理念（类的设计与应用）、ADO.NET 核心数据访问类、自定义通用数据操作类、三层架构设计和应用等大量基础知识，是学习两层架构和三层架构的 C# Windows 项目开发的基础，也是本书的基础部分。

在本阶段中，应用三层架构实现完整的学生选课管理系统，包括管理员和学生的登录模块、学生的选课退选模块、管理员除了课程管理外的学生管理和选课浏览等模块。在此过程中，要求读者进一步理解面向对象的理念，并能根据功能需求灵活设计和应用三层架构。因此在本阶段的每个任务中添加了业务分析环节，也可以说，从本阶段开始，是本书的进阶部分。

本阶段任务

任务 15　用户登录模块
任务 16　管理员选课查询模块
任务 17　学生选课退选模块

本阶段知识目标

（1）巩固理解三层架构的设计原理和应用流程。
（2）巩固理解 OOP 的基本概念和编程思路。
（3）理解各功能模块的业务流程，并据此在三层架构中实现分布式的逐层实现。

本阶段技能目标

面对任意功能，能合理规划三层架构，并成功实现它。

任务 15 用户登录模块

15.1 情境描述

现在，已经通过对课程管理模块的不断重构而学完了基础知识、三层架构后，项目经理希望各项目组完成选课系统的其余模块，从而强化学生对以上知识灵活应用的能力。

本任务目标是实现用户登录功能。学生选课管理系统的用户分为两类：学生用户和管理员用户。两种用户身份登录系统的功能有所不同，用户登录界面如图 15.1 所示。

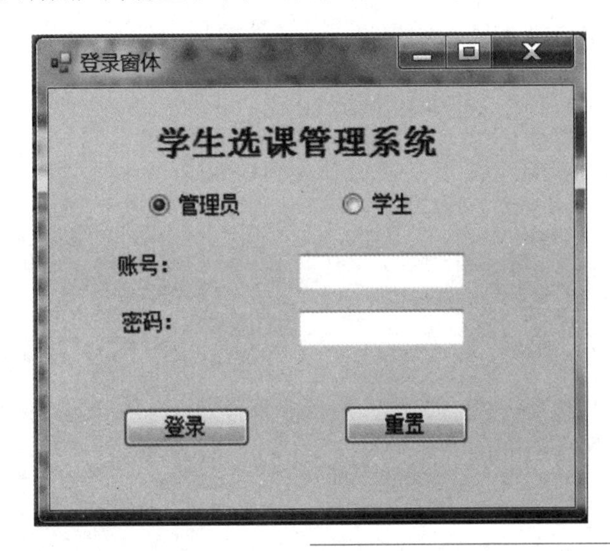

图 15.1
用户登录界面

（1）如果账号和密码为空，应该提示账号或密码为空并返回登录界面。

（2）如果以学生身份成功登录，则隐藏自己，跳转到学生登录主界面，如图 15.2 所示，即学生选课退选功能窗体。如果以管理员身份成功登录，也隐藏自己，跳转到管理员登录主界面，如图 15.3 所示，管理员界面有若干命令，执行这些命令可以进入下级窗体。

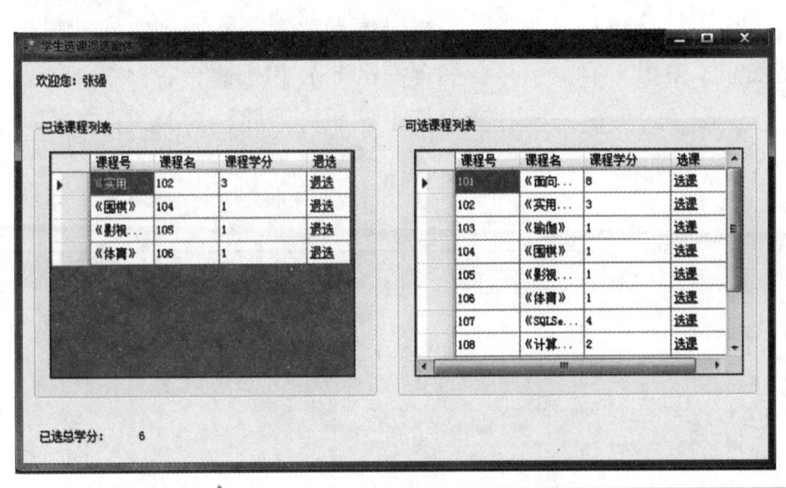

图 15.2
“学生选课退选窗体”窗口

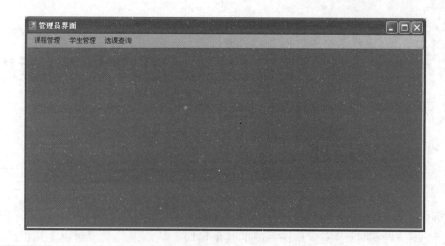

图 15.3
"管理员界面"窗口

（3）如果登录不成功，则应提示账号或密码错误。

15.2 业务分析

通过分析得到用户登录任务的业务流程图，如图 15.4 所示。

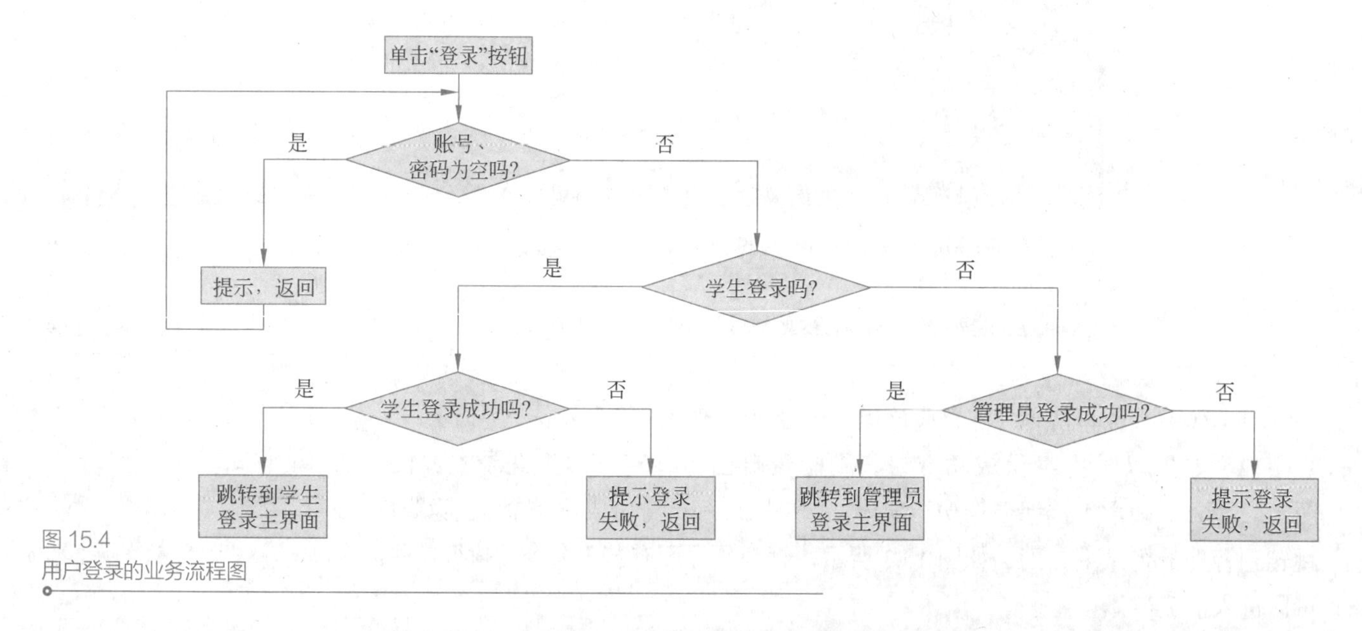

图 15.4
用户登录的业务流程图

管理员用户登录需要用到账号和密码信息，判断界面中输入的账号和密码是否是系统数据库中用户表里已存在的合法的账号和密码，若存在，则表明管理员登录成功，隐藏登录界面，显示管理员主界面。因此，为其设计了管理员用户表（adminuser）来存放其账号和密码，见表 15.1。

表 15.1
管理员用户表（adminuser）结构

字 段 名	字段类型	备　注
userId	文本（6）	管理员用户账号，长度为 6
userName	文本（10）	管理员用户名，长度为 10
userPassword	文本（6）	管理员用户密码

管理员用户表（adminuser）中的记录见表 15.2。

表 15.2
管理员用户表（adminuser）中的记录

userId	userName	userPassword
bf	包芳	123456
cdd	陈东东	123456
tl	屠莉	123456
…	…	…

对于学生用户的登录，则是将密码放在学生表，判断界面中输入的学号和密码，是否与系统数据库中学生表里已存在的合法的学号和密码匹配，若匹配，则隐藏登录界面，显示学生主界面。学生表（student）结构见表 15.3。

表 15.3
学生表（student）结构

字 段 名	字段类型	备　注
studentId	文本（3）	学号，长度为 3
studentName	文本（10）	学生名，长度为 10
studentPassword	文本（6）	学生用户密码

学生表（student）中的记录见表 15.4。

表 15.4
学生表（student）中的记录

studentId	studentName	studentPassword
100801101	张强	100801101
10080116	赵文凯	10080116
100804101	盛佳	100804101
…	…	…

根据业务需要，从低向高设计每层。

（1）DAL 层：得到真假。若是管理员登录，判断账号密码是否在用户表里存在，若存在且正确，返回真，否则返回假。同理，对学生用户，判断学号密码是否在学生表里存在，若存在且正确，返回真，否则返回假。

（2）BLL 层：传递真假。针对两类用户，分别将数据访问层中取得的真或假，传递至界面层。

（3）UI 层：应用真假，决定是否让相应用户进入各自使用界面。在界面层，将相关的账号（学号）和密码信息，作为实参传给业务逻辑层的方法，若返回真，表明账号密码正确，则隐藏自己，显示相应的管理员或学生主界面。

因此，登录的业务主要包括对界面上账号和密码的判断，以及判断正确后窗体的跳转。其中，判断的功能分布在三层中实现，跳转的功能直接在界面层实现。

15.3 相关知识

15.3.1 MDI 窗体

以管理员身份登录成功后跳转到的界面如图 15.3 所示。这种窗体是一种特殊的窗体，在其中可以打开其下级窗体，被称为 MDI 窗体，它可以允许其他窗体在其中展示，相当于是其他窗体的容器。应用 MDI 窗体的注意点如下。

（1）要将这种窗体的 IsMdiContainer 属性设置为 true，才能成为容器。

（2）一般建议将此种窗体的 WindowState 属性设置为 Maximized，将窗体最大化，以便其他窗体的展示。

15.3.2 MenuStrip 菜单控件

管理员身份登录后，界面窗体上的主要控件是：菜单控件 MenuStrip。在窗体中拖进一个 MenuStrip 菜单控件后，可以添加并编辑菜单项，也可以对某一个菜单项添加并编辑子菜单项，如图 15.5 所示。

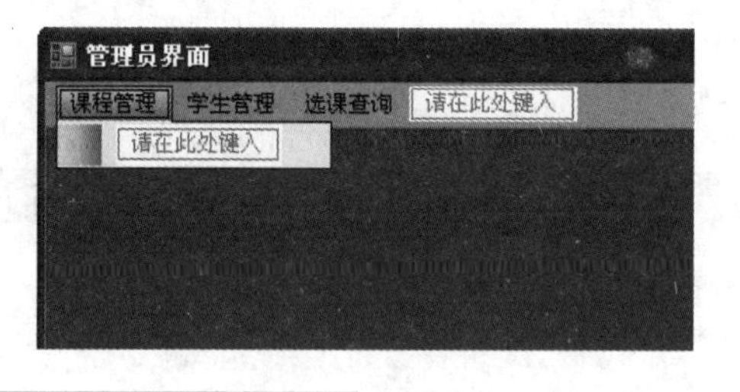

图 15.5
MenuStrip 控件使用

在写代码阶段，双击即可编辑菜单项的 Click 事件代码，一般在其中放入调用下级窗体的代码。然后，当程序运行时，单击菜单栏相应的选项，会跳转到相应的下级窗体。

15.3.3 窗体间的跳转

若登录成功，登录窗体需要隐藏自己，显示相应用户的主窗体；在 MDI 窗体的菜单中，单击某菜单项后，也需要显示相应的子窗体。

窗体隐藏自己的方法为 this.Hide( )，表示隐藏自己。

显示其他窗体的代码为："new 窗体类名 ( ).Show( )"，表示实例化此窗体，并调用其 Show( ) 方法显示该窗体。

登录窗体隐藏自己，显示相应用户的使用窗体既此类用户的主界面，在这类主界面窗体关闭时，必须应用 Application.Exit( ) 将整个应用程序都关闭，否则登录窗体只是隐藏而未关闭，会引起应用程序不能正常结束。

15.3.4 RadioButton 单选按钮控件

RadioButton 控件提供用户可以选择的选项，若在界面上有多个 RadioButton 控件，只能选择其中的一个，所以又称为单选按钮。其常用属性、事件见表 15.5。

表 15.5
RadioButton 控件常用属性、事件

属性	名　称	含　义	备　注
1	Text	获取 / 设置按钮后面的提示文本	
2	Checked	获取 / 设置按钮是否被选中	true/false
事件	名　称	触发时机	备　注
1	Click	单击按钮时	
2	CheckedChanged	Checked 属性值更改时	

15.4　界面制作

在本任务中，需要新建的界面有 3 个：登录界面、学生主界面、管理员主界面。其中，登录界面和管理员主界面要求制作完成，学生主界面只要求制作一个空窗体，其具体实现在任务 16 中介绍。

15.4.1　登录界面及软件首页设置

（1）右击 UI 项目，选择“新建”→“Windows 窗体”命令，将文件命名为 Login.cs。

（2）拖 3 个 Label 类到窗体，将其 Text 属性分别改为“学 生 选 课 管 理系 统”“账号：”和“密码：”。将其 Name 属性分别改为 labelTitle、labelId 和 labelPassword。调整其位置如图 15.1 所示。

（3）拖 2 个 textBox 类到窗体，将其 Name 属性分别改为 textBoxID、textBoxPassword。

（4）拖 2 个 Button 类到此窗体，将其 Name 属性分别改为 buttonOk 和 buttonReset；将其 Text 属性分别改为“登录”和“重置”。

（5）拖 2 个 RadioButton 类到窗体，将其 Text 属性分别改为“学生”“管理员”；将其 Checked 属性置为 false；将其 Name 属性分别改为 radiobuttonStudent 和 radiobuttonAdmin。

（6）将窗体对象 Form1 的 Text 属性赋值为“登录窗体”，将其 Name 属性改为 FormLogin。

（7）将 UI 层项目中 Program.cs 文件中最后一条语句 Application.Run(new FormCourse( )) 改为 Application.Run(new FormLogin( ))，如下面的代码所示，则软件运行的第一个窗体，就不再是课程管理模块，而是登录界面了。

```
static class Program
{
    ///<summary>
    /// 应用程序的主入口点
    ///</summary>
    [STAThread]
    static void Main()
    {
        Application.EnableVisualStyles();
        Application.SetCompatibleTextRenderingDefault(false);
        Application.Run(new FormLogin());
    }
}
```

15.4.2 管理员主界面

（1）右击 UI 项目，选择“新建”→“Windows 窗体”命令，将文件命名为 FormAdmin.cs，并设置为 MDI 窗体，即管理员主界面。同理，右击 UI 项目，再新建一个窗体，文件名为 FormXKTX.cs，即学生主界面。

（2）拖 1 个 MenuStrip 类到管理员主界面，输入如图 15.5 所示的 3 个水平菜单。

（3）双击“课程管理”菜单项，则生成如下事件响应方法，在其中写入调用课程管理窗体的代码。

```
private void 课程管理ToolStripMenuItem_Click(object sender, EventArgs e)
{
    new FormCourse().Show();
}
```

运行时，若管理员登录成功，则当单击“课程管理”菜单项时，前两个阶段中完成的最后一版的课程管理模块会出现在管理员主界面中。

到此为止，本项目的各窗体之间的调用关系如图 15.6 所示。

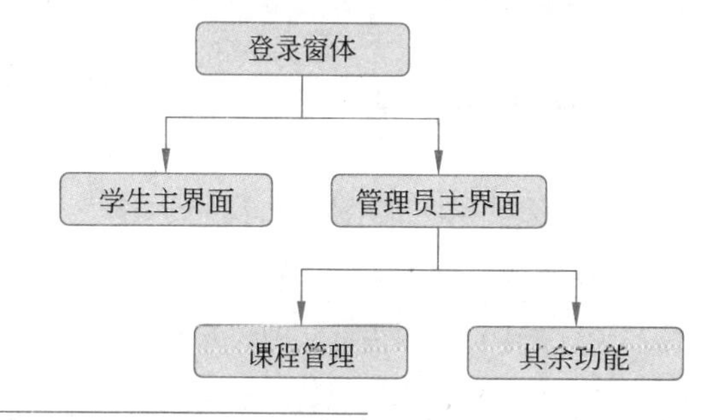

图 15.6
项目中各窗体之间的调用关系

15.5 登录的三层架构设计思路

15.5.1 学生登录的三层架构设计

1. DAL 层：获得真假

首先，需要在数据访问层中添加一个文件 StudentAccess.cs，内含 StudentAccess 类，是学生表的数据访问类，再新建如下方法。

（1）方法名：StuLogin。

（2）功能：判断学生登录是否成功，获得真假。

（3）形参：学号为 studentId；密码为 studentPassword。

（4）返回值：bool。

（5）方法内代码设计：①设计语句“select * from 学生表 where 字段 studentid= 形参 studentId and 字段 studentpassword= 形参 studentPassword”；②利用 using 语句，调用 DBHelper 类的 GetReader( ) 方法，生成一个 DataReader 对象，利用 HasRows 属性判断此 DataReader 对象是否有行。若有，表示此学号和密码存在，返回真；否则返回假。

（6）应用场合：学生登录时判断学号和密码是否正确。

2. BLL 层：传递真假

同理，在业务逻辑层中也需要添加一个文件 StudentBiz.cs，内含 StudentBiz 类，是学生表的业务逻辑类，再新建如下方法。

（1）方法名：StuLogin。

（2）功能：传递真假。

（3）形参：学号为 studentId；密码为 studentPassword。

（4）返回值：bool。

（5）方法内代码设计：此方法中，只须将数据访问层的判断结果向表现层传递，所以实例化相应数据访问类对象，调用其 StuLogin( ) 方法，并返回调用结果。

3. UI 层：获取实参，应用真假

（1）窗体中“登录”按钮的 Click 事件。首先，取出界面中的账号和密码值，判断是否为空；然后，根据单选按钮的选择，调用业务逻辑层中学生登录的方法，判断登录成功与否。若成功，隐藏自己，显示学生或管理员的主窗体。

（2）窗体中“重置”按钮的 Click 事件。将各文本框中的值清空，将焦点置于用户名文本框中。

15.5.2 管理员登录的三层架构设计

1. DAL 层：获得真假

同理,需要在数据访问层中添加一个文件 AdminAccess.cs,内含 AdminAccess 类，是用户表的数据访问类，再新建如下方法。

（1）方法名：AdmLogin。

（2）功能：判断管理员登录是否成功，获得“真假”。

（3）形参：账号为 userId；密码为 userPassword。

（4）返回值：bool。

（5）方法内代码设计：①设计语句“select * from 管理员表 where 字段 userid= 形参 userId and 字段 userpassword= 形参 userPassword”；②利用 using 语句，调用 DBHelper 类的 GetReader( ) 方法，生成一个 DataReader 对象，利用 HasRows 属性判断此 DataReader 对象是否有行。若有，表示此账号和密码存在，返回真；否则返回假。

（6）应用场合：管理员登录时判断账号和密码是否正确。

2. BLL 层：传递真假

同理，在业务逻辑层中也需要添加一个文件 AdminBiz.cs，内含 AdminBiz 类，是用户表的业务逻辑类，再新建如下方法。

（1）方法名：AdmLogin。

（2）功能：传递“真假”。

（3）形参：账号为 userId；密码为 userPassword。

（4）返回值：bool。

（5）方法内代码设计：此方法中，只须将数据访问层的判断结果向表现层传递，所以实例化相应数据访问类对象，调用其 AdmLogin( ) 方法，并返回调用结果。

3. UI 层：获取实参、应用真假

设计原理同学生登录的 UI 层，只是需要根据单选按钮的选择，调用业务逻辑层中管理员登录的方法。

15.6 登录的三层架构实现

15.6.1 操作步骤

（1）数据访问层的部署：在 DAL 层项目中，新建 StudentAccess.cs、AdminAccess.cs 两个文件，根据以上设计思路添加相应的类及其方法。

（2）业务逻辑层的部署：在 BLL 层项目中，新建 StudentBiz.cs、AdminBiz.cs 两个文件，根据以上设计思路添加相应的类及其方法。

（3）表现层的部署已实现。需要设计 3 个窗体：FormLogin、FormXKTX 和 FormAdmin。

15.6.2 DAL 层

（1）右击 DAL 层项目，新建类文件 StudentAccess.cs，则 StudentAccess 类也同时被新建，将其命名空间改为 CourseSelect. DAL。右击项目，选择添加引用，选中项目里的 Common 和 Model，然后在文件中添加以下引用语句。

```
using CourseSelect.Model;using CourseSelect.Common
```

在 StudentAccess 类中，判断学号和密码是否存在的方法如下。

```
public class StudentAccess {…
    ///<summary>
    ///学生登录
    ///</summary>
    ///<param name="studentID">学生学号</param>
    ///<param name="studentPassword">密码</param>
    ///<returns>登录成功返回 true，否则返回 false</returns>
    public bool StuLogin(string studentId,string studentPassword)
    {
        string strSQL=string.Format("select*from student where
        studentid='{0}'and studentpassword='{1}'", studentId,
        studentPassword);
        using (OleDbDataReader dr=AccessDBHelper.GetReader(strSQL))
        {
            if (dr.HasRows )
                return true;
            else
                return false;
        }
    }…
```

（2）右击 DAL 层项目，新建类文件 UserAccess.cs，并将其命名空间改为 CourseSelect. DAL。右击项目，选择添加引用，选中项目里的 Common 和 Model，然后在文件中添加以下引用语句。

```
using CourseSelect.Model;using CourseSelect.Common
```

在 UserAccess 类中，判断用户名和密码是否存在的方法，请读者自行完成。

15.6.3　BLL 层

（1）右击 BLL 层项目，新建类文件 StudentBiz.cs，同理，StudentBiz 类也同时被新建，将其命名空间改为 CourseSelect. BLL。右击项目，选择添加引用，选中项目里的 DAL 和 Model，然后在文件中添加以下引用语句。

```
using CourseSelect.Model;using CourseSelect.DAL
```

StudentBiz 类中传递登录是否正确的方法如下。

```
public class StudentBiz{…
private StudentAccess studentAccess=new StudentAccess();
public bool StuLogin(string studentID, string studentPassword)
{
    return studentAccess.StuLogin();
}…
```

（2）右击 BLL 层项目，新建类文件，UserBiz.cs，并将其命名空间改为 CourseSelect. BLL。右击项目，选择添加引用，选中项目里的 DAL 和 Model，然后在文件中添加以下引用语句。

```
using CourseSelect.Model;using CourseSelect.DAL
```

UserBiz 类中传递登录是否正确的方法，请读者自行完成。

15.6.4　UI 层

（1）“重置”按钮的 Click 事件代码如下。

```
private void buttonReset_ Click (object sender, EventArgs e)
{
    textBoxId.Clear();
    textBoxName.Clear();
    textBoxId.Focus();
}
```

（2）“登录”按钮的 Click 事件代码如下。

```
private void buttonOk_Click(object sender, EventArgs e)
{
    //输入控件完整性验证
    if (textBoxId.Text==string.Empty)
    {
        MessageBox.Show("用户账号为空，请重输新入");
        return;
    }    …
    string userId=textBoxId.Text.Trim();
    string userPassword=textBoxPassword.Text.Trim();
    if (radioButtonStudent.Checked)          //若学生单选按钮被选中
    {
        StudentBiz sb=new StudentBiz();
        if (sb.StuLogin(userId, userPassword))          //若返回为真
        {
            this.Hide();
            new FormXKTX.Show();
        }
        else
```

```
                MessageBox.Show("学号或密码错误！");
        }
        if (radioButtonAdmin.Checked)           //若管理员单选按钮被选中
        {
            UserBiz ub=new UserBiz();
            if (ub.AdmLogin(userId, userPassword))          //若返回为真
            {
                this.Hide();
                new UserAdmin().Show();
            }
            else
                MessageBox.Show("用户名或密码错误！");
        }
    }
```

本任务的三层架构设计时，DAL层中AdmLogin( )和StuLogin( )方法实现账号和密码是否存在的判断，形参分别为学号、密码（或用户号、密码），其语句为SELECT查询语句，分别在学生表和用户表里查询。对于BLL层中同名、同参、同返回值的方法，其形参作为实参调用下层方法，将判断结果上传。在UI层中，收集实参，调用BLL层的相关方法，根据返回值，决定是否隐藏自己并显示下级主界面。

运行时，在UI层中从文本框取得相应的账号密码作为实参，根据单选按钮的值，调用BLL层的学生或管理员的登录方法，其再向下调用DAL层的方法，在数据库上执行，获得真假信息。再逐级返回，UI层根据返回值判断，若返回真，则隐藏自己，显示学生或者管理员的主界面；否则要求用户重新登录。

15.6.5 测试与分析

（1）编译程序，若有语法错误，请仔细查阅，并改正。

（2）编译通过后，在文本框中录入正确的学号和密码，会出现选课退选窗体。当在文本框中输入正确的用户名和密码后，会出现管理员主窗体。这些时候，登录窗体都被隐藏了。

（3）在当前情况下，当关闭管理员主窗体或选课退选窗体时，会发现整个系统一直处于调试状态，必须强行选择“停止调试”，才能回复正常状态。也就是说，整个程序未正常终止。

这是因为，在登录成功后，登录窗体隐藏自己，并显示下级窗体。所以必须在管理员主窗体和选课退选窗体的FormClosed事件中调用方法Application.Exit( )，关闭整个应用程序，若没有调用该方法，则会出现报错。

单击管理员主窗体，在其属性窗口中找到FormClosed事件，双击，填写如下代码。

```
private void UserAdmin_FormClosed(object sender, FormClosedEventArgs e)
{
    Application.Exit();
}
```

同理，单击选课退选窗体，在其属性窗口中找到FormClosed事件，双击，填写如下代码。

```
private void FormXKTX_FormClosed(object sender, FormClosedEventArgs e)
{
    Application.Exit();
}
```

再次调试程序，管理员主窗体或者选课退选窗体出现后，再关闭这些窗体时，整个程序就能正常终止。

任务小结

本任务介绍了应用三层架构实现登录的方法，读者今后遇到任何三层的登录功能需求，均可以此类推。

（1）数据访问层:设计查询语句,在账号相关的表中查询,得到存在与否的真假值。

（2）业务逻辑层：传递真假值。

（3）表现层：获取实参，调用业务逻辑层方法，若返回真，说明登录成功，隐藏自己，显示用户主界面，否则让用户重新登录。

登录在本质上是一种查询操作。本项目未涉及注册问题，在许多软件中需要有注册功能。注册在本质上是一种添加操作，是在用户表里实现用户名、密码等信息的添加。注册后才能登录，相当于添加后，才能查询是否存在。读者可参照课程添加的思路，自行完成注册功能的设计。

另外，在本任务中，还涉及项目中首个运行窗体的设置、窗体间的跳转、MDI窗体等知识的应用。

自测题

1. 管理员用户除了课程管理功能外，还有学生管理功能，请应用三层架构体系实现这个模块。

2. 作业项目：图书管理系统，除了读者管理功能已在前面几项任务的自测题中布置外，还有图书管理、借阅管理两个模块，请应用三层架构实现图书管理这个模块。

3. 设学生选课管理系统中，管理员用户需要先注册后登录，请完成注册功能。包括数据表的选择、窗体内控件的设计、窗体在项目中节点的设计（参考图15.6）、功能代码的三层设计，请提供电子版。

学习心得记录

任务 16

管理员选课查询模块

16.1 情境描述

管理员用户的功能模块中，前面已经逐步重构了课程管理模块，还有学生管理和选课查询模块未实现。其中的选课浏览查询要求如下。

（1）查询窗体加载后，或者单击“显示全部”按钮，在数据网格中，就应该出现目前所有课程的选课信息，包括：课程号、课程名、学号、姓名、选课日期。

（2）查询窗体加载后，在下拉列表框中显示目前所有的课程，若用户选择某课程，再单击“查询”按钮，则查询当前选中课程的选课信息。

（3）本任务的运行效果如图 16.1 所示。

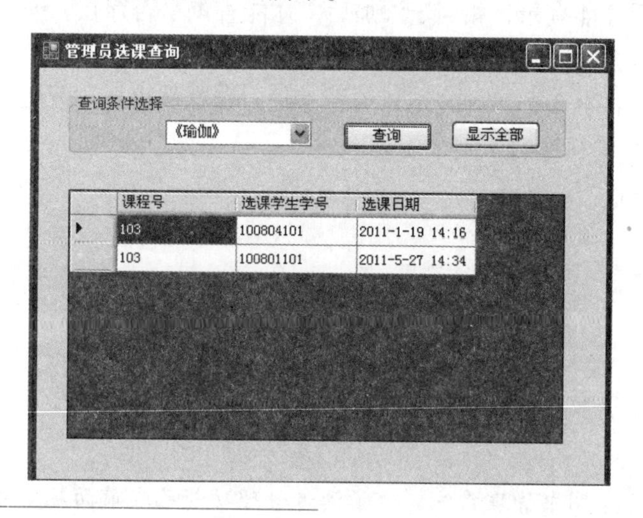

图 16.1
“管理员选课查询”窗口

16.2 业务分析

本任务的业务流程比较简单，就是对选课表的浏览和查询。总体业务流程如图 16.2 所示。

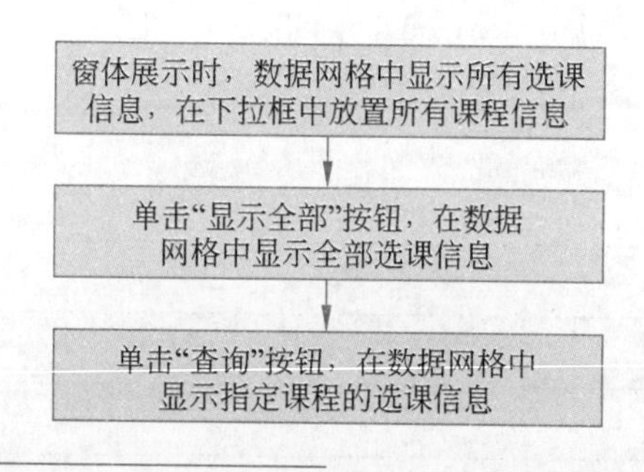

图 16.2
查询选课总体业务流程

根据业务需求，从低到高来设计每层，具体如下所述。

1. DAL 层：获取集合

在选课表的数据访问类中，设计浏览、查询的语句，执行语句获得记录集，将记录逐条放入选课实体类对象，获得集合。

这里的难点有两个。

（1）首先，要求的信息——课程号、课程名、学号、姓名、选课日期来自三个表。因此，当需要按某课程查询此课程的选课信息时，需要设计多表查询语句如下。

```
string strSql=string.Format("select course.courseid as id,
    course.coursename as name,
    student.studentid as sid,
    student.studentname as sname,
    courseselect.selectdate as sdate
    from (course inner join courseselect
               on course.courseid=courseselect.courseid)
    inner join student on student.studentid=courseselect.studentid
    where courseselect.courseid='{0}'",courseId)
```

浏览所有选课信息时，只须去掉 where 条件即可。

（2）查询得到的记录，该放入什么实体类中呢？目前，本系统中的实体类，都是基于单表的。这里的查询是个多表查询，结果集的字段无法放入单表的实体类对象中。因此，要为此多表查询设计一个特定的实体类，包含所需的 5 个字段。这样，查询结果记录集中记录的各字段，就可以放入此实体类对象的各属性了。

此实体类称为选课查询实体类，设计如下。

```
public class SelectQueryInfo
{
    private string courseId;
    public string CourseId
    {
        get { return courseId; }
        set { courseId = value; }
    }
    private string courseName;
    public string CourseName
    {
        get { return courseName; }
        set { courseName = value; }
    }
    private string studentId;
    public string StudentId
    {
        get { return studentId; }
        set { studentId = value; }
    }
    private string studentName;
    public string StudentName
    {
        get { return studentName; }
        set { studentName = value; }
    }
    private DateTime selectDate;
    public DateTime SelectDate
    {
        get { return selectDate; }
        set { selectDate = value; }
```

```
    }
    public SelectQueryInfo() { }
    public SelectQueryInfo(string courseId,string courseName,string
    studentId,string studentName,DateTime selectDate){
        this.courseId = courseId;
        this.courseName = courseName;
        this.studentId = studentId;
        this.studentName = studentName;
        this.selectDate = selectDate;    }
}
```

2. BLL 层：传递集合

在选课表的数据访问类，设计方法，实现集合传递。

3. UI 层：应用集合

（1）查询窗体加载时，或者单击“显示全部”按钮，调用选课表业务逻辑类的浏览方法，用所得集合作为数据网格的数据源，实现显示。

（2）查询窗体加载时，还需调用课程管理业务逻辑层的方法，将当前课程表中的所有课程名显示在下拉列表框；并在用户选择某课程时，获取此课程编号，作为查询参数。

（3）单击“查询”按钮后，调用选课表业务逻辑类的查询方法，用所得集合作为数据网格的数据源，实现显示。

16.3 相关知识——下拉列表框控件

图 16.3
下拉框控件

ComboBox 是在下拉框中显示数据来供用户选择的控件，如性别、所有的课程、省份、本省的所有市，等等。控件外观如图 16.3 所示。这些数据提供出来供用户选择，既方便了用户操作，也能控制用户不会输入错误的数据。

ComboBox 中显示的数据，既可以是常量，也可以是数据库表中的内容。其常用属性、事件见表 16.1。

表 16.1
ComboBox 控件常用属性、事件

属 性	名 称	含 义	备 注
1	Items	设置设计界面录入的下拉框中的项	
2	DataSource	设置下拉框的项取自数据库时的数据源	
3	DisplayMember	设置数据源显示在下拉框中的各项的文本	如 stuName
4	ValueMember	设置数据源在下拉框中的各项的实际的值	如 stuId
5	SelectedIndex	获取用户选中项的索引	从 0 开始，int
6	SelectedItem	获取用户选中项（对应 Items）	Object 类型
7	SelectedValue	获取用户选中项的值（对应 DataSource 的 ValueMember）	Object 类型
事 件	**名 称**	**触 发 时 机**	**备 注**
1	SelectedIndexChanged	SelectedIndex 值更改时	

当需要显示一些常量，如性别、省份等作为下拉框内容时，应该直接在窗体界

面设计时在控件的 Items 属性中直接写入。

当需要显示数据库表中的内容时，需设置其 3 个关键属性：DataSource（数据源属性），一般设置为特定实体类的泛型集合；DisplayMember（显示属性），一般设置为名称字段；ValueMember（值属性），一般设置为名称对应的主键字段。这样，用户操作时看见并选择的是名称，选中时实际取得的值是主键号。既方便用户操作，又便于代码中应用主键设计代码。

在本任务中，要求把课程表中所有课程的名称显示在下拉框中，然后根据用户选中课程的课程号查询此课的选课信息。所以，应该用课程类的泛型集合作为下拉框控件的数据源 DataSource 属性，控件的 DisplayMember 属性设为课程名，控件的 ValueMember 属性设为课程编号。这样，用户操作时看见并选择的是课程名，但是各项的实际值是课程号。

16.4　选课查询的三层架构设计思路

1. DAL 层

为了查询特定课程的选课记录，需新建选课表的数据访问类 SelectAccess，在其中添加方法如下。

（1）方法名：SelectedQuery。

（2）功能：获取指定课程的选课信息。

（3）形参：课程号 courseId。

（4）返回值：List< SelectQueryInfo >泛型集合。

（5）方法内代码设计如下。

① 设计多表查询语句。

② 利用 using 语句，调用 DBHelper 类的 GetReader( ) 方法，生成一个 DataReader 对象，利用 Read( ) 方法，读取记录集的每行到选课查询实体对象中，将对象加入泛型集合，并返回集合。

（6）应用场合：用于获取包含指定课程选课信息的泛型集合。

2. BLL 层

为了实现选课查询业务，需新建选课业务逻辑类 SelectBiz，在其中添加以下方法。

（1）方法名：SelectedQuery。

（2）功能：传递指定课程的选课记录。

（3）形参：课程号 courseId。

（4）返回值：List< SelectQueryInfo >泛型集合。

（5）应用场合将选课数据访问类取得的指定课程选课查询泛型集合，并向上传递。

3. UI 层

取得下拉列表框中当前被选项中的 SelectedValue 项即课程号，作为实参，调用业务逻辑层的查询方法，作为数据网格的数据源，实现浏览。

选课浏览的业务流程，基本同浏览。只是在DAL层的查询语句不同，并且在界面层无需实参。其设计和代码，请读者自行实现。

16.5 选课查询的三层实现

16.5.1 界面制作

（1）拖1个GroupBox类到选课查询窗体,将其Text属性改为“查询条件选择”；将其Name属性改为GroupBoxQuery。

（2）拖1个ComboBox类到GroupBox控件中，将其Name属性改为ComboBoxCourse。

（3）拖2个Button类到GroupBox控件中，将其Name属性分别改为buttonQuery、buttonAll；将其Text属性分别改为“查询”“显示全部”。

（4）拖1个DataGridView类到窗体，将其Name属性改为DataGridViewQuery；按照前面相关阶段中的方法，为数据网格增加5个相关的自定义文本列，达到如图16.1所示的效果。

（5）将窗体的Text属性改为“管理员选课查询”；将其Name属性改为FormQuery。

16.5.2 操作步骤

（1）数据访问层的部署：在DAL项目中新建SelectAccess.cs类文件，则SelectAccess类也被同时新建，根据以上设计思路添加相应的方法。

（2）业务逻辑层的部署：在BLL项目中新建SelectBiz.cs类文件，则SelectBiz类也被同时新建，根据以上设计思路添加相应的方法。

（3）表现层的部署如下所述。

① 窗体Load事件发生时，调用业务逻辑类的选课浏览方法，绑定集合到数据网格。同时，为下拉列表框设置3个关键属性，让其显示课程表的信息，为用户选择课程做好准备。

② 单击“查询”按钮时，就可获取下拉框中当前选定的课程编号，作为实参，调用业务逻辑类的选课查询方法，绑定集合到数据网格。

16.5.3 DAL层

右击DAL层项目，新建类文件SelectAccess.cs，则SelectAccess类被同时创建，并将其命名空间改为CourseSelect. DAL。右击项目，选择添加引用，选中项目里的Common和Model，然后在文件中添加以下引用语句。

```
using CourseSelect.Model;using CourseSelect.Common
```

SelectAccess类中，获取指定课程选课信息的方法如下。

```
public class SelectAccess{
    ...
    public List<SelectQueryInfo> SelectedQuery(string courseId)
    {
        string strSql=string.Format("select course.courseid as id,
        course.coursename as name,
        student.studentid as sid,
        student.studentname as sname,
        courseselect.selectdate as sdate
        from (course inner join courseselect on
        course.courseid=courseselect.courseid)
        inner join student on student.studentid=courseselect.studentid
        where courseselect.courseid='{0}'",courseId);
        List<SelectQueryInfo> list=new List<SelectQueryInfo>();
        using (OleDbDataReader dr=DBHelper.GetReader(strSql))
        {
            while (dr.Read())
            {
                SelectQueryInfo selectQuery=new SelectQueryInfo();
                selectQuery.CourseId=dr["id"].ToString();
                selectQuery.CourseName=dr["name"].ToString();
                selectQuery.StudentId=dr["sid"].ToString();
                selectQuery.StudentName=dr["sname"].ToString();
                selectQuery.SelectDate=Convert.ToDateTime
                (dr["sdate"]);
                list.Add(selectQuery);
            }
        }
        return list;
    }
}...
```

16.5.4　BLL 层

右击 BLL 层项目，新建类文件 SelectBiz.cs，则 SelectBiz 类被同时创建，将其命名空间改为 CourseSelect. BLL。右击项目，选择添加引用，选中项目里的 DAL 和 Model，然后在文件中添加以下引用语句。

```
using CourseSelect.Model;using CourseSelect.DAL
```

SelectBiz 类中，获取指定课程选课信息的方法如下。

```
public class SelectBiz{...
    SelectAccess selectAccess=new SelectAccess();
    public List<CourseSelect> SelectQuery(string courseId)
    {
        return selectAccess.SelectQuery(string courseId);
    }...
}
```

16.5.5　UI 层

（1）窗体的 Load 事件发生时，调用课程表业务逻辑类的浏览课程方法，用课程表的泛型集合，作为下拉列表的数据源；指定数据源中的 coursename 作为其

DisplayMember 属性，指定数据源的 courseid 作为其 ValueMember 属性，即可实现实现下拉框的显示和选择。

然后调用选课表业务逻辑类的浏览方法 GetSelectList( )（读者自行完成），用选课记录的集合作为数据网格的数据源，实现浏览。

```
private void FormQuery_Load(object sender, EventArgs e)
{
    List<Course> cour=new CourseBiz().GetCourseList();
    comboBoxCourse.DisplayMember="coursename";
    comboBoxCourse.ValueMember="courseid";
    comboBoxCourse.DataSource=cour;
    dataGridViewQuery.DataSource=new SelectBiz().GetSelectList();
}
```

（2）单击“显示全部”按钮时，也调用选课表业务逻辑类的浏览方法 GetSelectList( )，用选课记录的集合作为数据网格的数据源，实现浏览功能。

（3）单击“查询”按钮时，取得下拉框当前选项的值，作为实参，调用业务逻辑层的 CourseSelectList( ) 方法，将返回的泛型集合作为数据源。

```
private void buttonCX_Click (object sender, EventArgs e)
{
    string courseId=comboBoxCourse.SelectedValue.ToString();
    dataGridViewQuery.DataSource=new SelectBiz().SelectQuery
    (courseId);
}
```

本任务实现查询操作的三层架构设计时，DAL 层中的 SelectQuery( ) 方法利用 SELECT 语句查询选课表获取集合，其形参为课程号；BLL 层中同名同参同返回值的方法，其形参也为课程号，作为调用下层方法的实参，将集合向上传递；UI 层收集实参，调用 BLL 层方法，用集合作为数据源。

运行时，UI 层从下拉框中获取课程号作为实参调用 BLL 层方法，并向下传递给各层，在数据库中执行语句，获得集合，并逐级返回，最终返回的集合作为数据网格控件的数据源，实现查询功能。

16.5.6 测试与分析

（1）编译程序，若有语法错误，请仔细查阅，并改正。

（2）编译通过后，全部选课信息，都会出现在窗体上。单击“查询”按钮，能实现对选中课程的选课查询。

任务小结

本任务介绍了应用三层架构实现选课查询浏览的方法，任何功能需求，只要在本质上是查询，流程都为：①数据访问层——获得值；②业务逻辑——传递值；③界面层——获取实参，调用 BLL 层方法，并应用值。希望读者强化这一规范流程的理念。

并且，当需要在界面层显示多表查询结果时，需要设计相应的多表查询语句，同时需要事先设计与此查询对应的实体类。这样，执行此语句获得记录集后，才能放入对应实体类对象的属性中，获得此实体类的泛型列表集合。在商业软件中遇到此类应用，经常使用这种方法。

本任务的新知识点是下拉列表框的应用。首先，一般要在窗体加载时，为下拉列表设置 3 个关键属性：① DataSource 数据源属性设置为特定实体类的泛型集合；② DisplayMember 显示属性设置为名称字段；③ ValueMember 值属性设置为主键号字段。这样，用户操作时看见并选择的是名称，选中时实际取得的值是主键号。使用时，用户按名称选择后，就可取到被选中项的值（主键）在代码中使用。这样既方便用户操作，又便于代码中设计查询语句。这种做法在商业软件中是十分常用和重要的技巧。

自测题

1. 请自行完成选课浏览（即显示全部选课信息，方法名为 SelectAll( )）的三层架构设计，书写其代码，提供手写版。

2. 在管理员选课浏览查询模块中，需要查看的是每个学生而不是每门课程的选课情况，请参照图 16.1，重新设计界面相关控件，以及三层架构的实现代码，提供电子版。

学习心得记录

任务 17 学生选课退选模块

17.1 情境描述

学生用户登录成功后，就会将其主界面展示出来，如图 15.2 所示。

在此窗体加载时，可以在右边的数据网格看到所有课程的列表，表示可选课程，这个网格的内容对于所有登录进来的学生都是一样的；在此表的最后一列是选课链接，单击链接，可以进行选课；选课要符合此学生尚未选此课程、学生原来选课总学分加上本课程学分小于等于 8、该课程的选课人数小于 30 的条件。

在左边的数据网格中，是该特定学生已选课程列表，这个网格的内容应根据登录的学生的不同而不同，只显示此学生当前已选课程；在已选课程列表的最后一列是退选链接，单击链接，可以退选，退选没有条件。

并且，为了达到更好的用户体验，此学生的姓名和其已选总学分，也应该在窗体加载显示在窗体上。

若选课或退选成功，此学生的已选课程列表更新，已选总学分亦随之更新。

17.2 业务分析

选课的业务流程如图 17.1 所示。

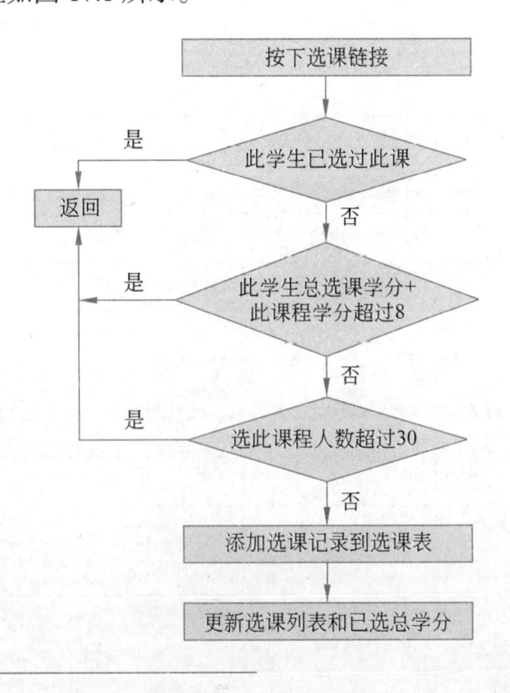

图 17.1
选课的业务流程

退选的业务流程如图 17.2 所示。

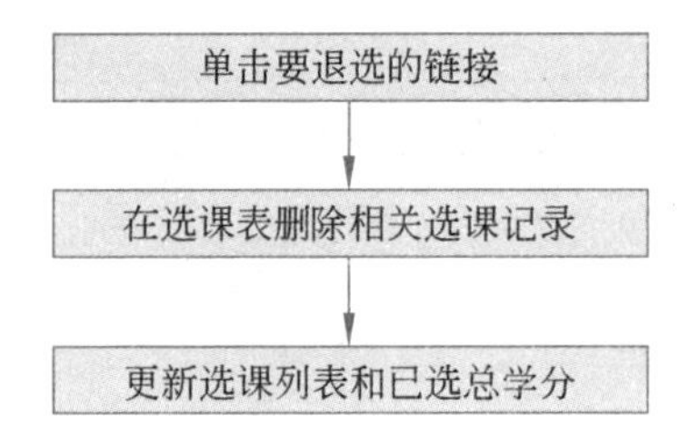

图 17.2
退选的业务流程

本任务的总体业务流程如图 17.3 所示。

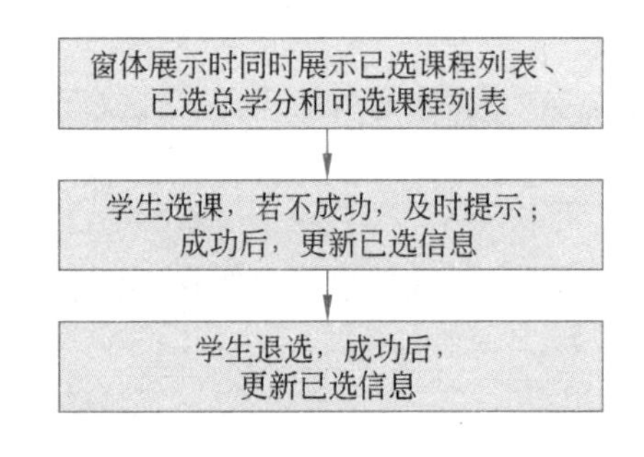

图 17.3
选课退选总体业务流程

17.2.1　学号传递的分析

本任务中，经常需要用到登录进来的那个学生的学号，如查询该生的姓名、查询其已选总学分、查询已选课程列表等。

此学号显然不能让用户在本窗体录入，这样会造成不一致，导致软件的严重错误。那么，这个学号该从何而得呢?

分析软件操作流程，若学生登录成功，则可以进入学生主界面，因此，这个学号要在登录成功后，从登录窗体上取得，然后传递到本窗体。

取得学号后，可以直接将学号显示在选课退选窗体，但这样的话软件界面就不是很友好。最好能显示登录成功的学生姓名，这样，每个学生用户的使用体验就会比较好，这也是一般商业软件都提供的功能。这个功能该如何实现呢? 在本质上，这是一个查询，在学生表根据学号查询姓名。因此，按照规范的三层架构的理念，可以按这样的步骤来进行：①在 DAL 层设计查询语句，执行后获得姓名；② BLL 层传递姓名；③那么本窗体作为 UI 层，就可以应用此姓名了。

获取和传递姓名的方法应该写在学生表的数据访问和业务逻辑类中。

17.2.2　退选的分析

（1）退选的前提：得到登录进来的学号后，依据它求得已选总学分和已选课程。

（2）退选：在此基础上，在已选列表中进行退选，并在选课表中删除该生对该课程的选课。

（3）退选成功：刷新已选总学分和已选课程列表。

下面是具体描述。

1. 求已选总学分

（1）DAL 层：设计查询语句，根据学号求其在选课表中的已选总学分，获得该统计值。

（2）BLL 层：传递该统计值。

以上方法应写在选课表的数据访问和业务逻辑类中。

（3）UI 层：用学号做实参，调用 BLL 层方法，显示该统计值。

2. 求已选课程列表

（1）DAL 层：设计查询语句，根据学号求其在选课表中的已选课程，放入泛型集合，获得该集合。

（2）BLL 层：传递该集合。

以上方法应写在选课表的数据访问和业务逻辑类中。

（3）UI 层：用学号做实参，调用 BLL 层方法，用该集合作为数据源，填充数据网格。

在此强调，要想求已选总学分和已选课程列表，在本质上均为查询，所以都要遵循“取得值—传递值—应用值”的三层设计规范。

3. 退选

（1）DAL 层：设计 DELETE 语句，执行该语句，返回整型。

（2）BLL 层：调用 DAL 层方法，实现逻辑删除，并提示正确与否。

以上方法，应写在选课表的数据访问和业务逻辑类。

（3）UI 层：用学号和数据网格中要被删除那行的课程号，作为实参，调用 BLL 层方法，完成删除。

在此强调，退选在本质上是删除操作，遵循阶段三中删除的三层设计规范。

综上所述，在退选部分，最终在界面上需要实现 3 个功能（已选总学分、已选课程列表、退选），都用三层架构实现。虽然都写在选课表的数据访问和业务逻辑类，但建议读者每个功能单独用三层架构实现后，再依次实现其他功能，这样逻辑条理更清晰。若在其他软件项目中遇到复杂功能，也建议分析后，每个功能依次实现、各个击破。

17.2.3 选课的分析

选课的前提是：需要得到登录进来的学号，以及可选课程列表既所有课程列表（已在课程管理中实现）。

（1）选课：在此基础上，在可选列表中进行选课，选课要满足 3 个条件：此学生尚未选此课程、学生原来选课总学分加上本课程学分小于等于 8、该课程的选课人数小于30的条件，若条件都满足，在选课表添加该生对该课程的选课记录。

（2）选课成功：刷新已选总学分和已选课程。

（3）学号和已选总学分、已选课程等问题已经分析过，在此需分析的是这3个条件和退选的三层架构的实现问题，具体如下所述。

① 判断某学生是否已选某课：要在选课表的DAL层单独设计方法，判断选课表中是否有这条记录。设计查询语句，若记录集有记录，返回真，否则返回假。

② 统计某课程已选人数的方法：要在选课表的DAL层单独设计方法，求该课程在选课表中被选的记录的个数。设计查询语句，返回统计值。

③ 学生原来选课总学分加上本课程学分小于等于8：求已选总学分的方法在上文已有，那么如何求被选课程的学分呢？在阶段三的任务14中，已实现根据课程号获得课程实体对象的方法，那么，在数据网格取得要选课程的课程号后，据此获得课程实体对象，此对象的CourseCredit属性，就是本课程的学分。

④ 当满足条件后，可以选课。因此还需要在选课表的DAL层中添加选课的方法：设计INSERT语句，执行并返回整型。

以上方法都需写在选课表的DAL层中。

在选课表的BLL层的选课方法只需1个方法，在其中：首先需要将①、②、③中涉及的方法组合起来，才能实现3个条件的判断，然后调用④中的添加选课方法，并提示成功与否。

选课在本质上是一个记录添加功能，除遵循阶段三中添加的三层设计规范外，还需实现3个前提条件，因此，其DAL层的方法比较多，在BLL层的1个方法中，将其组装起来，实现逻辑的选课。

选课虽然比较复杂，但在界面上只涉及1个功能（选课），因此只需要1个三层架构；而在退选中，则用到3个三层架构。请读者仔细体会它们设计思路的区别。

17.3 相关知识

17.3.1 学号在窗体间的传递

在以上的已选课程浏览、选课、退选流程中，都需要用到此学生的学号。也就是说，如果某学生登录成功，此学生的学号应该从登录窗体传递到后续的选课退选窗体，在选课退选窗体中就不再需要再次收集此学号。这样做，不仅保证了学号的准确性，也使整个系统更加方便地整合在一起，这也是软件系统通用的惯例之一。

在Windows窗体应用程序中，如何在窗体间传递某变量的值呢？

由于所有窗体都处于UI层的同一个命名空间中。因此首先应将变量定义在需使用它的窗体（选课退选窗体）中，并定义其访问修饰符为internal，此变量即可在程序集中通用。

在登录窗体中，学生用户登录成功，实例化选课退选窗体后，将登录成功时的学号赋值给该变量，此变量的值就从登录窗体传递到了选课退选窗体，在选课退选窗体中就可以应用了。

在选课退选窗体中的定义变量，代码如下。

```
public partial class FormXKTX : Form
{
    internal string currentStuId=string.Empty;
}
```

在登录窗体中，学生登录成功后，为变量赋值，代码如下。

```
if (radioButtonStudent.Checked)
{
    StudentBiz sb=new StudentBiz();
    if (sb.StuLogin(userId, userPassword)) //登录成功
    {
        this.Hide();
        FormXKTX xs=new FormXKTX();         //实例化选课窗体
        xs.currentStuId=userId;             //为此窗体的学号变量赋值
        xs.Show();                          //显示此窗体
    }
    else
        MessageBox.Show("学号或密码错误");
}
```

在其他类型的应用程序中，页面之间传递变量值也是常用的技巧，只是实现的方法不同，目标都是一样的。

17.3.2 异常捕捉

在应用程序中，语法错误是很容易就被编译系统检测到的，但有些错误就不会被编译系统发现，但是也会造成严重的运行故障，例如下面的代码。

```
int x=2, y=0;
x/y;
```

这段代码是可以通过编译的，但运行时异常结束，并显示如图 17.4 所示信息。

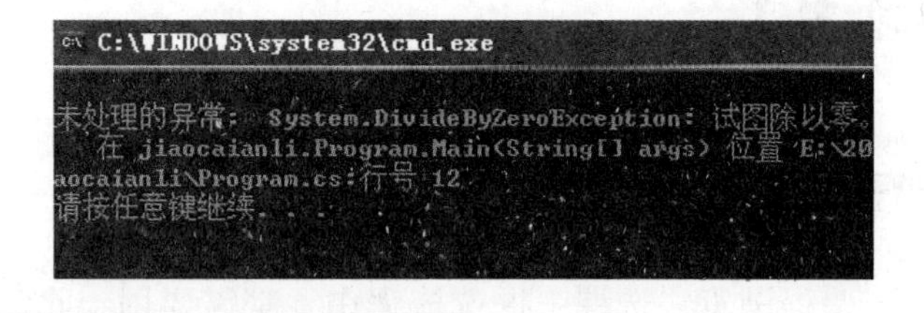

图 17.4
异常未捕捉示意

像这样类似的异常很多，大部分是由于开发人员未预料到可能出现的边缘数据（如除数为 0，记录集为空等）造成的，这就会造成程序的异常终止。如何使程序可以正常结束，即使在边缘数据不可避免出现的情况下？

C# 提供了异常捕捉机制来对可能出现的异常进行捕捉和保护。异常捕捉语句如下。

```
try
{
    须保护的代码段
}
catch( 捕捉异常的类 )
```

```
{
    异常捕捉到后，显示相关信息的语句
}
```

如果在被保护的代码段中发生异常，则被 catch 段中捕捉异常的类捕捉，并显示异常相关信息，程序正常结束。其中，System.Exception 类是所有异常类的基类，可捕捉到所有的异常，此类的 message 属性描述了当前异常的消息。

可以把上面除数是 0 的代码保护起来，代码如下。

```
int x=2, y=0;
try
{
    x / y;
}
catch (Exception e)
{
    输出 (e.Message);
}
```

程序通过编译，运行结果如图 17.5 所示。

图 17.5
异常被捕捉示意

此时，虽然有异常，但程序仍能正常结束，并给出异常信息。

读者应理解异常捕捉的方法和代码书写技巧，在今后的学习中，养成给相关代码加异常保护的习惯。

17.3.3 数据访问类 DBHelper 类的重构

在选课、退选的过程中，需要计算此学生目前选课的总学分，计算当前选此课程的学生人数等。这都需要在数据访问层设计方法取得统计值。那么，就需要到数据访问类 DBHelper 中调用相关方法。这里回顾一下，目前的 DBHelper 类的代码如下。

```
public class DBHelper
{
    //连接字符串字段，从配置文件取值
    private static readonly string connectionString...
    //执行 INSERT、DELETE、UPDATE 等非查询命令的方法
    public static int ExecNonQuery(string strSQL)
    //执行查询命令，取得 OleDbDataReader 的方法
    public static OleDbDataReader GetReader(string strSQL)
    //执行查询命令，取得 DataTable 的方法
    public static DataTable GetTable(string strSQL)
}
```

可见，目前并没有取得统计值的方法。来回顾一下 Command 对象，实例化时，必须指定的属性是 OleDbConnection 连接对象和命令语句 CommandText，常用的方法是 ExecuteNonQuery ( )、ExecuteScalar( ) 和 ExecuteReader ( )。到目前为止，

ExecuteScalar( ) 方法尚未应用，此时正可以使用这个方法。

ExecuteScalar( ) 方法的回顾：在连接上执行 SQL 语句，并返回结果集中第一行的第一列，忽略其他列或行，具体代码如下。

```
public static int GetScalar(string strSql)
{
    int result;
    OleDbCommand cmd=new OleDbCommand(strSql, Connection);
    object obj=cmd.ExecuteScalar();
    if (obj==DBNull.Value)
        result=0;
    else
        result=Convert.ToInt32(obj);
    return result;
}
```

此方法用形参 strSql 和连接 Connection，实例化一个命令类对象，执行此对象的 ExecuteScalar ( ) 方法，判断返回的 Object 是否为数据库空（DBNull.Value），若是，表示没统计值，返回 0；否则将返回的对象转换为整型再返回。

所以，在 DBHelper 类中添加新方法如下。

```
public static int GetScalar(string strSQL)
{
    using (OleDbConnection conn=new OleDbConnection(connectionStri
    ng))
    {
        try
        {
            conn.Open();
            OleDbCommand cmd=new OleDbCommand(strSQL, conn);
            object obj=cmd.ExecuteScalar();
            if (obj==DBNull.Value)
                return 0;
            else
                return Convert.ToInt32(obj);
        }
        catch (OleDbException ex)
        {
            throw new Exception(string.Format("执行{0}失败{1}",
            strSQL, ex.Message));
        }
    }
}
```

在上面的 GetScalar( ) 方法中，将命令的执行和统计值的获取和返回代码在 try 块中保护起来，在 catch 块中用 OleDbException 异常类捕捉，以防可能会出现的数据库操作错误。并且用 throw 抛出 1 个新异常，将出错的语句 strSQL 和出错信息 ex.Message 都提示出来。这比单纯用 Exception 给出异常信息更灵活方便，请读者自行参考。

定义了此方法后，在数据访问层的统计方法，就可以设计进行统计的 SQL 语句，这类 SQL 语句一般只返回一个统计值（记录集只有 1 行 1 列），然后调用此方法，即可得到统计值，进行相关统计。

异常的捕捉在前面阶段中未予以强调。在此，希望读者将前面的所有代码加上异常捕捉机制，以保证程序的正常执行。这也是商业软件工程运作中最基本的规范之一。

17.4　选课退选设计思路

基于业务分析，选课退选的三层架构设计思路如下。

17.4.1　子功能1：已选总学分的三层架构设计

1. DAL层：取得值

需要在数据访问层文件SelectAccess.cs的SelectAccess类即选课表的数据访问类中，新建如下方法。

（1）方法名：StudentTotalCredit。

（2）功能：求某学生所选的总学分。

（3）形参：学号studentId。

（4）返回值：int。

（5）方法内代码设计：①设计语句“select sum(course.coursecredit) as totalcredit from course inner join courseselect on course.courseid=courseselect.courseid where courseselect.studentid=形参studentId”；②利用using语句，调用DBHelper类的GetScalar( )方法，返回一个统计值。

2. BLL层：传递值

同理，需要在业务逻辑层中添加一个文件SelectBiz.cs，内建SelectBiz类，是选课表的业务逻辑类。再新建如下方法。

（1）方法名：StudentTotalCredit。

（2）功能：传递某学生所选的总学分。

（3）形参：学号studentId。

（4）返回值：int。

将选课数据访问类取得的已选总学分，向上传递。

3. UI层：应用值

应用传递过来的学号为实参，调用BLL层方法，得到总学分，显示在界面上。

17.4.2　子功能2：已选课程列表的三层架构设计

此功能中各方法也是放在选课表的数据访问和业务逻辑类，不再赘述。

1. DAL 层：取得集合

（1）方法名：SelectedCourseList。

（2）形参：学号 studentId。

（3）返回值：List<Course> 泛型集合。

（4）方法内代码设计：①设计语句“select course.courseid, course.coursename, course.coursecredit from course inner join courseselect on course.courseid=courseselect.courseid where courseselect.studentid= 形参 studentId”；② 利用 using 语句，调用 DBHelper 类的 GetReader( ) 方法，生成一个 DataReader 对象，利用 Read( ) 方法，读取记录集的每行到课程对象中，将对象加入列表泛型集合。返回集合。

2. BLL 层：传递集合

（1）方法名：SelectedCourseList。

（2）形参：学号 studentId。

（3）返回值：List<Course> 泛型集合。

将选课数据访问类取得的已选课程集合，向上传递。

3. UI 层：应用集合

应用传递过来的学号为实参，调用 BLL 层方法，得到已选课程列表，显示在已选课程数据网格里。

17.4.3 子功能 3：退选的三层架构设计

此功能中各方法也是放在选课表的数据访问和业务逻辑类，不再赘述。

1. DAL 层

（1）方法名：DelSelect。

（2）功能：删除选课。

（3）形参：学号 studentId、课程号 courseId。

（4）返回值：int。

（5）方法内代码设计：①设计 DELETE 语句：delete from courseselect where studentid='{0}' and courseid='{1}', studentId, courseId；② 利用 using 语句，调用 DBHelper 类的 ExecNonQuery( ) 方法，执行语句，返回整型数值。

2. BLL 层

（1）方法名：DelSelect。

（2）形参：学号 studentId、课程号 courseId。

（3）返回值：void。

（4）方法内代码设计：调用数据访问类的删除选课方法，并提示是否成功。

3. UI 层

应用传递过来的学号，以及已选课程数据网格中，用户要退选那行的课程号，作为实参，调用 BLL 层方法退选。退选成功后，注意及时刷新已选总学分和已选课程列表。

17.4.4 子功能 4：选课的三层架构设计

1. DAL 层：零件

（1）方法 1：判断某学生是否已选某课

方法名：HasSelected。

形参：学号 studentId、课程号 courseId。

返回值：bool。

方法内代码设计：①设计语句“select * from 选课表 where 字段 studentid= 形参 studentId and 字段 courseid= 形参 courseId”；②利用 using 语句，调用 DBHelper 类的 GetReader( ) 方法，生成一个 DataReader 对象，利用 HasRows 属性判断此 DataReader 对象是否有行。若有，表示此学号的而学生已选此课；返回真；否则返回假。

应用场合：在选课前判断，若有则不能再选。

（2）方法 2：求某课的已选学生人数

方法名：CourseTotalStudent。

形参：课程号 courseId。

返回值：int。

方法内代码设计：①设计语句“select count(*) as totalstudent from courseselect where courseid= 形参 courseId”；②利用 using 语句，调用 DBHelper 类的 GetScalar( ) 方法，返回一个统计值。

应用场合：在选课前判断，若超过规定人数则不能再选。

（3）方法 3：添加选课

方法名：AddSelect。

形参：选课表实体类对象 CourseSelect select。

返回值：int。

方法内代码设计：①设计 INSERT 语句：insert into courseselect values('{0}','{1}','{2}'),select.StudentId,select.CourseId,select.SelectDate；②利用 using 语句，调用 DBHelper 类的 ExecNonQuery( ) 方法，执行语句，返回整型数值。

应用场合：添加选课，根据返回值是否大于 0，判断添加是否成功。

2. BLL 层：组装

（1）方法名：AddSelect。

（2）形参：选课表实体类对象 CourseSelect select。

（3）返回值：void。

（4）方法内代码设计：①在配置文件中加入每学生的总选课学分 8，和每门课的总选课人数 30，读取这 2 个设置值；②从形参选课类实体对象中取出学号和课程号待用，并根据课程号生成课程类实体对象，取得当前所选课程学分；③判断该学生是否已选该课程；④判断该学生原来已选总学分加上本课程学分，是否已超过规定；⑤判断此课程已选人数，是否已超过规定；⑥所有条件都满足，添加选课记录，并提示选课是否成功。

3. UI 层

应用传递过来的学号，以及可选课程数据网格中，用户要选课那行的课程号，以及当前系统日期，生成选课实体类对象，用其作为实参，调用 BLL 层方法选课。选课成功后，注意及时刷新已选总学分和已选课程列表。

17.5 选课退选的实现

17.5.1 界面设计

（1）拖 2 个 GroupBox 类到选课退选窗体，将其 Text 属性分别改为“已选课程列表”“可选课程列表”；将其 Name 属性分别改为 GroupBoxyx、GroupBoxkx。

（2）各拖 1 个 DataGridView 类到两个 GroupBox 控件中，将其 Name 属性分别改为 DataGridViewyx、DataGridViewkx。

（3）按照前面阶段相关任务中的方法，为数据网格增加相关的自定义文本列和链接列，达到如图 15.2 的效果。

（4）在 GroupBoxyx 的下方部署 2 个 Label 控件，将其 Text 属性分别改为“已选总学分”和“␣␣”；将其 Name 属性分别改为 labelyx、labelzxf。

（5）在 GroupBoxyx 的上方部署 1 个 Label 控件，将其 Text 属性改为“␣␣␣␣”，预备存放登录学生的姓名；将其 Name 属性改为 labelName。

17.5.2 操作思路

（1）数据访问层的部署：在 DAL 项目中的 SelectAcccss.cs 文件，根据以上设计思路添加相应的方法。

（2）业务逻辑层的部署：在 BLL 项目中的 SelectBiz.cs 文件，根据以上设计思路添加相应的方法。

（3）表现层代码设计。

① 自定义一个已选课程绑定方法，调用已选课程列表方法，将已选集合绑定到已选课程列表数据网格，并调用已选总学分方法，将学生的已选总学分显示在界面上。

② 自定义一个可选课程列表方法，调用课程表的业务逻辑类，将所有课程集合，绑定到可选课程列表数据网格。

窗体 Load 事件发生时，应用以上两个方法，绑定两个数据网格，可同时实现已选、可选课程的显示和已选总学分的显示。

③ 窗体 FormClosed 事件发生时，关闭整个应用程序。

④ 按下“选课”链接，生成选课实体作为实参，调用业务逻辑类的添加选课方法选课，并刷新已选信息。

⑤ 按下“退选”链接，取得学号和课程号信息作为实参，调用业务逻辑类的删除选课方法退选。并刷新已选信息。

17.5.3　配置文件的修改

在 App.Config 文件中添加如下配置信息。

```
<appSettings>
    <!-- 每个学生最多能选多少学分 -->
    <add key="MaxCreditOfStudent" value="8" />
    <!-- 每门课最多可以有多少位学生 -->
    <add key="MaxStudentOfCourse" value="30" />
 </appSettings>
```

17.5.4　子功能 1：已选总学分

（1）SelectAccess 类中，求某学生已选总学分的方法代码如下。

```
public class SelectAccess{…
    ///<summary>
    /// 求某学生所选的总学分
    ///</summary>
    ///<param name="studentId"></param>
    ///<returns></returns>
    public int StudentTotalCredit(string studentId)
    {
        string strSql=string.Format("select sum(course.
        coursecredit) as totalcredit from course inner join
        courseselect on course.courseid=courseselect.courseid
        where courseselect.studentid='{0}'",studentId);
        int total=DBHelper.GetScalar(strSql);
        return total ;
    }…
```

（2）SelectBiz 类中，传递已选总学分的方法代码如下。

```
public class SelectBiz{…
    /// 把已选总学分，向上传递
    ///</summary>
    ///<param name="studentId"></param>
    ///<returns></returns>
    SelectAccess selectAccess=new SelectAccess();
    public int StudentTotalCredit(string studentId)
    {
        return selectAccess.StudentTotalCredit(studentId);
    }…
```

（3）UI 层的代码如下。

```
labelzxf.Text=new SelectBiz().StudentTotalCredit(currentStuId).
ToString();
```

17.5.5　子功能 2：已选课程列表

（1）SelectAccess 类中，获得某学生已选课程列表的方法代码如下。

```
public class SelectAccess{…
///<summary>
    /// 获得某学生已选课程列表
    ///</summary>
```

```
///<param name="studentId"></param>
///<returns></returns>
public List<Course> SelectedCourseList(string studentId)
{
    string strSql=string.Format("select course.courseid as
    id,course.coursename as name,course.coursecredit as
    credit  from course inner join courseselect on course.
    courseid=courseselect.courseid where courseselect.
    studentid='{0}'", studentId);
    List<Course> list=new List<Course>();
    using (OleDbDataReader dr=DBHelper.GetReader(strSql))
    {
        while(dr.Read())
        {
            Course course=new Course();
            course.CourseId=dr["id"].ToString();
            course.CourseName=dr["name"].ToString();
            course.CourseCredit=Convert.ToInt32(dr["credit"].
            ToString());
            list.Add(course);
        }
    }
    return list;
}...
```

（2）SelectBiz类中，传递已选课程列表的方法代码如下。

```
public class SelectBiz{...
///<summary>
    ///把已选课程集合，向上传递
    ///</summary>
    ///<param name="studentId"></param>
    ///<returns></returns>
    public List<Course> SelectedCourseList(string studentId)
    {
        return selectAccess.SelectedCourseList(studentId);
    }...
```

（3）UI层的代码如下。

```
//自定义方法，绑定已选课程和已选总学分
private void BindSelectedCourse()
{
    SelectBiz sb=new SelectBiz();
    dataGridViewyx.DataSource=sb.SelectedCourseList(currentStuId);
    labelzxf.Text=sb.StudentTotalCredit(currentStuId).ToString();
 }
```

17.5.6 子功能3：退选

（1）SelectAccess类中，删除选课的方法代码如下。

```
public class SelectAccess{...
///<summary>
///删除选课
///</summary>
///<param name="courseId"></param>
///<param name="studentId"></param>
///<returns></returns>
```

```
public int DelSelect(string studentId, string courseId)
{
    string strSql=string.Format("delete from courseselect where
    studentid='{0}' and courseid='{1}'", studentId, courseId);
    return DBHelper.ExecNonQuery(strSql);
}
```

（2）SelectBiz 类中，退选的方法代码如下。

```
public class SelectBiz{…
    public void DelSelect(string studentId, string courseId)
    {
        if (selectAccess.DelSelect(studentId,courseId)>0)
            MessageBox.Show("退选成功");
        else
            MessageBox.Show("退选失败");
    }…
```

（3）UI 层中，单击退选链接单元格，dataGridViewyx_CellContentClick 事件的代码如下。

```
private void dataGridViewyx_CellContentClick(
object sender, DataGridViewCellEventArgs e)
{
    string courseId=dataGridViewyx.Rows[e.RowIndex].Cells[1].
    Value.ToString();
    new SelectBiz().DelSelect(currentStuId, courseId);
    BindSelectedCourse();  //刷新已选
}
```

17.5.7　子功能 4：选课

1. DAL 层

（1）SelectAccess 类中，判断某学生是否已选某课的方法代码如下。

```
public class SelectAccess{…
///<summary>
    ///判断某学生是否已选某课程
///</summary>
///<param name="courseId"></param>
    ///<param name="studentId"></param>
    ///<returns></returns>
    public bool HasSelected(string studentId, string courseId)
    {
        string strSql=string.Format("select*from courseselect where
        courseid='{0}' and studentid='{1}'",courseId,studentId);
        using (OleDbDataReader dr=DBHelper.GetReader(strSql))
        {
            if (dr.HasRows)
                return true;
            else
                return false;
        }
    }…
```

（2）SelectAccess 类中，求某课程的选课人数的方法代码如下。

```
public class SelectAccess{…
```

```
///<summary> ///求某课程的选课人数    ///</summary>
    ///<param name="courseId"></param>
    ///<returns></returns>
    public int CourseTotalStudent(string courseId)
    {
        string strSql=string.Format("select count(studentid) from
            courseselect where courseid='{0}'",courseId);
        int total=DBHelper.GetScalar(strSql);
        return total;
    }
}...
```

（3）SelectAccess 类中，添加选课的方法代码如下。

```
public class SelectAccess{...
///<summary> ///添加选课///</summary>
///<param name=" courseSelect "></param>
public int.AddSelect(CourseSelect select)
{
    string strSql=string.Format("insert into courseselect
    values('{0}','{1}','{2}')" ,select.StudentId,select.
    CourseId,select.SelectDate);
        return DBHelper.ExecNonQuery(strSql);
}
```

2. BLL 层

SelectBiz 类中，选课的方法代码如下。

```
public class SelectBiz{...
    SelectAccess selectAccess=new SelectAccess();
    CourseAccess courseAccess=new CourseAccess();
    ///<summary> ///选课    ///</summary>
    ///<param name="courseSelect"></param>
    public void AddSelect(CourseSelect select)
    {
        //从配置文件中读取每省最大选课学分和每班最多人数
        int maxCredit=Convert.ToInt32(
                ConfigurationManager.AppSettings["MaxCreditOf
                Student"]);
        int maxStudent=Convert.ToInt32(
                        ConfigurationManager.AppSettings["Ma
                        xStudentOfCourse"]);
        string studentId=select.StudentId;
        string courseId=select.CourseId;
        //判断该学生是否已选该课
        if (selectAccess.HasSelected(studentId, courseId))
        {
            MessageBox.Show("您已选过该课，不能重复选课");
            return;
        }
        //根据课程号获取1个课程对象，以便取得学分，进行计算
        Course courseModal=courseAccess.GetCourseModal(courseId);
        if (selectAccess.StudentTotalCredit(studentId)
                +courseModal.CourseCredit > maxCredit)
        {
            MessageBox.Show("您选过的课程的总学分超过规定，你不能选课");
            return;
        }
        //判断该课程的人数是否已满
        if (selectAccess.CourseTotalStudent(courseId)
            >=maxStudent)
```

```
            {
                MessageBox.Show("您选的课程的总人数超过规定，此课程不能被
                    选？");
                return;
            }
            //以上都不返回，说明满足选课条件，可以开始选课
            if (selectAccess.AddSelect(select) > 0)
                MessageBox.Show("选课成功");
            else
                MessageBox.Show("选课失败");
        }…
```

3. UI 层

（1）单击选课链接单元格，dataGridViewkx_CellContentClick 事件的代码如下。

```
private void dataGridViewkx_CellContentClick(object sender,
   DataGridViewCellEventArgs e)
{
    CourseSelect model=new CourseSelect();
    model.CourseId=dataGridViewkx.Rows[e.RowIndex].Cells[1].Value.
    ToString();
    model.StudentId=currentStuId;
    model.SelectDate=DateTime.Now;
    new SelectBiz().AddSelect(model);
    BindSelectedCourse();  //刷新已选
}
```

（2）绑定已选、可选课程的方法代码如下。

```
//自定义方法，绑定已选课程
private void BindSelectedCourse()
{
    SelectBiz sb=new SelectBiz();
    dataGridViewyx.DataSource=sb.SelectedCourseList(currentStuId);
    labelzxf.Text=sb.StudentTotalCredit(currentStuId).ToString();
}
//自定义方法，绑定可选课程
private void BindCourse()
{
    CourseBiz cb=new CourseBiz();
    dataGridViewkx.DataSource=cb.GetCourseList();
}
```

（3）窗体 Load 事件的代码如下。

```
private void FormXKTX_Load(object sender, EventArgs e)
{
    BindSelectedCourse();
    BindCourse();
}
```

（4）窗体 FormClosed 事件的代码如下。

```
private void FormXKTX_FormClosed(object sender, FormClosedEventArgs e)
{
    Application.Exit();
}
```

17.5.8 测试与分析

（1）编译程序，若有语法错误，请仔细查阅，并改正。

（2）学生正确登录后，可选课程列表、已选课程列表（包括已选总学分），都

会出现在窗体上。单击“选课”或“退选”链接，能实现正确操作。因为所有可能的错误逻辑，在代码中都已控制。

17.6 知识拓展——应用委托和事务实现已选总学分的实时更新

前面已经用经典的三层方法实现了当前登录学生已选总学分的显示。已选总学分显示的需求是在三个场合中应用的：学生登录成功时、学生选课成功时以及学生退选成功时。在阶段一的任务 5 中，介绍过委托和事件的原理，在这里自然可以想到，当学生选课成功退选成功时、能否用委托事件来实现总学分的联动更新呢？

答案是可以的。事件有发行者和订阅者，需要被定义、订阅和触发。事件是一种类成员，需要在发行者中进行定义和触发，需要在订阅者中订阅。一旦事件被触发，在订阅了此事件的订阅者上，所有在委托中的方法都会被执行。

因此，为了实现在后两种场合下的学分联动，该如何定义委托和事件呢？委托应该定义为求某学生总数的方法，其参数为学号，返回值为整型的总学分。委托、事件和触发事件的方法都定义在选课的业务逻辑类中。最后在界面层，实现了选课或退选后，选课的业务类对象订阅此事件，设置默认处理方法为求总学分的方法，并调用触发事件的方法。则当前已选总学分被联动显示出来（即联动更新）。具体实现代码如下。

```
// 选课的业务逻辑类中，定义事件及触发方法
public class CourseSelectBiz
{
    public delegate int TotalCredit(string studentId);
    public event TotalCredit CreditEvent;           // 事件
    public int AfterDelInsert(string studentId)   // 触发事件的方法
    {
        return CreditEvent(studentId);
    }
}
// 界面层的退选方法
private void dataGridViewTX_CellContentClick(object sender,
DataGridViewCellEventArgs e)
{
    // 退选实现后
    courseSelectBiz.CreditEvent+=
        new CourseSelectBiz.TotalCredit(StudentTotalCredit);
    // 订阅事件并设置默认处理方法
    labelCredit.Text=courseSelectBiz.AfterDelInsert(currentStuId).
      ToString();                                        // 触发事件
}
```

在选课的场合，应用的方法是一样的，请读者自行完成。

在本项目中，与经典的三层传值方法相比，用事件和委托实现总学分的更新显得有些烦琐。但在很多高级的分布式或移动应用中，用三层方法不方便，此时一般采用事件和委托实现。故而再次介绍，以便学有余力的读者今后采用。

任务小结

本任务介绍了应用三层架构实现选课退选的方法，展示了面对复杂的任务，如何灵活应用三层架构进行设计的思路。

（1）将登录正确的学生的学号和姓名传入选课退选窗体。学号的传递通过在使用窗体定义，在登录窗体赋值的方式实现。姓名的查找通过三层的查询流程实现。

（2）实现登录学生已选课程的浏览和已选总分的展示。都是通过三层的查询流程实现的。选课和退选成功后，都需要刷新当前学生的已选总学分。

（3）实现退选功能，用三层架构的删除流程实现。因此，当进行到退选时，共需要用到 3 个三层架构。

（4）最后，实现的是选课功能。在其 DAL 层，需要设计判此学生是否已选此课的方法、此课程是否已选满的方法；在 BLL 层，组合这些方法，以及学生已选总学分的方法，根据课程号得到课程实体对象的方法以及选课方法，从而实现条件的判断和选课；在 UI 层，收集到实参，调用 BLL 层方法，实现选课。在本质上，是较复杂的三层添加操作。这里，只有一个三层架构。

自测题

请自行完成登录学生姓名展示的三层架构设计（显示在 LabelName 中），提供电子版。

学习心得记录

....

....

....

....

....

....

....

....

....

....

阶段四知识路线图

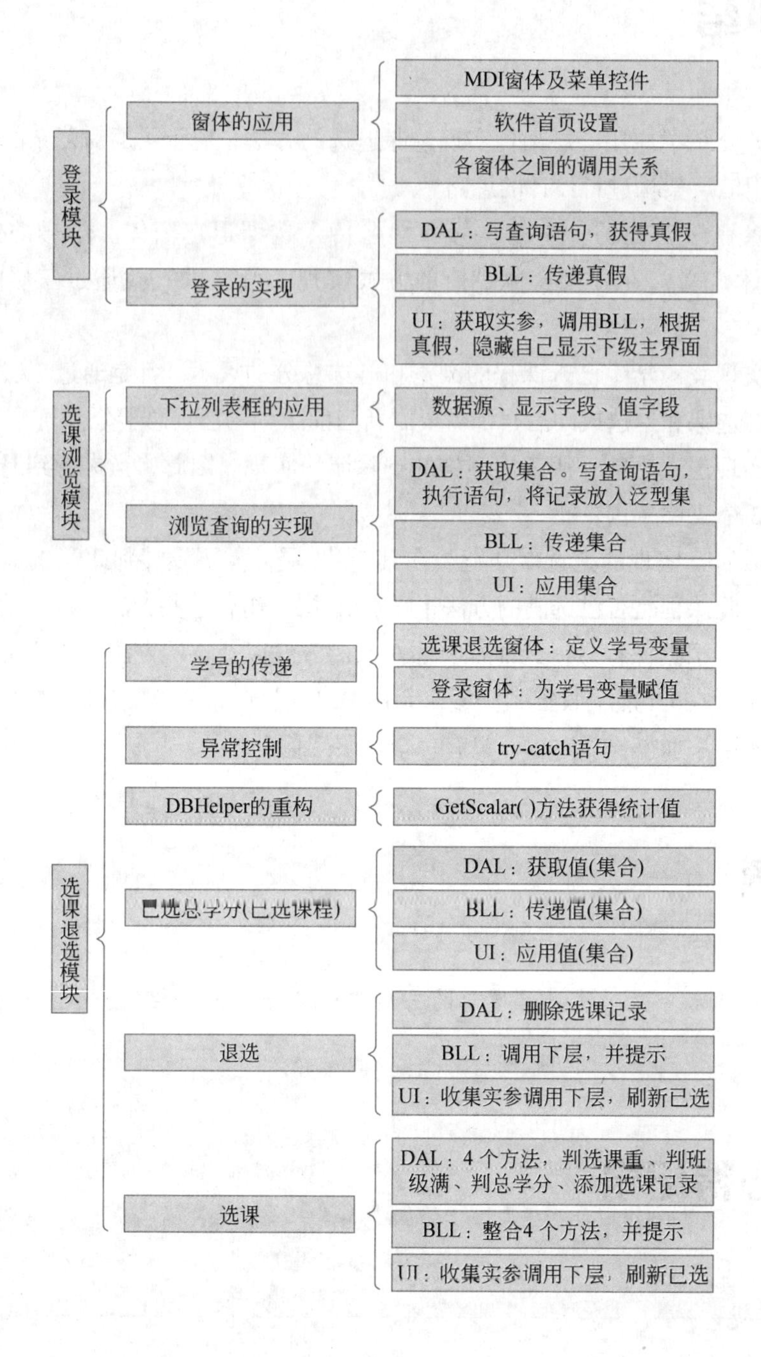
登录模块
窗体的应用
MDI窗体及菜单控件
软件首页设置
各窗体之间的调用关系
登录的实现
DAL：写查询语句，获得真假
BLL：传递真假
UI：获取实参，调用BLL，根据真假，隐藏自己显示下级主界面
选课浏览模块
下拉列表框的应用
数据源、显示字段、值字段
浏览查询的实现
DAL：获取集合。写查询语句，执行语句，将记录放入泛型集
BLL：传递集合
UI：应用集合
选课退选模块
学号的传递
选课退选窗体：定义学号变量
登录窗体：为学号变量赋值
异常控制
try-catch语句
DBHelper的重构
GetScalar( )方法获得统计值
已选总学分(已选课程)
DAL：获取值(集合)
BLL：传递值(集合)
UI：应用值(集合)
退选
DAL：删除选课记录
BLL：调用下层，并提示
UI：收集实参调用下层，刷新已选
选课
DAL：4个方法，判选课重、判班级满、判总学分、添加选课记录
BLL：整合4个方法，并提示
UI：收集实参调用下层，刷新已选

第五阶段　项目的数据库迁移

概述

截至阶段四，通过不断重构，已经完成了学生选课管理系统的所有功能，并在该过程中学习了所涉及的相关知识点：事件驱动机制、基本的 OOP 概念、ADO.NET 数据库访问技术、两层架构以及三层架构的应用程序设计，相关技巧亦已涵盖。据此，读者应该能够按照面向对象的设计理念，应用三层架构，实现一般的窗体类的管理软件设计与开发。

目前，在商业化大型软件开发的过程中，还需考虑系统数据库的迁移和兼容。也就是要求同一个软件对于各种类型的数据库都适用，该软件的系统数据库可以是 Access，也可以是 SQL Server 等，这样，大型软件的兼容、复用性就更好了。这个问题该如何解决呢？这需要应用到 OOP 中的一个重要知识点：多态，还涉及应用程序开发的简单工厂设计模式。本阶段要求读者能理解和应用以上两点，对学生选课管理系统进行最后一版的重构，以期能对大型商业化软件的设计和开发有基本的了解。

本阶段任务

任务 18　迁移的分析与设计
任务 19　迁移的实现

本阶段知识目标

（1）理解继承、多态的概念，及其在开发框架中的应用。
（2）理解抽象类、接口的概念，及其在开发框架中的应用。
（3）理解简单工厂设计模式的设计理念和应用技巧。

本阶段技能目标

（1）掌握继承、多态在软件开发中的应用。
（2）掌握抽象类、接口在软件开发中的应用。
（3）掌握简单工厂设计模式的应用技能。

任务 18

迁移的分析与设计

18.1 情境描述

在商业化的大型软件开发过程中，还须考虑系统数据库的迁移、兼容环节。如果同一个软件对于各种类型的数据库都适用，这种软件的兼容、复用性就很好。在此任务前，学生选课管理系统的系统数据库是 Access 数据库，其库表结构设计见任务 7。在本任务中，项目经理要求把系统数据库迁移到 SQL Server 数据库（库表结构不变），也就是说，此系统需要适用于两种数据库管理系统。

本任务需要读者理解 OOP 中的另外两个重要知识点：继承、多态，以及简单工厂设计模式。并在以上基础上，理解系统数据库迁移重构时的设计思路。

18.2 相关知识

18.2.1 OOP 再述

面向对象程序设计 OOP 的三大特征是：封装、继承和多态。在任务 5 的 OOP 概述中已经介绍过，因特别重要，在此复述如下。

（1）封装。封装是指按照模块内信息屏蔽的原则，把类的性质和行为封装在一起，构成一个独立的实体。封装使类内部高度耦合而类之间高度独立，一个类的修改不会对其他类造成很大的影响，提高了代码的可复用性和可维护性。面对一个问题，将其封装为类，是 OOP 的基本核心技能。

在 .NET 环境中，所有的系统功能，均由系统类来完成的，如 5 个核心的数据访问类等。

（2）继承。继承用于设计一系列具有共同基础性质和方法、上层又有所改动的类。继承表达了类之间的传承和革新的关系。在 C# 中，一个父类可以有多个子类，而一个子类只可以有一个父类，称为单继承。所以，C# 的类构成一颗倒置的树。解决一个任务，需要的不是一个个单独的无关的类，而是多个有关联的类。继承是 OOP 应用的重要基础。

在 .NET 环境中，系统类之间，很多都是有继承关系的，如 OleDbConnection 类就继承于 DbConnection 类，它包括了 DbConnection 类的基本功能，又扩充了自有的特定功能。

（3）多态：多态是指相同的名称，不同的实现。也就是同一个方法，在继承的层次中根据实际需要，可以有不同的实现代码。OOP 提供这样一种机制，可以在继承层次中，用最原始的父类指针，来调用子子孙孙类中的同名方法，能得到不同的结果。这使得 OOP 的设计和实现非常高效和简洁。多态是 OOP 的精髓，使得代码简洁同时高效。

如两个按钮，一个实现登录，另一个实现浏览，它们是同类对象且在同一继承层次中，但功能代码肯定是不同的，但在 .NET 环境中，也能得到正确调用。

在上面阶段的所有任务中，包括 Windows 窗体应用小软件、两层架构的系统、三层架构的系统，都是将功能封装为若干类来实现的，这些类可能是单独作用，也可能被分布在三层共同完成任务。所涉及的都属于三大特征中封装的范畴，“万物皆对象”是 OOP 中最基础和最重要的概念。

在 OOP 中，还需要理解更高级概念：继承、多态及其应用。下面用一个形象的例子说明继承和多态。例如，我们设计了图形类，用来表示如圆、矩形等平面图形，此类中设计了求周长和面积的方法；又设计了圆类，包括半径字段，和求周长、面积的方法；还设计了矩形类，包括长、宽字段，和求周长、面积的方法。那么，就可以把图形类设计为圆、矩形两个子类的父类，类之间存在继承关系。求周长和面积的方法在不同的子类中的设计是不同的，使用多态机制的话，用同一父类指针引用不同子类的同名方法（比如求周长），可以实现不同的功能。可以看出，继承是多态的基础，在此基础上应用多态，可以复用代码，可以用同样的指针引用同名的方法而实现不同的功能。所以，继承和多态简化了 OOP 的程序设计，提高了 OOP 程序的效率。

在 Visual Studio 等面向对象的开发框架中，继承和多态被广泛使用。在大型的商业软件开发中，也都需要开发人员自行设计与应用继承和多态。

18.2.2 继承

1. 继承

继承的本质是在类之间建立一种继承关系，使得派生类（又称子类）能继承已有的基类（又称父类）的成员，而且可以加入新的成员，或者是修改已有的成员。派生类中包含了基类的所有成员，加上它自己的成员，并且不能删除它所继承的任何成员。

在 C# 中，所有的类都派生自 Object 类。派生类只能从一个类中继承，也就是所谓的单继承。继承的层次没有限制，并且类之间的继承关系呈倒树形。

派生类的语法如下。

```
class 派生类名 : 基类
{ 派生类自身的成员 ;}
```

这就表示该子类（派生类）继承了父类（基类）。如果在子类中需要用到继承过来的父类的成员，可以用 base 关键字，即

```
base. 父类成员
```

例如，任务 5 中的 Person 类，设计学生类（Student）继承它，相关代码如下。

```
public class Person
{
    private string name;
    public string Name
    {
        get { return name; }
```

```
            set { name=value; }
        }
        private int age;
        public int Age
        {
            get { return age; }
            set
            {
                if(value>=1 && value<=200)
                age=value;
            }
        }
        public Person() { }
        public Person(string name, int age)
        {
            this.name=name;
            this.age=age;
        }
        public string Say()
        {
            return "my name is: "+name+"  my age is: "+age.ToString();
        }
    }
```

再定义 1 个学生类继承它，要求加入学号字段，并能说出自己的学号。

```
    public class Student:Person
    {
        private string stuId;
        public string StuId
        {
            get { return stuId; }
            set { stuId=value; }}
        public string Say()
        {
            return "my name is: "+name+"  my age is: "+age.
            ToString()+" my studentid is: "+stuId;
        }
    }
```

可以看到，在学生类中增加了学号字段，修改了父类的 Say( ) 方法。但是上面的代码，调试会出错，读者能理解为什么吗？

出错的原因是：name 和 age 字段都是 private 类型的，要在子类中应用，自然应该加上 base 关键字，所以，需要修改 Say( ) 方法如下。

```
    public string Say()
    {
        return "my name is: "+base.name+"  my age is: "+base.age.
        ToString()+" my studentid is: "+stuId;
    }
```

2. 子类的实例化

类的实例化是应用类的关键环节，类只是一个逻辑框架，必须实例化为对象才能进行使用。类的实例化过程在任务 5 中已经介绍，那么，继承层次中的子类如何实例化呢？

（1）原则：继承层次中每个子类在执行自己的构造方法前，先执行其基类的构造方法，然后依次往上。其余的 3 个步骤和一般类的构造相同。

（2）语法：可以用以下方式显式执行基类的构造方法。

```
public 子类名（基类和子类中字段的参数）:base（基类中字段名）
{
    子类字段初始化；
}
```

此时，子类在实例化时，根据实例化时的实参，先去找到相应的基类的构造方法执行，再执行本构造方法。这样，基类和子类中的所有字段，都将得到初始化。

在上面的学生类中，构造方法可以如下设计。

```
public Student(string name,int age,string stuId):base(name,age)
{
    this.stuId=stuId;
}
```

设有以下代码：

```
Student st1=new Student("mm",20, "200908101");
Label1.Text=st1.Say();
```

此时，子类实例化的过程如下。

（1）在栈中定义该类类型的一个引用（即指针）st1。

（2）在堆内存中创建该类型的对象，并执行字段的默认初始化。

（3）根据实例化时的实参，先去执行父类 Person 类的第 2 个构造方法，为前两个字段赋值。再执行 Student 的构造方法，对学号字段进行赋值；这样，子类的 3 个字段都得到了赋值。

（4）把引用 st1 指向刚创建的对象所在的堆内存。

这样，实例化过程就完成了。

18.2.3　多态的概念

多态在本质上是一种在类层次中较高层的抽象，当用父类指针指向子类的对象时，可以用父类指针调用子类的方法，从而体现其核心理念：统一调用，功能各异。

多态的实现途径有多种，为了方便理解，下面按抽象层次从低到高的顺序，依次介绍继承层次中各种类型的多态实现方法，主要有方法的隐藏、方法的覆盖、抽象类和接口等。

在此之前，有一个重要概念，即父子类之间的类型转换：子类对象可以转化为父类类型；反之就不行。此时，可以在子类对象前加强制类型转换：

```
父类类型 对象名 =（父类类型）子类对象名
```

也可以直接赋值：

```
父类类型 对象名 = 子类对象名
```

这两种方法的作用是同样的。

18.2.4　方法的隐藏

在上面的 Person 父类和 Student 子类中，有一个同名的方法 Say( )，那么，在子类实例化后，子类对象执行的是哪个类中的方法呢？

1. 默认隐藏

当子类中含有与基类中相同的成员时，称为对基类的默认隐藏。数据成员、方法成员、静态成员均可以隐藏，只需要在子类中声明一个新的、相同类型、相同名称的成员即可。注意，方法成员隐藏时，需在子类中声明新的带有相同签名（名称和参数列表）的方法成员。

2. 显式隐藏

当在子类的成员前使用 new 修饰符，编译器就知道是要显式地隐藏父类成员。如果没有使用 new 修饰符，即为默认隐藏，程序也能编译通过，但会提示一个警告信息。

只要是隐藏，在子类对象中就有一个被隐藏的父类成员，有一个更新后的自有成员，也就是说，同名的成员在子类中有两份。父类指针只能调用父类的方法，子类指针只能调用子类的方法。

例如，类 Student 中 Say( ) 方法就是默认隐藏了父类 Say( ) 方法，其成员如图 18.1 所示。

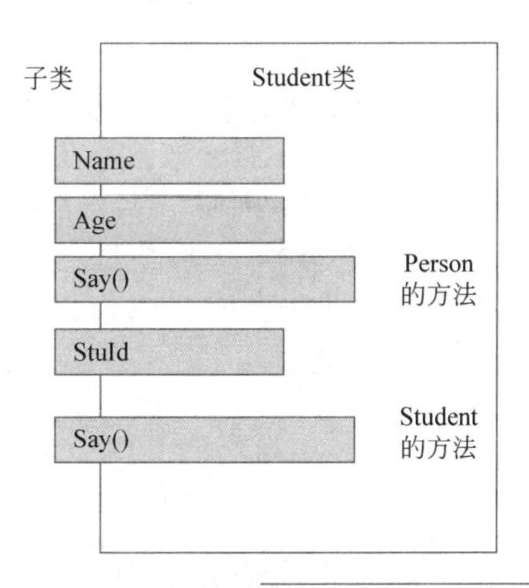

图 18.1
隐藏机制下子类成员示意图

以下代码中，st1 是子类的指针，st1.Say( ) 执行的是子类的方法，可以给出姓名、年龄和学号。p 是父类的指针，p.Say( ) 执行的是父类的方法，只给出姓名和年龄。

```
Student st1=new Student("mm",20, "200908101");
Label1.Text=st1.Say();
Person p=( Person)st1;
Label1.Text=p.Say();
```

3. 隐藏的特点

隐藏功能实现了子类对基类成员的有效继承和更新，因为相同功能最好用一样的方法名表示，而实现手段则应该与时俱进，隐藏就很好地解决了这个问题。但隐藏使得子类中包含 2 份成员，父类、子类的指针各自调用自己的方法，因此，隐藏在本质上并未实现多态。

18.2.5 方法的覆盖

在子类中包含 2 份方法显然是浪费的，可以让子类中只包含 1 份吗？如果用覆盖的形式，就可以实现子类只包含自己的方法了。此时，在父类需要被子类更新的方法前加上 virtual 关键字，称为虚方法；在子类更新的方法前加上 override 关键字，来实现覆盖，示例代码如下。

```
//Person 类修改如下
public class Person
{
    …
    virtual public string Say()
    {
        return "my name is: "+name+" my age is: "+age.ToString();
    }
}
//Student 类修改如下
public class Student:Person
{
    …
    override public string Say()
    {
        return "my name is: "+base.name+" my age is: "+base.age.
        ToString()+" my studentid is: "+stuId;
    }
}
```

此时，子类对象中，只含有 1 份修改后（即覆盖后）的方法，如图 18.2 所示。

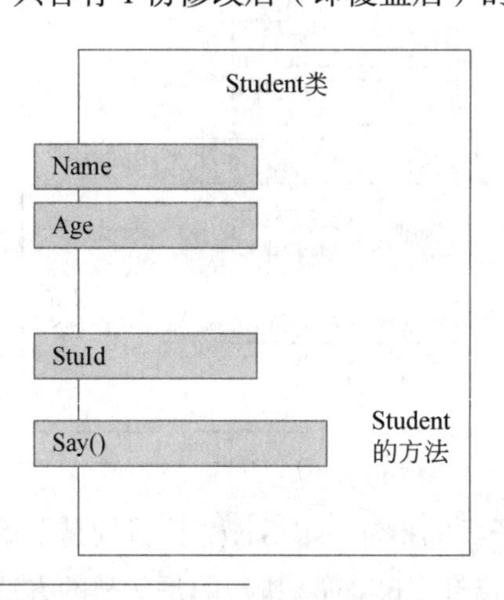

图 18.2
覆盖机制下子类成员示意图

（1）覆盖的要求。覆盖时，要求父子类方法的定义完全相同（即要求方法的签名、返回类型、访问控制均完全相同）；父类需要被子类更新的方法前加上 virtual 关键字，在子类更新的方法前加上 override 关键字，来实现覆盖。

（2）覆盖的实质。覆盖机制中，子类覆盖了基类的方法，子类实际上只拥有覆盖后的方法。

（3）覆盖的特点。在覆盖机制下，利用父类指针调用子类方法，调用到的是子类方法，这才是真正的多态机制。

在覆盖机制下，若 st1 是子类的引用，st1.Say( ) 执行的是子类的方法，给出姓名、年龄和学号。如果有父类指针 p，也将指向子类对象，代码如下。

```
Person p=st1;
Label1.Text=p.Say();
```

此代码执行的也是子类方法，给出姓名、年龄和学号，这就简化了子类，并实现了多态。

18.2.6 抽象类

前面已经利用虚方法和覆盖，实现了初级的多态。但覆盖还是有其缺陷，就是可能对个别方法的覆盖不规范。为什么在同一个类中，有些方法需要被覆盖，而有些不需要呢?

显然，需要更抽象、更高级的实现多态的方法，第一个重要手段就是抽象类。

图 18.3 用图形类继承层次中的求面积和周长的问题，解释抽象类的应用。

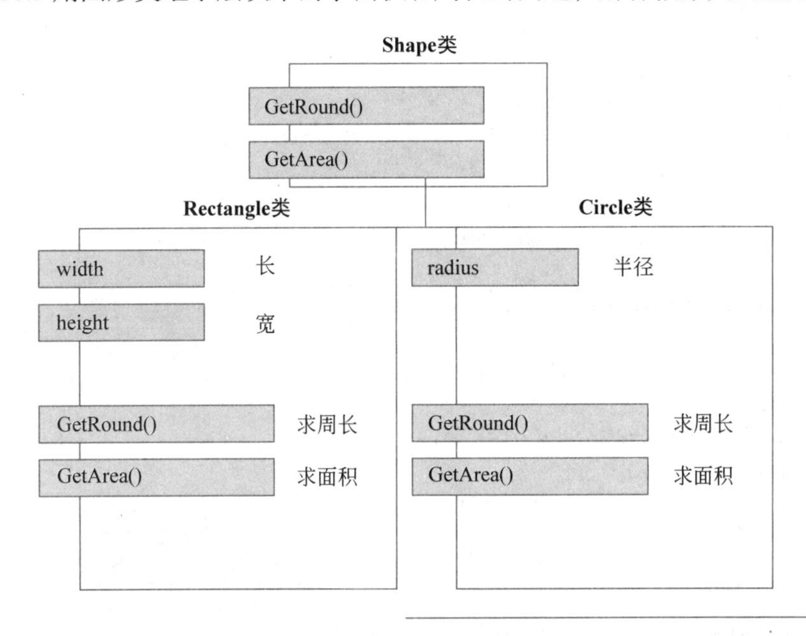

图 18.3
图形类继承层次示意图

显然，图形类 Shape 中求周长、面积的方法不需要具体实现，在下层的圆和矩形类中求周长、面积的方法，才需要具体设计。图形类只是提供子类可共享的公共定义，其主要的作用是用于继承和更新、实现多态。这种类就可以设计为抽象类。

1. 抽象方法

父类中用 abstract 修饰符修饰的方法称为抽象方法，这种方法只有定义声明，不能由方法体（即方法首部以分号结束），其后没有大括号 { }。抽象方法只允许定义在抽象类中。抽象方法在本质上是隐式的虚方法。

在子类中，要使用 override 修饰符覆盖抽象方法，此时称为实现抽象方法。其本质上仍是覆盖，但不再称覆盖，称为实现。此时，利用父类指针调用子类方法，调用到的是子类方法，是一种高级的多态。

2. 抽象类

包含抽象方法的类称为抽象类，抽象类一般作为基类供继承用。此时，在类名前需加上 abstract 关键字进行修饰。

但要注意以下两点。

（1）抽象类不能被实例化。

（2）假设子类从一个抽象类继承，如果子类没有实现父类的所有抽象方法，则子类还是一个抽象类。

这样，图形类就可以设计为抽象类，其中的两个方法设计为抽象方法，代码如下。

```
abstract public class Shape
{
    abstract public double GetRound();
    abstract public double GetArea();
}
```

矩形类和圆类继承此类，实现抽象类的所有抽象方法，代码如下。

```
public class Rectangle : Shape
{
    private double width;
    private double height;
    public Rectangle() { }
    public Rectangle(double width, double height)
    {
        this.width=width;
            this.height=height;
    }
    public override double GetRound()
    {
        return (width+height)*2;
    }
    public override double GetArea()
    {
        return width*height;
    }
}

public class Circle : Shape
{
    private double radius;
    public Circle()  {  }
    public Circle(double radius)
    {
        this.radius=radius;
    }
    public override double GetRound()
    {
        return radius*3.14*2;
    }
    public override double GetArea()
    {
        return radius*3.14*3.14;
    }
}
```

请读者参考如下代码，设计界面、部署控件并应用这些类。

```
//取输入控件的值
int r=Convert.ToInt32(textBox1.Text);
int width=Convert.ToInt32(textBox2.Text);
int length=Convert.ToInt32(textBox3.Text);
//实例化子类，放入父类的数组
Shape[] s=new Shape[2];
s[0]=new Rectangle(width, length);
s[1]=new Circle(r);
//foreach循环，循环中利用父类的数组，求每个子类实例的周长、面积
foreach (Shape item in s)
```

```
{
    textBox4.Text=item. GetArea().ToString();
    textBox5.Text=item.GetRound().ToString();
}
```

其中，item 是父类指针，由于抽象类的多态机制，item.GetArea( ) 方法与 item. GetRound( ) 方法调用的都是具体指向的子类对象的方法。在第 1 次循环时，item 是 s[0]，指向矩形类对象，所以调用的是矩形类的求面积和周长的方法，在文本框上显示矩形对象的周长面积。在第 2 次循环时，item 是 s[1]，指向圆类对象，所以调用的是圆类的求面积和周长的方法，在文本框上显示圆对象的周长面积。这就是典型的多态的应用：用同一父类指针引用不同子类的同名方法，实现不同的功能。

与虚方法相比，抽象类实现了更高层次的抽象，那些需要被子类更新的方法可以定义为抽象方法，自然，那些可以与子类共用不需改动的方法，可以定义为一般方法。

18.2.7 接口

有没有更抽象的机制来实现多态呢？那就是接口。

接口用来定义若干类之间都具备的，但实现方式不同的功能。接口只定义这些功能的概念，具体实现由子类完成，一般作为父类用于继承。

1. 接口的定义

接口不能有构造方法和数据成员，只能包含所需方法的首部，而且这些方法均默认为 public abstract，但不允许显式地出现 public 和 abstract。自然，接口也是不能实例化的。接口的关键字是 interface。子类实现接口时，相关的方法不用写 override 关键字。

如果定义图形类为接口的话，语法如下。

```
interface IShape   //接口的命名，一般在名前加大写字母 I
{
    double GetRound();
    double GetArea();
}
```

接口是一种更高级的抽象，可以看作更抽象的抽象类，其中不允许有非抽象的东西。接口用于规定一些公有的规范，由子类自己发挥。此时，利用父类指针调用子类方法，调用到的是子类方法，这是一种更高级的多态。

2. 接口的应用

（1）一个类可以实现多个接口（接口支持多继承），并且必须实现接口中的所有方法。

（2）多个类也可以实现相同的接口。

（3）接口自身可从一个或多个接口中继承。

（4）当一个类从一个基类继承，并且同时实现多个接口时，基类必须是继承列表中的第一项。

3. 接口与抽象类的比较

（1）相同点

① 都是一种类型，都用做继承关系中的父类，为子类提供一些规范，供子类继承和更新。

② 都不能实例化，它们的作用主要是供子类继承并实现。

（2）不同点

① 一个类可以实现多个接口，但只能从一个抽象类继承。

② 声明接口中的方法时不需要使用关键字和访问修饰符，而抽象类中声明抽象方法时必须使用 abstract 关键字。实现抽象类中的抽象方法需要显式使用 override 关键字，而实现接口中的方法则不需要。

③ 抽象类可以有数据成员和非抽象方法，而接口则只能有抽象方法，接口的抽象程度更高。

④ 一个类实现一个接口，必须实现该接口中所有成员方法。而一个类从一个抽象类继承时，不一定需要实现父类中的所有抽象方法，此时它仍是抽象类。

4. 接口应用示例

现用如下案例解释接口：设有主板一块，只有一个 PCI 插槽，但有网卡、声卡各一块。现需要写程序来描述这样的情形：当主板上插上网卡的时候显示“网卡正在工作……”，当主板上插上声卡的时候显示“声卡正在工作……”。

分析：此案例中主要对象为主板、声卡、网卡。它们的共同点是卡的接口统一，都插在 PCI 插槽中，都能工作；而不同点是卡的工作方式不同。

设计思路如下所述。

（1）设计接口 IPci，内含工作的方法。

（2）设计两种卡的类，实现接口。

（3）设计主板类，内含让各种卡工作的方法，此方法的参数应该是：继承层次中，上层的接口即父类，才能实现多态。

（4）在窗体上放一 Label 控件，用于显示正在工作的卡；在窗体的 Load 事件中实例化 2 个卡和主板，主板能启动每个卡工作并显示。

接口 IPci 及其应用的代码如下。

```
interface IPci
{
    void Work();
}
//网卡类，实现接口 IPci
class NetCard:IPci
{
    public void Work()
    {
        Label1.Text="netcard working , connecting internet…";
    }
}
//声卡类，实现接口 IPci
class SoundCard:IPci
{
```

```
        public void Work()
        {
            Label1.Text="soundcard working , wongwong…";
        }
    }
    // 主板类，内含启动各类卡工作的方法
    class MainBoard
    {
        ///<summary>
        /// 主板类的方法，启动卡
        ///</summary>
        ///<param name="p">p 是各种卡类的基类 </param>
        public void StartCard(IPci p)
        {
            p.Work();
        }
    }
    // 窗体 LOAD 事件代码
    MainBoard mb=new MainBoard();
    IPci[] p=new IPci[2];
    p[0]=new SoundCard();
    p[1]=new NetCard();
    foreach (IPci item in p)
    {
        mb.StartCard(item);
    }
```

其中，item 是基类指针，有 mb.StartCard (item) 方法，进行参数传递后就是 item 调用 Work ( ) 方法，由于接口的多态机制，调用的都是具体指向的子类对象的方法。在第 1 次循环时，item 是 p[0]，指向声卡类对象，所以调用的是声卡类的 Work ( ) 方法。在第 2 次循环时，item 是 p[1]，指向网卡类对象，所以调用的是网卡类的 Work ( ) 方法。这也是典型的多态的应用：用同一父类指针引用不同子类的同名方法，实现不同的功能。

在以上描述的从低到高的 4 种多态的形式中，隐藏一般不被应用。①覆盖：基类是普通类，可以有自己的方法，其虚方法可被子类覆盖，抽象程度低（virtual-override），覆盖完全可以用抽象类替代，所以一般也不用；②抽象类：基类是抽象类，可以同时有非抽象和抽象方法，抽象方法可以部分或全部被子类实现（abstract-override）；③接口：基类是接口，只能有抽象方法，子类必须实现其全部方法，抽象程度最高。当子类间差异不大，大部分功能的实现是一样的，少部分功能需自定义时，可以用抽象类；当子类间差异很大，大部分功能的实现都不同，可以将这些功能定义在接口中。

多态

按抽象层次从低到高，总结继承层次中各种类型的多态：方法的隐藏、方法的覆盖、抽象类和接口，见表 18.1。

表 18.1 多态的总结

多态形式	父类方法前缀	子类方法前缀	多态实现机制	抽象程度
方法隐藏	无	new（或无）	子类中有 2 份同名方法，子类引用子类方法，父类引用父类方法	未实现多态
方法覆盖	virtual	override	子类中有 1 份同名方法，父类可引用子类方法	多态抽象程度低

续表

多态形式	父类方法前缀	子类方法前缀	多态实现机制	抽象程度
抽象类	abstract 类名前也需加：abstract	override	子类中有 1 份同名方法，父类可引用子类方法	多态抽象程度高，不可实例化
接口	无（默认为 public abstract） 接口名前：interface	无	子类中有 1 份同名方法，父类可引用子类方法	多态抽象程度最高，只含有方法定义，不可实例化

18.2.8 简单工厂模式

面向对象的设计的目的之一，就是把责任进行划分，并分派给不同的类。这种划分责任的做法，是与封装和委托 (Delegation) 的精神相符合的。能否把对象的创建过程与对象的使用过程的责任也分割开，由专门的模块分管对象实例的创建，从而使系统在宏观上不再依赖于对象创建的细节呢？

简单工厂模式

简单工厂模式就是专门负责将大量有共同接口的类实例化，而且不必事先知道是要实例化哪一个类。其中，需要专门定义一个类来负责创建其他类的实例，被创建的实例通常都具有共同的父类，称为简单工厂模式。

简单工厂模式的实质是由一个工厂类，根据传入的参数，动态决定应该创建哪一个类（这些类继承自一个父类或接口）的实例。该模式中包含的角色及其职责如图 18.4 所示。

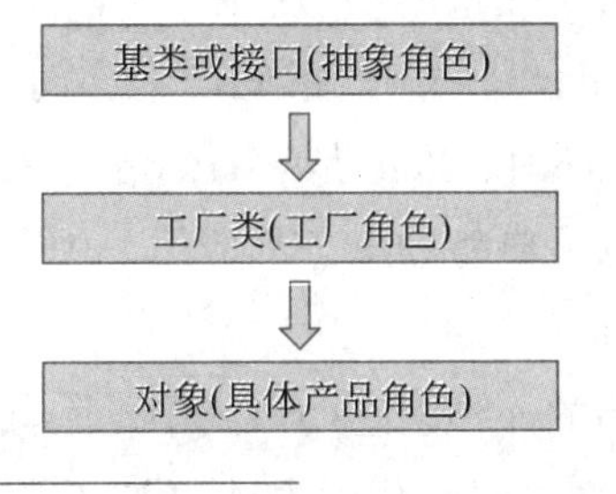

图 18.4
简单工厂模式层次示意图

（1）工厂（Creator）角色。简单工厂模式的核心，是它负责创建所有实例的内部逻辑。工厂类可以被外界直接调用，创建所需的产品对象。

（2）抽象（Product）角色。简单工厂模式所创建的所有对象的父类，它负责描述所有实例所共有的公共接口。

（3）具体产品（Concrete Product）角色。简单工厂模式所创建的所有目标对象都属于这个角色。

比如说，有一个描述后花园的系统。在你的后花园里有各种各样的花，但还没有水果。现在要往你的系统里引进一些新的类，来描述一系列的水果：葡萄、草莓、苹果等。那么，很自然的做法就是建立一个各种水果都适用的接口，这样一来这些水果类作为相似的数据类型就可以和系统的其余部分（如各种花）有所不同，易于区分。这就是在简单工厂模式中实现同一接口的类的父类，也称为此系统的抽象角色。接口的结构如图 18.5 所示。

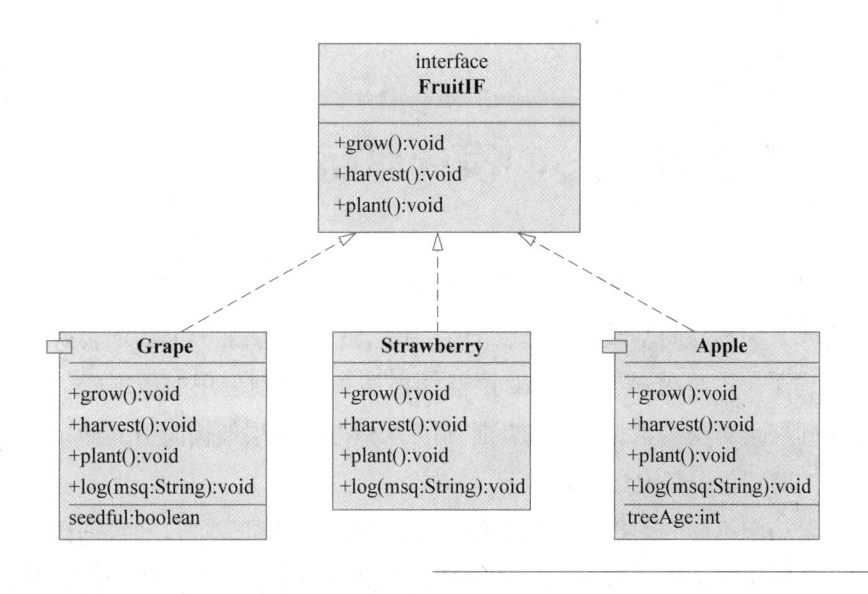

图 18.5
简单工厂模式中的抽象角色

如何根据传入的参数，决定创建哪个类的实例，就需要设计一个工厂类来实现。例如，你作为后花园的主人兼园丁，也是系统的一部分，要由一个合适的类来代表，这个类就是 FruitGardener 类，即此系统的工厂类，类的结构如图 18.6 所示。

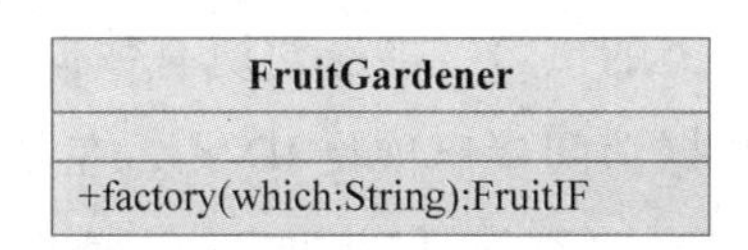

图 18.6
简单工厂模式中的工厂角色

FruitGardener 类会根据要求，创建出不同的水果类，比如苹果、葡萄或草莓类的实例。此类的代码如下，其中的方法根据输入的参数，决定生成哪个类的实例。

```
public class FruitGardener
{
    public FruitFactory(String which)
    {
        if (which=="apple")
        {
            return new Apple();
        }
            else if (which=="strawberry")
        {
            return new Strawberry();
        }
            else if (which=="grape")
        {
            return new Grape();
        }
    }
}
```

生成的水果类对象，比如苹果、葡萄或草莓类的实例，就是简单工厂模式系统中的产品角色。

18.3 数据库迁移的设计思路

为了使学生选课管理系统能够适用于两种数据库系统，需要应用简单工厂模式，在前一阶段三层架构的基础上，修改 DAL 层，使 DAL 层能够灵活地转换于不同的数据库管理系统。也就是要求 DAL 层能够根据系统目前应用的数据库，产生不同的数据访问层类对象。根据简单工厂原理，从标准的三层架构向引入简单工厂模式的三层架构的转化，其设计思路如下。

（1）要访问不同的数据库管理系统，就需要设计针对其进行“数据访问”的数据访问层。在本任务中，考虑到系统要访问 SQL Server，因此需要设计对其进行数据访问的数据访问层 SQLServerDAL（即在解决方案中再添一个新项目），就像前面所设计的访问 Access 的数据访问层 DAL 一样。此时将原来的“DAL 项目”改名为 AccessDAL，以便与 SQLServerDAL 相对应。

这两个项目即为简单工厂模式中的具体产品角色。

（2）设计数据访问层各类的接口，能够对所有数据访问层类的特征进行抽象。在原解决方案中添加一个数据访问接口项目 IDAL，在其中包含对两个数据访问层项目的所有数据访问类的抽象。所以，目前的 AccessDAL 和 SQLServerDAL，就是分别实现该接口的子类。

此项目为简单工厂模式中的抽象角色。

（3）设计一个工厂类，根据输入的参数，决定生成哪个具体的数据访问类对象。在原解决方案中添加新项目名为 DALFactory，包含此类。

此项目为简单工厂模式中的工厂角色。

（4）最后需要考虑的是，此时如何在 BLL 层中调用 DAL 层。因为业务逻辑的功能是调用数据访问层实现的，与具体数据库没有关系，因此，前面设计的三层架构中的 BLL 层并不需要太大的改动。只需在 BLL 层中，调用工厂类对象，根据目前使用的数据库，产生具体的数据访问类对象，然后，就可以调用其实现业务逻辑。

添加了以上项目，目前，解决方案中的项目共有 8 个，如图 18.7 所示。

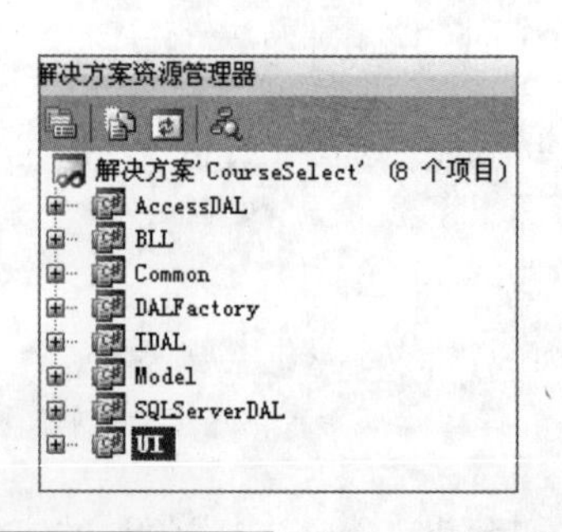

图 18.7
引入简单工厂模式后的解决方案

此时，系统的架构如图 18.8 所示。

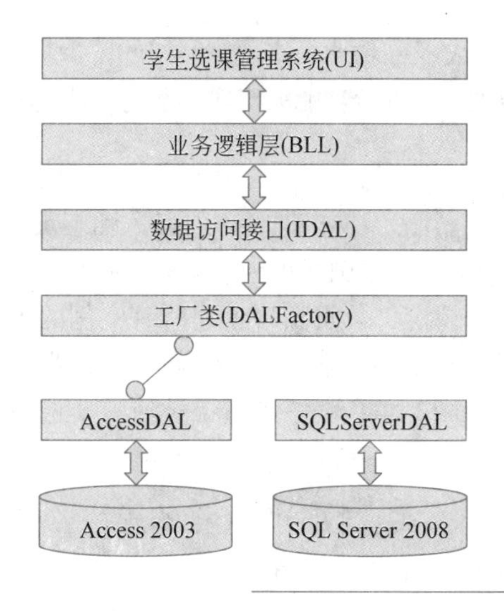

图 18.8
引入简单工厂模式的系统架构图

任务小结

本任务介绍了应用简单工厂模式实现项目数据库迁移所需的知识，以及迁移的思路，读者今后遇到软件系统进行数据库迁移的功能需求，均可以此类推。

1. 继承

继承是在类之间建立一种继承关系，使派生类能继承已有的基类成员，而且可以加入新的成员，或者是修改已有的成员。在 C# 中派生类只能从一个类中继承，继承的层次没有限制。因此，类之间的继承关系呈倒树形，最顶端的是 Object 类。在继承的应用中，需注意 base 关键字的使用，它既可以用来引用基类成员，也可以用在派生类的实例化过程中，用于调用基类的构造方法。派生类的实例化要注意：继承层次中每个子类在执行自己的构造方法前，先执行其基类的构造方法，依次往上，其余的三个步骤同一般类的构造。理解派生类的实例化，可以帮助开发者更好地理解类的实例化。

2. 多态

在继承的层次中，多态用于实现：用统一的父类指针指向子类的对象，可以调用子类的同名但实现功能不同的方法，体现统一调用、功能各异的优势。从低到高的 4 种多态的形式如下。

（1）方法的隐藏（new）：子类中既有父类的被隐藏的成员，又有自己的成员。父类指针即使指向子类对象只能调用父类成员，故未实现多态。

（2）虚方法的覆盖（virtual-override）：基类是普通类，可以有自己的方法，其虚方法可被子类方法覆盖，子类中只有覆盖的方法，用父类指针指向子类对象调用的是子类成员。其多态的抽象程度低。

（3）抽象类（abstract-override）：基类是抽象类，可以同时有非抽象和抽象方法，抽象方法可以部分或全部被子类实现。子类中只有已实现的方法，用父类指针指向子类对象调用的是子类成员。其多态的抽象程度较高。

（4）接口（interface）：基类是接口，只能有抽象方法，子类必须实现其全部方法，用父类指针指向子类对象调用的是子类成员。其抽象程度最高。

当子类间差异不大，大部分功能的实现是一样的，少部分功能需自定义时，应用抽象类；当子类间差异很大，大部分功能的实现都不同时，应将这些功能定义在接口中。

3. 简单工厂模式

简单工厂模式中，由一个工厂类根据传入的参数动态决定应该创建哪一个类（这些类继承自一个父类或接口）的实例。该模式中必须包含以下角色：①工厂（Creator）角色——根据抽象角色的规定，负责实现创建所有实例的内部逻辑（即根据传入的参数，动态决定创建哪一个类的实例），工厂类可以被外界直接调用，创建所需的产品对象；②抽象（Product）角色——负责描述所有实例所共有的公共接口；③具体产品（Concrete Product）角色——所有被创建的对象都属于这个角色。

4. 应用简单工厂模式实现数据库迁移的思路

新建 SQL Server 数据库访问类，提取数据访问类的接口，设计特定的工厂类，将学生选课管理系统重构为能适用于两种数据库管理系统的软件。

自测题

1. 设计相关类，完成功能：公司员工能到财务部去查询自己的月薪是多少，要求设计如下类。

（1）1 个财务部门类，该类中提供某类员工月薪查询的方法。

（2）1 个员工类，包含员工的类别和名字字段以及打印员工月薪的方法（基类，抽象类）。

（3）3 个不同员工类（子类），按月薪计算方式分类：①固定月薪工——固定底薪；②提成工——底薪 + 提成（业绩 × 提成率）；③小时工——小时单价 × 小时。

在窗体恰当控件的恰当事件中，实例化一个员工，由财务部门类对象显示该员工的月薪。

2. 设有如图 18.9 所示的类，包括各类食品和营养学家（研究食物营养价值，且只研究能吃的东西）。设计接口实现食品的抽象，并设计子类实现接口。最后在窗体实例化某食品，并显示其营养价值。

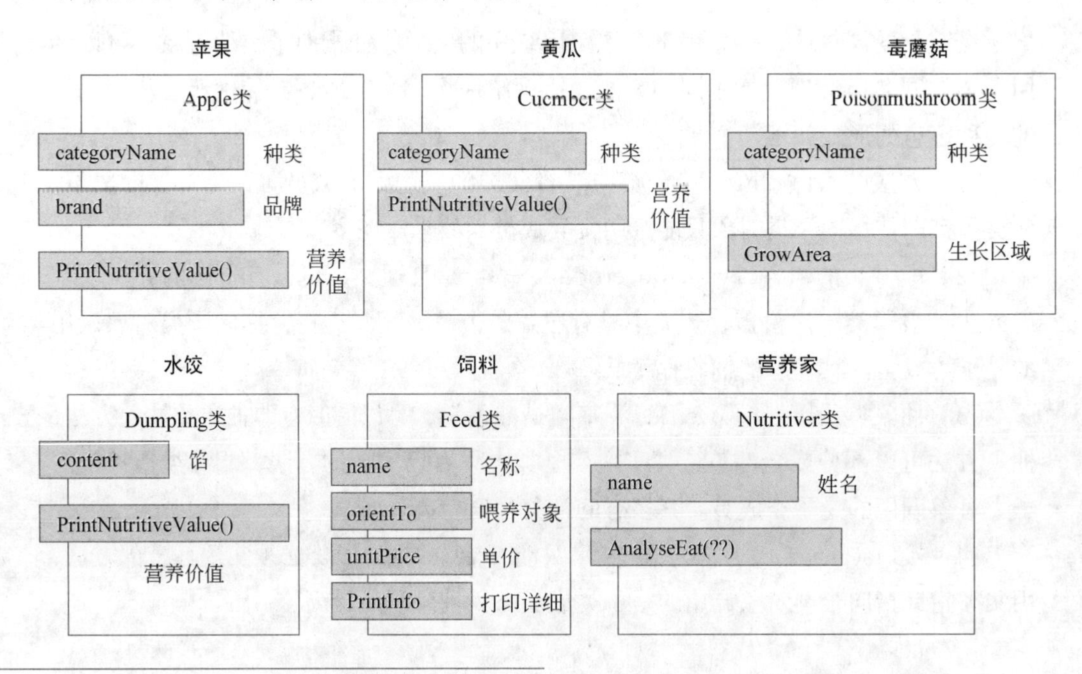

图 18.9
各类食品类图

3. 设计作业项目：图书管理系统的系统数据库也需要进行迁移，利用简单工厂模式，完成此系统数据库迁移的实现思路。

学习心得记录

任务 19

迁移的实现

19.1 情境描述

任务 18 给出了系统数据库迁移的需求分析，学习了继承和多态的相关知识，以及简单工厂模式，最后提出了从标准的三层架构向基于简单工厂模式的三层架构转化的设计思路。在此，学生选课管理系统需要最后一次重构。

本任务实现最终版的系统，重点放在转化思路中的各关键环节的实现。

19.2 实施与分析

19.2.1 设计数据访问类公共接口 IDAL

接口用来定义若干类之间都具备的，但实现方式不同的功能。因此，IDAL 层的接口类用来抽象出 AccessDAL 和 SQLServerDAL 中都具备的方法。选择类视图，在图 19.1 中可以看到，在 DAL 层中，对应数据库中的每个表都有一个数据访问类，实现判断、添加、删除、浏览、查询、获取单个对象等基本数据库功能。据此，在 IDAL 中，对应于 DAL 层中的每个类，应设计一个接口，包含对其中所有方法的定义。

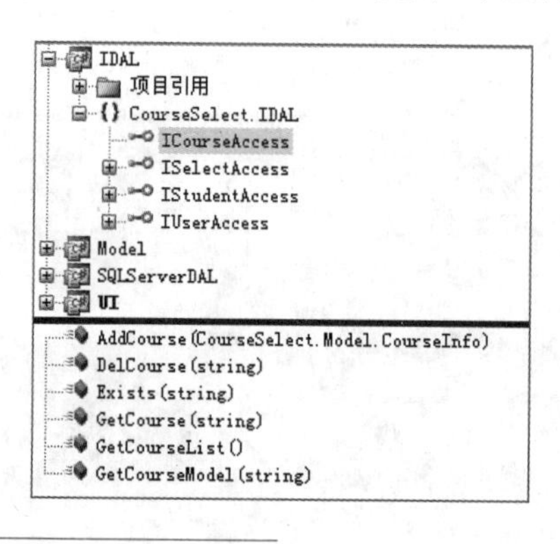

图 19.1
IDAL 的设计依据

例如，针对 CourseAccess 类（内含 6 个方法）的接口 ICourseAccess，应该设计如下代码。

```
namespace CourseSelect.IDAL{...
    public interface ICourseAccess
    {
        ///<summary> 判断某课程记录是否存在    </summary> ///
        bool Exists(string courseID);

        ///<summary> 根据课程编号，获取该编号对应的实体对象  </summary> ///
        Course GetCourseModel(string courseID);
```

```
        ///<summary> 增加一条课程信息  </summary>///
        int AddCourse(Course model);

        ///<summary> 删除一条课程信息  </summary>///
        int DelCourse(string courseID);

        ///<summary>  获取所有课程列表  </summary>///
        List<Course> GetCourseList();

        ///<summary>  根据课程号查询某课程  </summary>///
        List<Course> GetCourse(string courseId);
    }...
```

此接口中，包含了6个方法的定义，对课程访问进行了抽象。对其余3个数据访问类（针对学生表、选课表、用户表的数据访问类）的抽象与此同，所以，在IDAL项目中，共包含4个接口，如图19.1所示。

可见接口有以下特点。

（1）接口可以将不同的类规范成统一的标准。

（2）接口的应用是多态最广泛的一种应用。

针对StudentAccess类（内含7个方法）的接口IStudentAccess，设计如下代码。

```
namespace CourseSelect.IDAL{...
public interface IStudentAccess
{
    ///<summary> 判断某学生记录是否存在 </summary> ///
    bool Exists(string studentID);

    ///<summary> 根据学号，获取该编号对应的实体对象 </summary>///
    Student GetStudentModel(string studentID);

    ///<summary> 增加一条学生信息      </summary> ///
    int AddStudent(Student model);

    ///<summary>  删除一条学生信息            </summary>///
    int DelStudent(string studentID);

    ///<summary>  获取所有学生列表            </summary>///
    List<Student> GetStudentList();

    ///<summary> 根据学号查询某学生      </summary> ///
    List<Student> GetStudent();

    ///<summary>  学生登录            </summary>///
    bool StuLogin(string studentID, string studentPassword);
}...
```

针对UserAccess类（内含1个方法）的接口IUserAccess，设计如下代码。

```
namespace CourseSelect.IDAL{...
public interface IUserAccess
{
    ///<summary>  管理员登录  </summary>///
    bool AdmLogin(string userID, string userPassword);
}...
```

针对SelectAccess类（内含8个方法）的接口ISelectAccess，设计如下代码。

```
namespace CourseSelect.IDAL{...
```

```
public interface ISelectAccess
{
    ///<summary> 获得所有选课列表 </summary>///
    public List<CourseSelect> GetSelectList();

    ///<summary> 获得某课程已选学生列表 </summary>///
    public List<CourseSelect> CourseSelectList(string courseId);

    ///<summary> 判断某门课程是否已被某学生所选 </summary> ///
    bool HasSelected(string courseID, string studentID);

    ///<summary> 获取某课程的选课人数 </summary>///
    int CourseTotalStudents(string courseID);

    ///<summary> 获取某位学生所选课程总学分 </summary>///
    int StudentTotalCredit(string studentID);

    ///<summary> 获取某个学生的已选课列表 </summary>///
    List<CourseSelect> SelectedCourseList(string studentID);

    ///<summary> 添加新选课 </summary>///
    int AddSelect(CourseSelect model);

    ///<summary> 删除已选课程 </summary> ///
    int DeleteSelect(string courseID, string studentID);
  }
}...
```

19.2.2 重构原 Access 数据访问类 AccessDAL

原来的 AccessDAL 包含针对各数据表的数据访问类文件，实现基础的 Access 数据库操作。抽取了 IDAL 后，就变成了实现接口的子类，实现该接口的所有方法，这些方法针对 Access 数据库进行数据访问。

此时，只须在源代码中，在每个数据访问类的后面添加对接口的实现即可实现功能。

```
namespace CourseSelect.AccessDAL
{
///<summary> 课程表的数据访问类：实现 ICourseAccess 接口 </summary>///
    public class CourseAccess : IcourseAccess...
///<summary> 选课表的数据访问类：实现 ISelectAccess 接口 </summary> ///
     public class SelectAccess:IselectAccess...
///<summary> 学生表的数据访问类：实现 ICourseAccess 接口 </summary>///
    public class StudentAccess:IstudentAccess...
///<summary> 管理员用户表的数据访问层：实现 ICourseAccess 接口 </summary>
    public class UserAccess:IuserAccess...
}
```

其中的方法均不必改动，因为这些方法原本就实现了接口中的所有方法。

19.2.3 设计新的 SQL Server 数据访问类 SQLServerDAL

同上，SQLServerDAL 与 AccessDAL 实现相同的接口，也须实现该接口的所有方法，这些方法针对 SQLServer 数据库进行数据访问。SQLServerDAL 数据访问层的设计和 AccessDAL 数据访问层的设计大同小异，只是应用不同的 ADO.NET 对象，以及稍有差异的 SQL 语句而已。

SQLServerDAL 项目中也包含 4 个类，同理，这些类都须实现上述的接口类。

1. 针对管理员用户表的数据访问类代码

```
namespace CourseSelect.SQLServerDAL{...
    public class UserAccess:IUserAccess
    {
        ///<summary>  管理员登录           </summary>///
        ///<param name="userID">管理员账号</param>
        ///<param name="userPassword">登录密码</param>
        ///<returns>登录成功返回 true，否则返回 false</returns>
        public bool AdmLogin(string userID, string userPassword)
        {
            string strSql=String.Format("select*from adminUser
            where UserID='{0}' and UserPassword='{1}'", userID,
            userPassword);
            using (SqlDataReader dr=SQLServerDBHelper.GetReader(strSql))
            {
                if (dr.HasRows)
                    return true;
                else
                    return false;
            }
        }
    }
```

2. 针对课程表的数据访问类代码

```
namespace CourseSelect.SQLServerDAL{...
public class CourseAccess:ICourseAccess
{
    ///<summary>
    ///判断某编号的课程在数据库中是否存在
    ///</summary>
    ///<param name="courseID">课程编号</param>
    ///<returns></returns>
    public bool Exists(string courseID)
    {
        string strSql=String.Format("select*from Course where
        CourseID='{0}'", courseID);
        using (SqlDataReader dr=SQLServerDBHelper.GetReader(strSql))
        {
            if (dr.HasRows)
                return true;
            else
                return false;
        }
    }
    ///<summary>
    ///根据课程编号获取课程对象
    ///</summary>
    ///<param name="courseID">课程编号</param>
    public Course GetCourseModel(string courseID)
    {
        string strSql=String.Format("select*from Course where
        CourseID='{0}'", courseID);
        using (SqlDataReader dr=SQLServerDBHelper.GetReader(strSql))
        {
            if (dr.Read())
            {
                CourseInfo course=new CourseInfo();
```

```
                course.CourseID=dr["CourseID"].ToString();
                course.CourseName=dr["CourseName"].ToString();
                course.CourseCredit=Convert.ToInt32
                (dr["CourseCredit"]);
                return course;
            }
            else
                return null;
        }
    }
    ///<summary>
    ///取课程列表
    ///</summary>
    ///<returns>返回所有课程的泛型集合</returns>
    public List<Course> GetCourseList()
    {
        string strSql="select*from Course";
        List<CourseInfo> list=new List<CourseInfo>();
        using (SqlDataReader dr=SQLServerDBHelper.
        GetReader(strSql))
        {
            while (dr.Read())
            {
                CourseInfo course=new CourseInfo();
                course.CourseID=dr["CourseID"].ToString();
                course.CourseName=dr["CourseName"].ToString();
                course.CourseCredit=Convert.ToInt32
                (dr["CourseCredit"]);
                list.Add(course); }
        }
        return list;
    }
    ///<summary>
    ///添加新的课程
    ///</summary>
    ///<param name="c">需要添加到数据库的课程对象</param>
    ///<returns>受影响的行数</returns>
    public int AddCourse(Course model)
    {
        string strSql=String.Format("insert into Course
        values('{0}','{1}',{2})", model.CourseID, model.
        CourseName, model.CourseCredit);
        return SQLServerDBHelper.ExecNonQuery(strSql);
    }
    ///<summary>
    ///删除课程
    ///</summary>
    ///<param name="courseID">需要删除的课程的课程编号</param>
    ///<returns>受影响的行数</returns>
    public int DelCourse(string courseID)
    {
        string strSql=String.Format("delete from Course where
        CourseID='{0}'", courseID);
        return SQLServerDBHelper.ExecNonQuery(strSql);
    }
}
///<summary>
///根据课程号查询某课程列表
///</summary>
///<returns>返回查询到的课程的泛型集合</returns>
```

```
    List<Course> GetCourse(string courseId);
    {
        string strSql=String.Format("select*from Course where
        courseid='{0},courseId");
        List<CourseInfo> list=new List<CourseInfo>();
        using (SqlDataReader dr=SQLServerDBHelper.
        GetReader(strSql))
        {
            if (dr.Read())
            {
                CourseInfo course=new CourseInfo();
                course.CourseID=dr["CourseID"].ToString();
                course.CourseName=dr["CourseName"].ToString();
                course.CourseCredit=Convert.ToInt32
                (dr["CourseCredit"]);
                list.Add(course);        }
        }
        return list;
    }
```

3. 针对学生表的数据访问类代码

```
namespace CourseSelect.SQLServerDAL{…
public class StudentAccess:IStudentAccess
{
    ///<summary>
    ///判断某编号的学生在数据库中是否存在
    ///</summary>
    ///<param name="studentID">学生编号</param>
    ///<returns></returns>
    public bool Exists(string studentID)
    {
        string strSql=String.Format("select*from Student where
        studentID='{0}'", studentID);
        using (SqlDataReader dr=SQLServerDBHelper.GetReader(strSql))
        {
            if (dr.HasRows)
                return true;
            else
                return false;
        }
    }
    ///<summary>
    ///根据学号获取学生对象
    ///</summary>
    ///<param name="studentID">学号</param>
    public Student GetStudentModel(string studentID)
    {
        string strSql=String.Format("select*from Student where
        studentID='{0}'", studentID);
        using (SqlDataReader dr=SQLServerDBHelper.GetReader(strSql))
        {
            if (dr.Read())
            {
                StudentInfo student=new StudentInfo();
                student. StudentID=dr["studentID"].ToString();
                student. StudentName=dr["studentName"].ToString();
                student. StudentPassword=Convert.ToInt32(dr["stud
                entepassword"]);
```

```
                return student;
            }
            else
                return null;
        }
    }
    ///<summary>
    ///取学生列表
    ///</summary>
    ///<returns>返回所有学生的泛型集合</returns>
    public List<Student> GetStudentList()
    {
        string strSql="select*from Student";
        List<StudentInfo> list=new List<StudentInfo>();
        using (SqlDataReader dr=SQLServerDBHelper.GetReader(strSql))
        {
            while (dr.Read())
            {
                StudentInfo student=new StudentInfo();
                student.StudentID=dr["studentID"].ToString();
                student.StudentName=dr["studentName"].ToString();
                student.StudentPassword=Convert.ToInt32
                (dr["studentepassword"]);
                list.Add(student);       }
        }
        return list;
    }
    ///<summary>
    ///添加新的学生
    ///</summary>
    ///<param name="c">需要添加到数据库的学生对象</param>
    ///<returns>受影响的行数</returns>
    public int AddStudent (Student model)
    {
        string strSql=String.Format("insert into Student
        values('{0}','{1}',{2})", model.StudentId, model.
        StudentName, model. StudentPassword);
        return SQLServerDBHelper.ExecNonQuery(strSql);
    }
    ///<summary>
    ///删除学生
    ///</summary>
    ///<param name=" studentID">需要删除的学生的学号</param>
    ///<returns>受影响的行数</returns>
    public int DelStudent(string studentID)
    {
        string strSql=String.Format("delete from Student where
        studentID='{0}'", studentID);
        return SQLServerDBHelper.ExecNonQuery(strSql);
    }
    ///<summary>
    ///根据学号查询某学生列表
    ///</summary>
    ///<returns>返回查询到的学生的泛型集合</returns>
    List<Student> GetStudent(string studentId);
    {
        string strSql=String.Format("select*from Student where
        studentid='{0}, studentId");
        List<StudentInfo> list=new List<StuderntInfo>();
```

```
            using (SqlDataReader dr=SQLServerDBHelper.
            GetReader(strSql))
            {
                if (dr.Read())
                {
                    StudentInfo student=new StudentInfo();
                    student. StudentID=dr["studentID"].ToString();
                    student. StudentName=dr["studentName"].ToString();
                    student. StudentPassword=Convert.ToInt32(dr
                    ["studentepassword"]);
                    list.Add(student);
                }
            }
            return list;
        }
        ///<summary>        ///学生登录          ///</summary>
        ///<param name="studentID">学号</param>
        ///<param name="studentPassword">密码</param>
        ///<returns>登录成功返回true,否则反回false</returns>
        public bool StuLogin(string studentID, string studentPassword)
        {
            string strSql=String.Format("select*from Student
            where StudentID='{0}' and StudentPassword='{1}'",
            studentID, studentPassword);
            using (SqlDataReader dr=SQLServerDBHelper.
            GetReader(strSql))
            {
                if (dr.HasRows)
                        return true;
                else
                        return false;
            }
        }
    }
}
```

4. 针对选课表的数据访问类代码

```
namespace CourseSelect.SQLServerDAL
{
    public class SelectAccess:ISelectAccess
    {
        ///<summary>
        ///判断某门课程是否已被某位学生所选
        ///</summary>
        ///<param name="studentID">学号</param>
        ///<param name="courseID">课程编号</param>
        ///<returns>如果被选返回True,否则返回False</returns>
        public bool HadSelected(string courseID, string studentID)
        {
            string strSql=String.Format("select*from CourseSelect
            where CourseID='{0}' and StudentID='{1}'", courseID,
            studentID);
            using (SqlDataReader dr=SQLServerDBHelper.GetReader
            (strSql))
            {
                if (dr.HasRows)
                        return true;
                else
                        return false;
```

```
    }
}
///<summary>
///获取某课程的选课人数
///</summary>
///<param name="courseID">课程编号</param>
///<returns>选课人数/returns>
public int CourseTotalStudents(string courseID)
{
    string strSql=String.Format("select count(*) from
    CourseSelect where CourseID='{0}'", courseID);
    int result=SQLServerDBHelper.GetScalar(strSql);
    return result;
}
///<summary>
///获取某位学生所选课程总学分
///</summary>
///<param name="studentID">学号</param>
///<returns>该学生所选课程总学分</returns>
public int StudentTotalCredit(string studentID)
{
    string strSql=String.Format("select sum(Course.
    CourseCredit) from CourseSelect inner join Course
    on Course.CourseID=CourseSelect.CourseID where
    CourseSelect.StudentID='{0}'", studentID);
    int result=SQLServerDBHelper.GetScalar(strSql);
    return result;
}
///<summary>
///获取学生的选课列表
///</summary>
///<param name="studentID">选课学生学号</param>
public List<CourseSelect> SelectedCourseList (string studentID)
{
    string strSql=string.Format("select course.courseid
    as id,course.coursename as name,course.coursecredit
    as credit  from course inner join courseselect
    on course.courseid=courseselect.courseid where
    courseselect.studentid='{0}'", studentId);
    List<Course> list=new List<Course>();
    using (SqlDataReader dr=SQLServerDBHelper.GetReader(strSql))
    {
        while(dr.Read())
        {
              Course course=new Course();
              course.CourseId=dr["id"].ToString();
              course.CourseName=dr["name"].ToString();
              course.CourseCredit=Convert.
              ToInt32(dr["credit"].ToString());
              list.Add(course);
        }
    }
    return list;
}
///<summary>
///添加一个新选课
///</summary>
///<param name="model">需要添加的选课对象</param>
///<returns>受影响的行数</returns>
public int AddSelect(CourseSelect model)
{
    string strSql=String.Format("insert into
    CourseSelect(StudentID,CourseID,SelectDate)
    values('{0}','{1}','{2}') ", model.StudentID, model.
    CourseID, model.SelectDate);
```

```
return SQLServerDBHelper.ExecNonQuery(strSql);        }
///<summary>            ///删除已选课程///</summary>
///<param name="courseid">课程编号</param>
///<param name="studentid">学号</param>
///<returns>受影响的行数</returns>
public int DelSelectedCourse(string courseID, string
studentID)
{
    string strSql=String.Format("delete from
    CourseSelect where CourseID='{0}' and
    StudentID='{1}'", courseID, studentID);
    return SQLServerDBHelper.ExecNonQuery(strSql); }
///<summary>
///获取所有选课列表
///</summary>
///<param name=""></param>
///<returns></returns>
private static List<CourseSelect> GetSelectList()
{
    List<CourseSelect> list=new List<CourseSelect>();
    string strSql="select*from courseselect";
    using (SqlDataReader dr=SQLServerDBHelper.
    GetReader(strSql))
    {
          while (dr.Read())  {
          CourseSelect courseSelect=new CourseSelect();
          courseSelect.StudentID=dr["StudentID"].
          ToString();
          courseSelect.CourseID=dr["CourseID"].
          ToString();
          courseSelect.SelectDate=Convert.ToDateTime
          (dr["SelectDate"]);
          list.Add(courseSelect);        }
    }
    return list;
}
///<summary>
///获取指定课程选课列表
///</summary>
///<param name="courseId"></param>
///<returns></returns>
private static List<CourseSelect>
CourseSelectList(string courseId)
{
    List<CourseSelect> list=new List<CourseSelect>();
    string strSql=String.Format("select*from
    courseselect where courseid='{0}'",courseId);
    using (SqlDataReader dr=SQLServerDBHelper.
    GetReader (strSql))
    {
          while (dr.Read())  {
                CourseSelect courseSelect=new
                CourseSelect();
                courseSelect.StudentID=dr["StudentID"].
                ToString();
                courseSelect.CourseID=dr["CourseID"].
                ToString();
                courseSelect.SelectDate=Convert.
                ToDateTime (dr["SelectDate"]);
                list.Add(courseSelect);  }
    }
    return list;
}
        }
}
```

19.2.4 设计工厂类 DALFactory

在原解决方案中添加新项目 DALFactory，包含此工厂类。在本系统中，工厂类要根据输入的参数，决定到底生成哪个数据访问类对象。此时，有一个问题：目前用的到底是哪种数据库，这个参数从何而来？可以将这个信息放在配置文件里，这样，工厂类从配置文件里读取信息，就可以得到参数了。

配置文件中添加一个节点，注意，目前 value="access"，如果当前数据库是 SQL Server，则应改为 value="sqlserver"，具体代码如下。

```
<appSettings>
<!-- 当前使用的数据库系统：Access/SQLServer/Oracle/MySQL/DB2 等等 -->
<add key="CurrentDBSystem" value="access" />
</appSettings>
```

DALFactory 类中，生成学生表的数据访问类的代码，示例如下。

```
namespace CourseSelect.DALFactory
{
    public classDALFactory
    {
        ///<summary>
        /// 数据访问层工厂类
        ///</summary>
        // 从配置文件 App.config 读取相关节点
        private static readonly string currentDBSystem=Configur
        ationManager.AppSettings["CurrentDBSystem"].ToString().
        ToLower();
        ///<summary>
        /// 根据配置文件中当前使用的数据库系统，创建相应的数据访问类的实例
        ///</summary>
        public static IStudentAccess CreateStudentAccess()
        {
            IStudentAccess studentAccess=null;
            switch (currentDBSystem)
            {
                case "access":
                        studentAccess=new CourseSelect.AccessDAL.
                        StudentAccess();
                        break;
                case "sqlserver":
                        studentAccess=new CourseSelect.SQLServerDAL.
                        StudentAccess();
                        break;
            }
            return studentAccess;
        }
    }
}
```

在本工厂类设计了一个 public static IStudentAccess CreateStudentAccess( ) 方法。该方法根据配置文件中节点的值，创建与 IStudentAccess 接口相对应的数据访问类对象。

由于两种数据库系统的 StudentAccess 类都实现了 IStudentAccess 接口，都是此接口的子类，所以新创建的数据访问类对象都可以以其父类 IStudentAccess 接口类型出现。因此方法的返回类型为 IStudentAccess 的接口类型。这是多态的具体应用，

返回的是子类对象，但是用父类指针指向它。

总之，工厂类（DALFactory）的作用是根据配置文件中的值，创建相应的数据库系统数据访问类对象。

在本工厂类中，还需要实现另外3个表的数据访问类，代码如下。

```
namespace CourseSelect.DALFactory{
public classDALFactory{…
public static ICourseAccess CreateCourseAccess()
{
    ICourseAccess courseAccess=null;
    switch (currentDBSystem)
    {
        case "access":
            courseAccess=new CourseSelect.AccessDAL. CourseAccess();
            break;
        case "sqlserver":
            courseAccess=new CourseSelect.SQLServerDAL.
            CourseAccess();
        break;
    }
    return courseAccess;
}
public static IUserAccess CreateUserAccess()
{
    IuserAccess userAccess=null;
    switch (currentDBSystem)
    {
        case "access":
            userAccess=new CourseSelect.AccessDAL. UserAccess();
            break;
        case "sqlserver":
            userAccess=new CourseSelect.SQLServerDAL. UserAccess();
            break;
    }
    return userAccess;
}
public static ISelectAccess CreateSelectAccess()
{
    ISelectAccess selectAccess=null;
    switch (currentDBSystem)
    {
        case "access":
            selectAccess=new CourseSelect.AccessDAL.
            SelectAccess();
            break;
        case "sqlserver":
            selectAccess=new CourseSelect.SQLServerDAL.
            SelectAccess();
            break;
    }
    return selectAccess;
}
```

19.2.5 重构业务逻辑层

在本系统中原来的BLL层中，对于DAL的调用的代码如下。

```
private StudentAccess studentAccess=new StudentAccess();
```

也就是说，只能固定创建某一数据库系统的数据访问类。这种代码俗称硬代码，灵活性不够。

既然前面已经为不同的数据库系统的数据访问类提取了相同的接口，还设计了工厂类，负责判断和创建当前数据库系统所需的数据访问类对象，那么，就可以利用这些对原有的 BLL 层进行重构。例如，调用工厂类的 CreateStudentAccess( ) 方法，创建当前数据库系统所需的学生表的数据访问类对象，可以屏蔽底层的一切复杂性，代码如下。

```
private IStudentAccess studentAccess=DALFactory.CreateStudentAccess();
```

返回的子类对象，依然赋值给父类，用父类指针指向它，这就是多态的应用。

以此类推，其余的业务逻辑类文件，也需要同样的重构过程，请读者自行完成。

到此为止，通过抽取接口，设计工厂类，重构数据访问类和业务逻辑类，我们成功地将系统从单纯的三层架构，转向了基于简单工厂模式的三层架构，实现了多态的高级应用，符合大型商业软件的开发规范。

任务小结

本任务应用简单工厂模式实现项目数据库迁移，具体步骤如下。

（1）设计数据访问类的公共接口 IDAL。设计 4 个接口，针对 4 个数据表的数据访问类，对其中的所有方法进行抽象。

（2）重构原 Access 数据访问层中的类。需要在原有的 4 个数据访问类中，加入实现接口的代码。

（3）设计 SQL Server 数据访问层中的类。新建项目，在其中新建针对 4 个表的数据访问类，实现接口，以及其中的所有方法，实现对 SQL Server 数据库的访问。

（4）设计工厂类 DALFactory。在配置文件中加入当前系统数据库的信息，据此为 4 个接口，生成具体的数据访问类子类对象。

（5）重构 BLL 层。此层需要实例化数据访问类对象，此时应用工厂类，生成具体的数据访问类子类对象。

自测题

实现作业项目：图书管理系统的系统数据库迁移，提交电子版。

学习心得记录

阶段五知识路线图

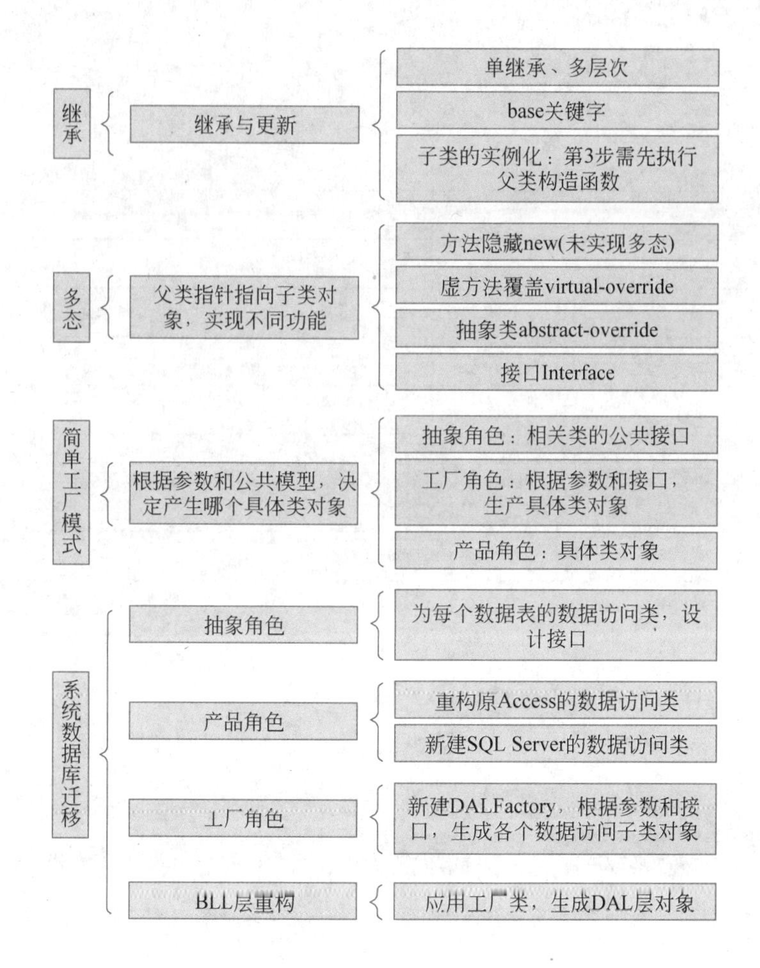
继承
继承与更新
单继承、多层次
base关键字
子类的实例化：第3步需先执行父类构造函数
多态
父类指针指向子类对象，实现不同功能
方法隐藏new(未实现多态)
虚方法覆盖virtual-override
抽象类abstract-override
接口Interface
简单工厂模式
根据参数和公共模型，决定产生哪个具体类对象
抽象角色：相关类的公共接口
工厂角色：根据参数和接口，生产具体类对象
产品角色：具体类对象
系统数据库迁移
抽象角色
为每个数据表的数据访问类，设计接口
产品角色
重构原Access的数据访问类
新建SQL Server的数据访问类
工厂角色
新建DALFactory，根据参数和接口，生成各个数据访问子类对象
BLL层重构
应用工厂类，生成DAL层对象

第六阶段　项目的安装部署

概述

到目前为止，学生选课管理系统的所有基本功能和系统数据库迁移功能均已实现，所涉及的相关知识点：基本的 OOP 概念和两层架构、三层架构的应用程序设计理念、多态的原理和基于此的简单工厂模式，以及相关技巧均已讲解。

但要使得项目能够应用，还有一个环节必须考虑。这类 Windows 窗体应用程序不像网站那样可以放在特定的服务器上，有了域名后，在其他任何计算机上都可以上网访问。而 Windows 窗体应用程序开发完毕后，为了在其他没有安装开发环境的计算机上运行，还必须做好安装包，然后在这些没有开发环境的机器上部署成功，才能运行使用。本阶段要求读者能制作安装包，并在需要的计算机上部署、调试运行，从而掌握项目开发、项目安装部署的完整技能。

本阶段任务

任务 20　安装包的制作
任务 21　安装包的部署

本阶段知识目标

（1）理解 Windows 窗体应用程序的安装包的制作流程。
（2）理解 Windows 窗体应用程序的部署过程。

本阶段技能目标

（1）能制作 Windows 窗体应用程序的安装包。
（2）能用安装包对 Windows 窗体应用程序实施部署。

任务 20 安装包的制作

20.1 情境描述

Windows 窗体应用程序不像网站那样可以放在特定的服务器上，有了域名后，在其他的任何计算机上都可以上网访问。Windows 窗体应用程序开发完成后，为了在其他没有安装开发环境的计算机上运行，还必须做好安装包，然后在这些没有开发环境的机器上部署，才能运行使用。

本任务需要读者掌握为软件制作安装包的相关技能。

20.2 相关知识

Windows 窗体应用程序安装包的制作，是在 Visual Studio 2013 集成开发环境下，新建安装项目来实现的，具体步骤如下。

20.2.1 新建安装项目

在 Visual Studio 2013 环境下，选择“新建项目”→“其他项目类型”→“安装项目”命令，为其命名为 CourseSelectSetup，放在合适的位置上，如图 20.1 所示。

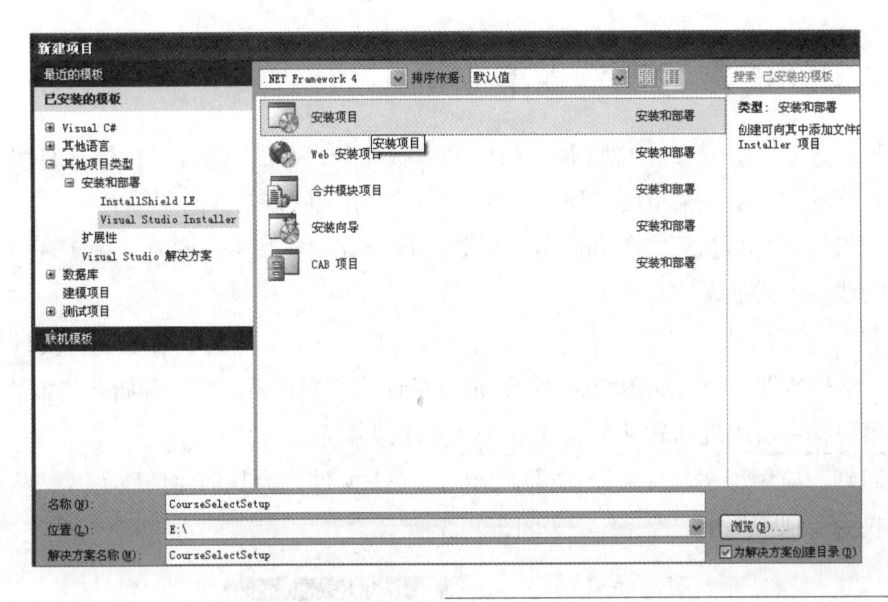

图 20.1 新建安装项目

20.2.2 应用程序文件夹

项目创建后，会出现类似向导的窗体。其中的第 1 个栏目是“应用程序文件夹”，存放的是目标计算机上安装好的应用程序文件夹的内容，一般应将系统的可执行文件、数据库、相关类库等置于其中，系统在目标计算机上的运行就依赖于这些文件。

右击“应用程序文件夹”，选择“添加”→“文件”命令，如图 20.2 所示。

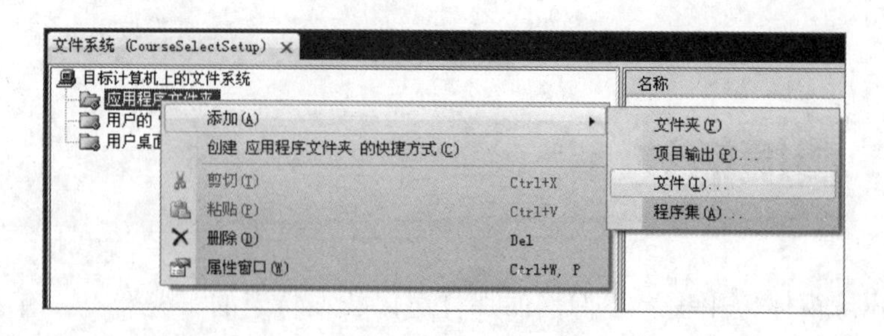

图 20.2
应用程序文件夹中文件的添加

然后到开发机上已经做好的选课系统文件夹的 UI 子文件夹中，寻找其中的 bin 文件夹里的 Debug 子文件夹，找到其执行文件，将 .exe 文件、.exe.config 文件、.mdb 文件（数据库），都添加到安装包中去，最后效果如图 20.3 所示。

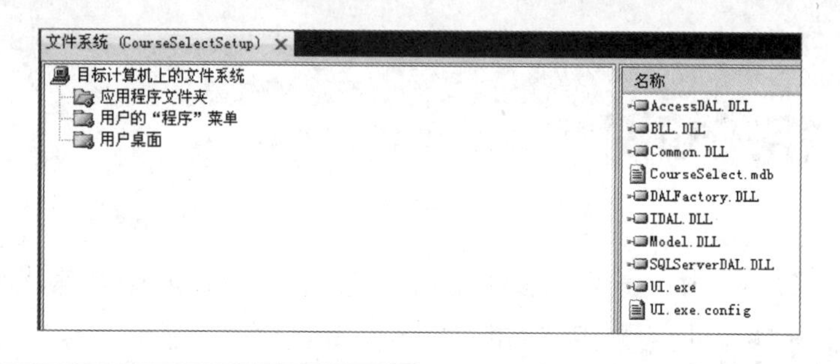

图 20.3
应用程序文件夹中的内容

可以看到，虽然只添加了以上 3 类文件，但相关的 DLL 文件也都自动跟进去了，包括 BLL.DLL、AccessDAL.DLL、SQLServerDAL.DLL、Model.DLL、Common.DLL、IDAL.DLL、DALFactory.DLL，这是基于简单工厂模式的三层架构的系统运行必需的所有文件。

20.2.3 用户的“程序”菜单

项目创建后，第 2 个栏目是“用户的‘程序’菜单”，包含了目标计算机上的操作系统的“开始”菜单的“程序”菜单栏中所出现的该软件的菜单。

一般应该将可执行文件和卸载文件的快捷方式放在其中，此时，先实现可执行文件的快捷方式的设置。

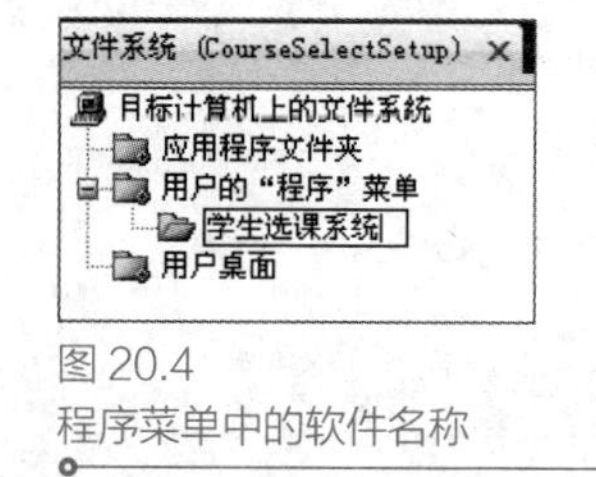

图 20.4
程序菜单中的软件名称

右击“用户的‘程序’菜单”，选择“添加”→“文件夹”命令，将文件夹改名为“学生选课系统”，如图 20.4 所示，则目标计算机操作系统的“开始”菜单的“程序”菜单栏中所出现的软件名称就是“学生选课系统”。

回到“应用程序文件夹”一栏中，右击 .exe 文件，为其创建快捷方式，将此快捷方式剪切到“学生选课系统”，如图 20.5 所示。

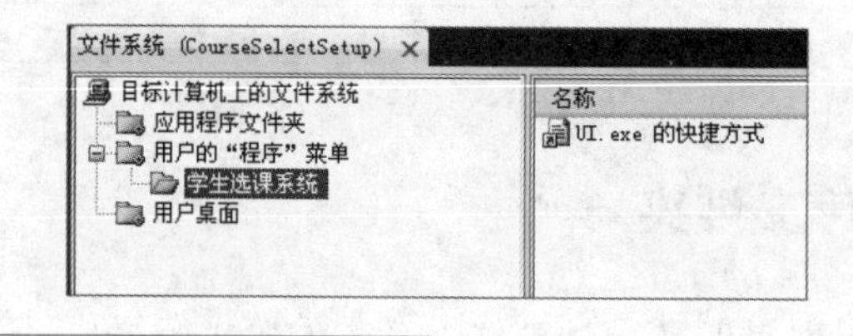

图 20.5
程序菜单中的可执行文件快捷方式

右击此快捷方式，选择“重命名”命令，将其改名为“学生选课系统”。则在目标计算机上，“开始”菜单的“程序”菜单下的“学生选课系统”软件的第 1 个子菜单项就是“学生选课系统”。

20.2.4　卸载功能

应用软件安装到目标计算机后，一般应提供卸载功能。Visual Studio 环境只提供了安装包的制作，卸载功能需要用到操作系统的文件 msiexec.exe。

在“应用程序文件夹”一栏里，多添加一个 msiexec.exe 进去，这个文件在 C:\WINDOWS\system32 文件夹下，如图 20.6 所示。

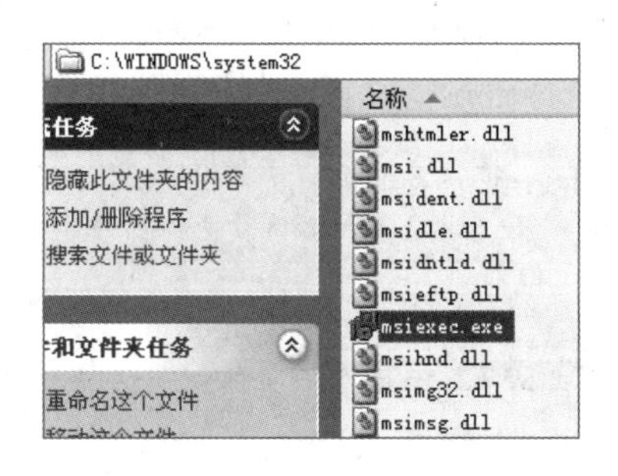

图 20.6
msiexec.exe 文件

将此文件添加到“应用程序文件夹”一栏里，并创建其快捷方式，将快捷方式剪切到“用户的‘程序’菜单”的“学生选课管理系统”,并改名为“卸载”，则“学生选课系统”软件的第 2 个子菜单项就是“卸载”，如图 20.7 所示。

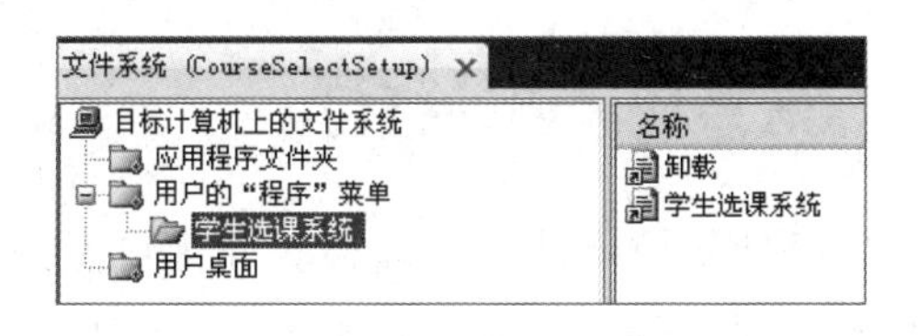

图 20.7
程序菜单中增加的卸载快捷方式

要使卸载功能正常开展，还需设置其 ProductCode 属性，单击安装项目名称，然后单击属性标签，找到其产品代码，如图 20.8 所示。

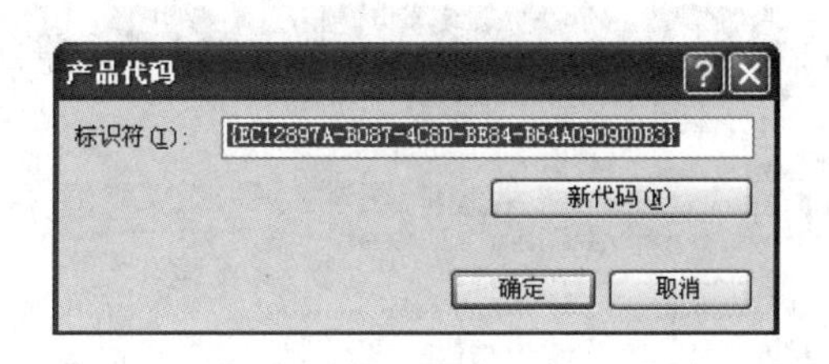

图 20.8
软件的产品代码

将此代码复制，再右击图 20.7 中的“卸载”快捷方式，选择其属性窗口，将 Arguments 属性设置为“/x{ 产品代码 }”，如图 20.9 所示，即可正确实现软件的卸载。

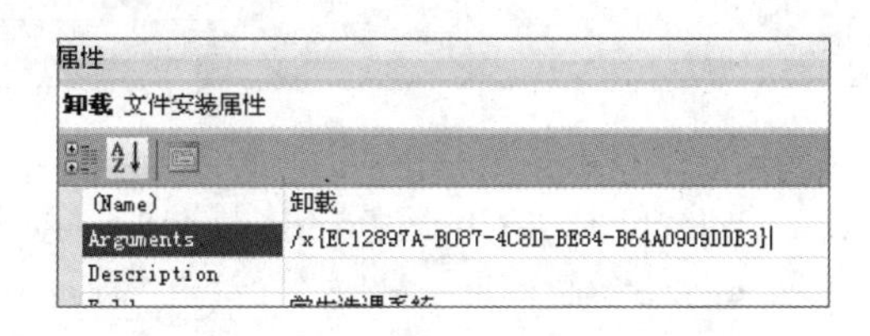

图 20.9
卸载的参数设置

20.2.5 用户桌面

项目创建后，第 3 个栏目是“用户桌面”，包含了目标计算机的桌面上，所出现的该软件的快捷方式。

同上，回到“应用程序文件夹”一栏，右击 .exe 文件，为其创建快捷方式，将此快捷方式剪切到“用户桌面”。右击此快捷方式，选择“重命名”命令，改名为“学生选课系统”，则在目标计算机的桌面上，软件的快捷方式就是“学生选课系统”。

20.2.6 安装路径

软件安装在目标计算机上的路径的设置方法是：单击“应用程序文件夹”选项，在其属性窗口里的 DefaultLocation 里设置，如图 20.10 所示。

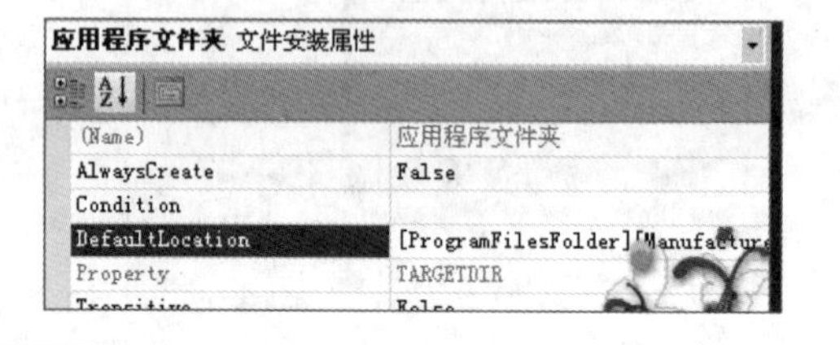

图 20.10
安装路径的设置

将路径中的 [Manufacturer] 去掉，否则软件在目标计算机上的默认安装目录会是“C:\Program Files\ 你的用户名 \ 安装解决方案名称”。去掉后就是“C:\Program Files\ 安装项目名称”，一般采用后面的模式。

20.2.7 .NET 框架等系统环境的打包

本书开发的是 .NET 框架集成环境下的窗体程序，目标计算机未必都会安装这种集成环境，这些系统软件是必须打包的，打包的方法如下。

右击项目的解决方案名称，选择“属性”命令，在打开的属性窗口中，双击“系统必备”选项，打开“系统必备”对话框，如图 20.11 所示。

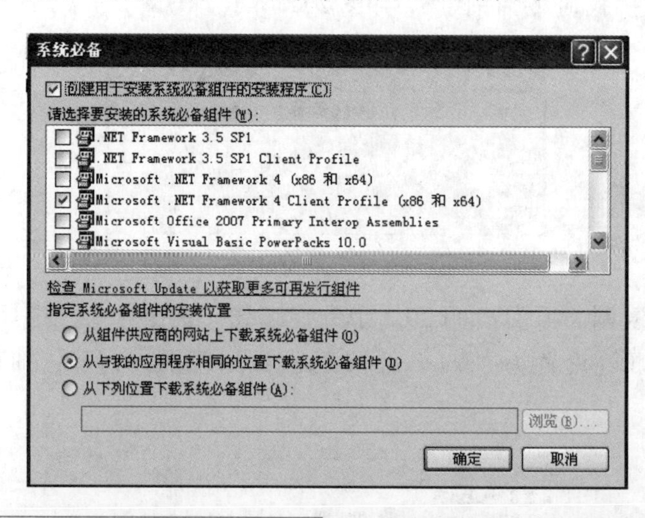

图 20.11
系统环境的打包

选中 Microsoft .NET Framework 4 Client Profile 复选框，再选中“从与我的应用程序相同的位置上下载必备组件”单选框，单击“确定”按钮。

20.2.8　SQL Server 数据库的打包

前面的步骤都是针对 Access 桌面数据库的，如果目前软件是运行于 SQL Server 数据库，首先要把学生选课管理系统的配置文件作如下更改。

```
<appSettings>
<!-- 当前使用的数据库系统 :Access/SQLServer/Oracle/MySQL/DB2 等等 -->
<add key="CurrentDBSystem" value="sqlserver" />
</appSettings>
```

然后，采用以下步骤制作数据库的打包。

（1）使用数据库备份，将数据库的备份文件直接加入到如图 20.12 所示的安装包的文件夹里。

（2）在“系统必备”对话框中，选中 SQL Server 包，方法同图 20.11。

（3）在目标计算机上部署完程序后，可以运行数据库还原工具，将数据库备份还原到数据库环境中。

20.3　实施与分析

20.3.1　生成安装文件夹

以上步骤都完成后，选择 Visual Studio 2013 环境下的“生成”→“生成解决方案”命令，如果编译生成成功，则安装项目的 Debug 子文件夹就是所需的安装文件夹，可以复制到目标计算机上，如图 20.12 所示。

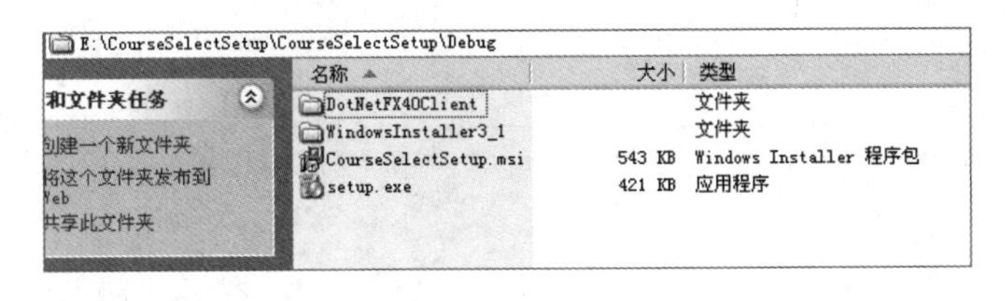

图 20.12
安装包的文件夹

20.3.2　简单测试

以上相关技能中的所有步骤都是必需的，缺少任何步骤、任何文件都是不行的。这里需要特别说明的是 .exe.config 文件，本书的学生选课管理系统中有 App.config，用于读取相关配置，如果在安装项目中未放入相关 .exe.config 文件，则此配置文件是无法读取的。这个错误在编译时不会出错，部署时也不出错，但系统运行时才出错，所以有很大的隐蔽性，读者务必注意。

任务小结

本任务介绍了利用 Visual Studio 环境制作 Windows 窗体应用程序安装包的具体步骤，适用于此类型的任何软件。

（1）新建安装项目。

（2）在此项目中设置：应用程序文件夹的内容、程序菜单、卸载功能、用户桌面、安装路径、系统环境打包、SQL Server 数据库打包。

（3）生成安装文件夹。

自测题

作业项目：为图书管理系统制作安装包。

学习心得记录

任务 21 安装包的部署

21.1 情境描述

安装包制作好后，需要复制到目标计算机上，直接执行 setup.exe 文件，即可实现软件在目标计算机上的部署。

本任务要求读者掌握安装包的部署和调试。

21.2 实施与分析

21.2.1 安装软件

（1）把安装包复制到目标计算机上，直接执行 setup.exe 文件，出现如图 21.1 所示的界面。

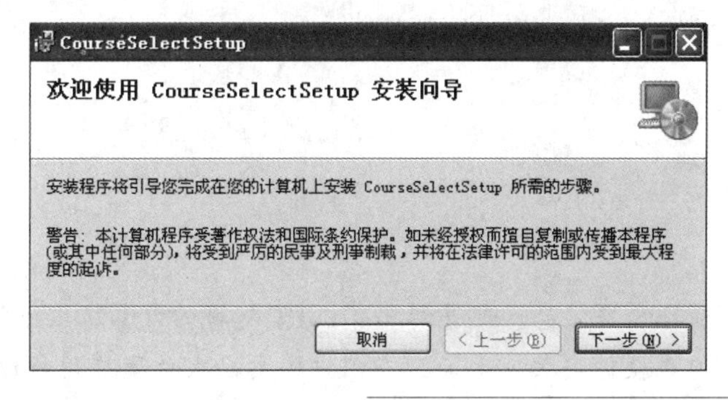

图 21.1
开始部署

（2）单击“下一步”按钮，根据其提示，执行此后的安装步骤，直到完成。

（3）单击目标计算机的“开始”菜单，可以看到如图 21.2 所示的菜单，软件在“程序”菜单中的名称为“学生选课系统”，其下有 2 个子菜单项，分别为“卸载”和“学生选课系统”，分别是卸载文件和可执行文件的快捷方式。

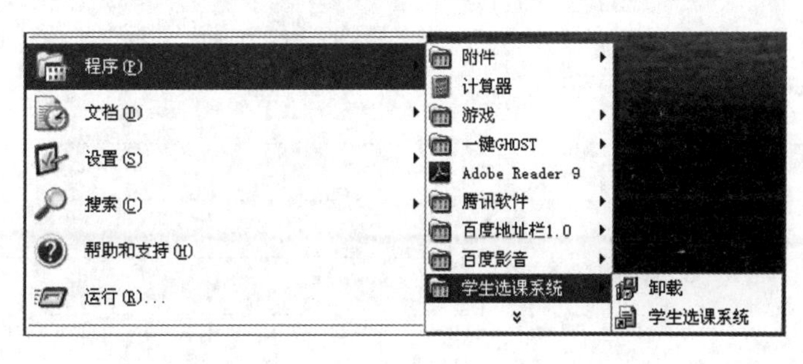

图 21.2
部署成功后的开始菜单

（4）单击子菜单中的“学生选课系统”，出现登录界面，用不同的用户名密码登录，可以进入相应界面。

图 21.3
卸载界面

21.2.2 卸载软件

（1）单击“卸载”选项，出现如图 21.3 所示的界面。

（2）单击“确定”按钮，则软件被卸载。

21.2.3 简单测试

（1）在部署的过程中，可能会出现很多错误，因为安装包的制作，是在开发者的本机上完成的，所有的环境与开发环境一致。而部署时，目标计算机的环境比较复杂，可能会出现很多意料之外的错误，基本上是因为缺少特定的组件而造成的，建议读者根据出错信息，到网络上查询导致该出错信息的原因，然后下载相应组件即可。

（2）如果出现数据库不能读取的问题，可能是因为在制作安装包时缺少 .exe .config 文件。

任务小结

本任务介绍了在目标计算机上部署安装包，安装、调试此类软件的步骤。实现了从项目开发，到项目安装部署的完整技能。

自测题

（1）将作业项目的安装包，部署到没有 .NET 环境的计算机上进行调试。

（2）简述如何在软件安装完之后，在用户的桌面上放置应用程序的自定义图标的快捷方式。

学习心得记录

阶段六知识路线图

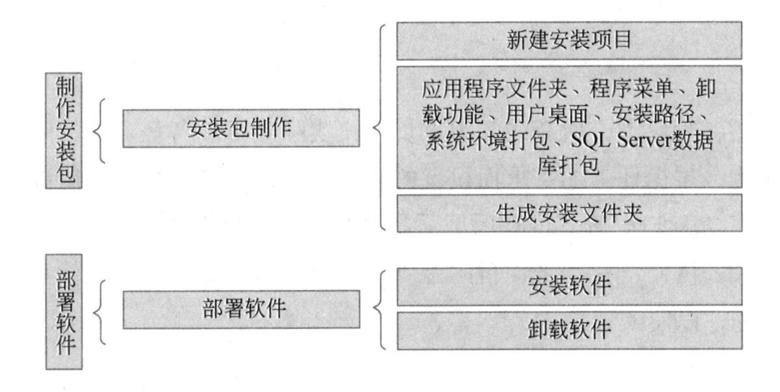
制作安装包
安装包制作
新建安装项目
应用程序文件夹、程序菜单、卸载功能、用户桌面、安装路径、系统环境打包、SQL Server数据库打包
生成安装文件夹
部署软件
部署软件
安装软件
卸载软件

知识梳理

在前面的各阶段中，所有的知识点贯穿在实际项目的各任务中，随着项目逐步地完善和重构，根据任务的需求而设置的知识体系未免有些离散。所以，在本书的最后，编者将所有知识按其内在的联系梳理成 10 个知识章节，每个知识章节内含相关知识和相关网站链接地址，目的是供读者梳理本书的所有知识体系，并提供精确的语法查询，以便读者自学。

第 1 章 .NET 框架体系

.NET 框架由 3 部分组成，从低到高，依次为：公共语言运行库（Common Language Runtime，CLR）、公共类库（Framework Class Library，FCL）和集成编程环境（如 VB、C# 等）。其中，CLR 负责在运行期间管理程序的执行；FCL 为整个框架提供用于实现各项功能的类；集成开发环境涵盖了编码和调试的所需工具。

1.1 CLR

CLR 位于操作系统的上层，在运行期间管理程序的执行，其作用示意图如图 22.1 所示。

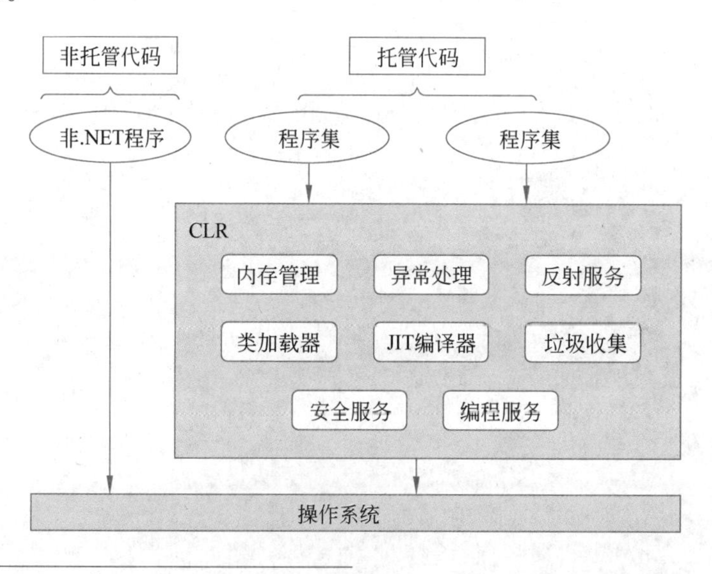

图 22.1
CLR 示意图

由 CLR 管理的代码称为托管代码，而不由 CLR 管理的代码称为非托管代码。80% 以上的、由集成编程环境开发的代码资源都是托管的；而由操作系统管理的，如文件句柄、COM 包装、数据库连接等资源，是非托管的。托管资源被垃圾回收机制释放，非托管资源则需要用 using 语句进行释放。

（1）垃圾回收机制 (Garbage Collector，GC)：自动从内存中删除不再被访问的类对象，释放内存，检查内存泄露（针对托管资源）。

（2）using 语句：用于获取、使用和释放非托管资源，其语法如下。

```
using(获取非托管资源)
{
    使用非托管资源
}
```

using 语句可以获取非托管资源，在 { } 中使用，遇到右括号 } 时，则调用该类资源的 Dispose( ) 方法释放。

1.2 类库概述

类库中包含 .NET 框架和开发用户可用的各种类。这些类被包含在各个不同的命名空间中，命名空间构成一个倒树型的结构体系。在类库中，主要包含以下几大类别。

（1）通用基础类：这些类提供系列的强大工具，为广泛的编程任务提供支持，如界面操作、数据库操作、安全和加密等。

（2）集合类：这些类实现列表、字典、哈希散列、数组等集合应用。

（3）线程和同步类：这些类用于多线程应用场合。

（4）XML 类：这些类用于创建、读取和操作 XML 文档。

本章相关链接：

http://msdn.microsoft.com/zh-cn/library/aa139615.aspx

http://msdn.microsoft.com/zh-cn/library/ms229335(v=VS.80).aspx

第 2 章　C# 语言基础语法

2.1 数据类型

数据类型是各种编程语言都必须考虑的重要问题，它规定了此语言数据的存储形式和可参与的运算。以往，各种编程语言的数据类型都存在着很大的差异，相互间的协作很难。

CLI（Common Language Infrastructure，公共语言基础结构）是一组标准，用于把所有 .NET 框架所支持的组件，组装为内聚的、一致的系统。CLI 和 C# 都已经被批准为开放的国际标准规范。

在 CLI 中，有一个重要的部件，称为 CTS（Common Type System，公共类型系统），定义了在所有的托管代码中都会使用到的类型的如下特征。

（1）CTS 定义了一组丰富的类型，以及每种类型的确定的、详细的特性。

（2）CTS 规定，所有的类型都继承于公共的基类——Object。

（3）.NET 框架中各集成编程环境的语言中的类型，都能映射到 CTS 已定义的某个类型中。在编程语言中也可以使用 CTS 类型，但建议使用自己的类型。

C# 的数据类型从表现形式上可以分为预定义类和自定义类，从数据在内存中存储性质的角度又可以分为值类型和引用类型，具体见表 22.1。

表 22.1
C# 的数据类型

名　称	值 类 型	引 用 类 型
预定义类型	sbyte, byte, short, ushort, int, uint, long, ulong, decimal, float, double, bool, char	object, string
自定义类型	struct, enum	class, interface, delegate, array

2.2 装箱和拆箱

在 C# 中，值类型和引用类型的数据之间，是可以相互转换的。

将值类型的数据赋值给 Object 类型的变量，这个过程称为“装箱”，此时的类型转换是隐式的。系统将值类型变量的值复制到引用类型变量的堆内存中，将值类型变量的地址复制到引用类型变量的栈内存中，即装箱操作。

“拆箱”是把装箱后的对象转换回值类型的过程，此时的类型转换必须为显式的。系统首先检测需拆箱引用类型变量，其堆内存中值的原始类型，与拆箱放入的目标变量类型是否匹配，若匹配将其复制给拆箱的目标变量，不匹配则报错。

2.3 运算符和表达式

运算符是语言所规定的其数据可执行的运算。在 C# 中，运算符可以带 1 个、2 个或 3 个操作数，分别称为单目、双目、三目的运算符。

表达式是运算符与操作数构成的字符序列。常量、变量、方法的调用、数组元素等都可作为操作数。表达式的求值顺序由运算符的优先级和结合性决定。当操作数两侧的运算符优先级不同，按优先级决定运算次序；当操作数两侧的运算符优先级相同，按结合性决定运算次序。表 22.2 列出了 C# 的常用运算符。

表 22.2
C# 的运算符

优先级	分　类	运 算 符	结合性
1	初级运算符	成员运算符 . new( )	
2	单目运算符	+(正) –(负) !(非) ++ – –	右
3	算术运算符 1	* / %	左
4	算术运算符 2	+(加) –(减)	左
5	关系运算符 1	> < >= <=	左
6	关系运算符 2	== !=	左
7	逻辑运算符	&& ||	左
8	条件运算符	?:	右
9	赋值运算符	= *= /= %= += –=	右

2.4 控制语句

C# 的控制语句包括顺序结构、选择结构和循环结构的控制语句。需注意，这些语句都只能包含在类的方法中。

1. 顺序结构控制语句

{} 用于括起任意需要顺序执行的若干语句，括在 {} 的系列语句连同 {}，称为复合语句。

2. 选择结构控制语句

（1）单选

```
if （条件）
    语句；
```

如果条件成立，执行此语句，否则执行下一条语句。注意，如果用一条语句无法完成任务，可以使用多条语句，但必须把这多条语句括在一对 {} 中，成为复合语句。下均同。

（2）双选

```
if （条件）
    语句 1;
else
    语句 2;
```

如果条件成立，执行语句 1，否则执行 else 中的语句 2。

（3）多选

```
switch（表达式）
{
    case 值 1:
        语句 1;
    case 值 2:
        语句 2;
      ⋮
    case 值 n:
        语句 n;
    default:
        语句 n+1;
}
```

switch 语句计算表达式的值，然后与 case 后的值进行比较，执行值匹配的 case 后的语句，然后执行下个 case 后的语句。所以，一般在每个 case 中，最后一条语句放 break 语句，用于跳出整个 switch 语句；如果与所有 case 的值都不匹配，则执行 default 后的语句。

注意

在每个 case 后面，如果用 1 条语句无法完成任务，可以使用多条语句，此时不需要把这多条语句括在一对 {} 中，可以直接写多条语句。除此之外，其他所有语句则要求把多条语句括在一对 {} 中。

3. 循环结构控制语句

（1）当循环

```
while(条件)
    语句;
```

每次循环首先判断条件，当条件成立时，执行语句。再去判断条件，开始下一次循环，当某次循环判断条件为假时，跳出循环。

（2）直到循环

```
do
    语句
while(条件);
```

每次循环先执行语句，然后判断条件，当条件成立时，进行下一次循环。直到某次循环判断条件为假时，跳出循环。

（3）for 循环

```
for(表达式1; 表达式2; 表达式3)
    语句;
```

表达式 1 首先执行且只执行 1 次。每次循环前首先判断表达式 2，当其成立时，执行语句，然后执行表达式 3。再去判断条件，开始下一次循环，当某次循环判断表达式 2 为假时，跳出循环。

（4）foreach 循环

```
foreach(类型 标识符 in 集合/数组)
    语句;
```

其中，"类型" 必须与数组 / 集合的类型一致，表示对数组 / 集合中的每个元素执行一次循环，遍历完整个数组 / 集合后，循环结束。此时，每个元素由标识符表示，标识符是迭代变量，不能为其赋值。

2.5　数组

C# 中，数组是同类元素的有序集合，每个元素通过数组名和若干由 [] 括起的索引表示，索引从 0 开始。可以有一维数组和多维数组、矩形数组和交错数组等。

一维数组可以理解为单向的数轴；二维数组则可理解为具有两个数轴的平面坐标；同理，三维数组理解为三维空间坐标；以此类推，多维数组的每个维度可以理解为是一个子数组。

矩形数组：维度的长度在此维所有元素中都一致的数组。形象地理解为方方正正型。

交错数组：维度的长度在此维各元素中可以不一致的数组。形象地理解为犬牙交错型。

（1）一维数组的定义语法如下。

```
类型[] 数组名=new 类型[元素个数]{元素初值}
```

（2）多维矩形数组的定义语法如下。

```
类型[ , , ,...] 数组名=new 类型[元素个数][维度元素初值}
```

矩形数组中只包含一个引用，元素按维度顺序存放于内存中，由这个引用指向其首地址。矩形数组及其元素，不管有多少维度，只能用一对 [] 表示。

（3）多维交错数组的定义语法如下。

```
类型 [ ][]...[] 数组名 =new 类型；
```

交错数组中包含“维度数 +1”个引用，数组名引用指向各维度引用的首地址，各维度引用指向自己的那一维。交错数组必须首先实例化顶层数组，再实例化各子数组。交错数组及其元素，有多少维度，就用多少对 [] 表示。

例如：

```
int[3,3]  recArr=new int[9]{ {1,2,3},{4,5,6},{7,8,9} };
```

其中，recArr 是一个矩形数组，其元素 recArr[2,2]，存储的值是 9，因为索引从 0 开始。

```
int [3][3] jagArr=new int[3][];
jagArr[0]=new int[]{1,2,3};
jagArr[1]=new int[]{4,5,6,7};
jagArr[2]=new int[]{8,9};
```

jagArr 是一个交错数组，其元素 jagArr[2][2]，已超出范围，因为 jagArr[2] 中只有 2 个元素，jagArr[0] 中有 3 个元素，jagArr[1] 中有 4 个元素，此所谓交错也。

其引用结构示意图如图 22.2 所示。

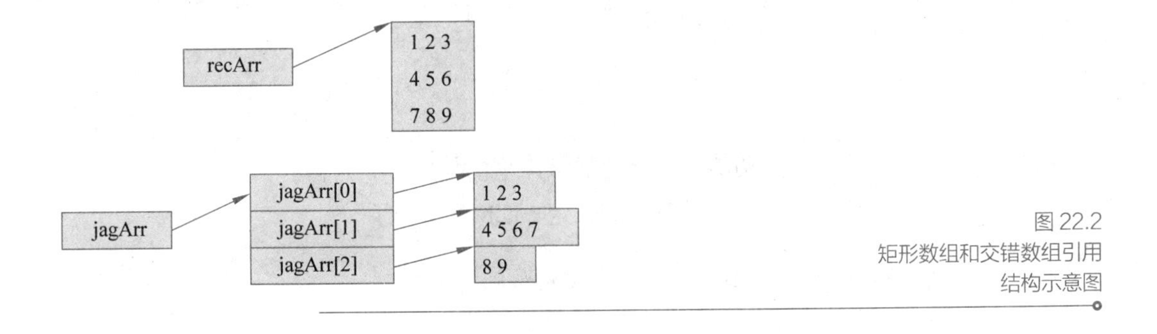

图 22.2
矩形数组和交错数组引用结构示意图

2.6 异常处理

异常是程序运行时的错误，是因为违反了系统约束或应用程序约束，或者出现了正常操作时未预料到的情况。如果程序中没有处理这些异常的代码，则系统会挂起该程序，造成异常结束。

1. try 语句语法

C# 提供了 try 语句来对可能出现的异常进行捕捉和保护，语法如下。

```
try
{
    需保护的代码段
}
catch( 捕捉异常的类信息 )
{
    异常处理部分，可有多个 catch 块
}
finally
```

```
{
    其中代码，无论异常否，都要执行
}
```

其中，try 块只能有 1 个，包含了需进行异常保护的代码；catch 块可有多个，如果 try 块有异常，则会抛出异常，这些异常被 catch 块捕捉并处理；finally 块只能有 1 个，包含的代码在任何情况下都要被执行，不管是否抛出异常，并且此块一定要在所有 catch 的后面。

try 语句功能有以下几点。

（1）程序流程进入 try 块，如果没有异常发生，就会正常执行操作。并且当程序执行离开 try 块后，即使什么也没有发生，也会自动进入 finally 块。

（2）但如果在 try 块中程序检测到一个异常，程序流程就会跳转到 catch 块，在 catch 块中被捕捉和处理，在 catch 块执行完后，程序流自动进入 finally 块。

其中，catch 子句处理异常，有以下 3 种形式，允许不同级别的处理。

① 一般 catch 子句如下。

```
catch
{
    语句；
}
```

功能：捕捉 try 块中引起的任何类型的异常，但不能确定异常的类型。

② 特定 catch 子句如下。

```
catch( 异常类 )
{
    语句；
}
```

功能：匹配捕捉该类型的异常。

（3）带对象的特定 catch 子句如下。

```
catch( 异常类 标识符 )
{
    语句；
}
```

功能：匹配捕捉该类型的异常，并能访问该异常类对象的属性。

此时，标识符在 catch 子句块中相当于一个本地变量，被称为异常变量。异常变量相当于异常类的对象，用于访问该异常对象的属性。

2. 异常处理流程

异常是由异常类来捕捉和处理的，当一个异常发生时，CLR 创建该异常所属类的对象，寻找匹配的 catch 子句处理它。一个 try 可以包含一个或多个 catch 子句，当异常发生时，系统按顺序搜索 catch 子句列表，第一个匹配该异常的子句能捕捉到该异常。

因此，多个 catch 子句的排列顺序要注意以下两点。

（1）特定的（包括带对象的）catch 子句，最好先是最明确的、直到最普通，以便及早捕捉到特定异常。

（2）如果有一般 catch 子句，它必须放在最后，而且最好不用，因为它会捕捉任何异常，可能出错。

最后，给出异常类的结构图如图 22.3 所示。

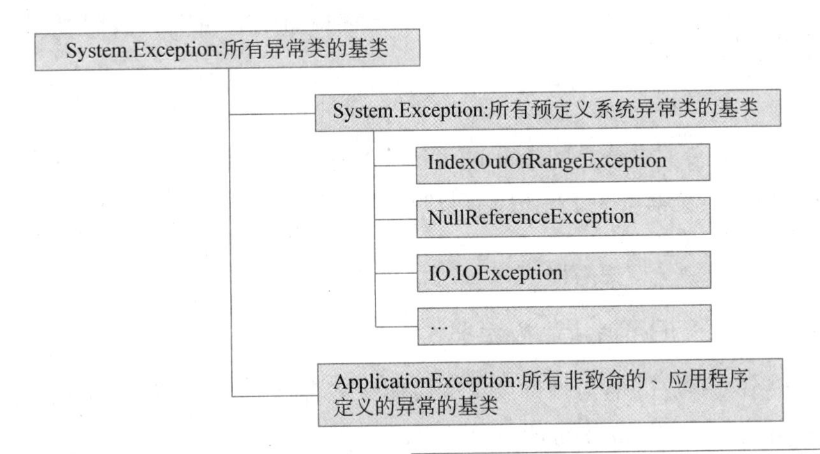

图 22.3
异常类结构图

也给出异常类对象的属性见表 22.3，供读者参考。

表 22.3
异常类对象的属性列表

属　性	类型	描　述
Message	String	异常产生的原因
StackTrace	String	异常发生在何处
InnerException	String	如果当前异常是由另一个异常引起的，这个属性包含前一个异常的引用
HelpLink	String	为异常原因信息提供 URN 或 URL
Source	String	如果当前异常未被设定，这个属性含有异常起源所在的程序集的名称

3. 异常的显式抛出

可以在代码中用 throw 语句显式地抛出自己需要在此处设置的保护，语法如下。

```
throw new 异常类（提示字符串）
```

例如：

```
throw new Exception(string.Format("执行{0}失败{1}", strSQL, ex.Message));
```

就是在代码中显式抛出 Exception 类异常，一旦此异常被 Exception 类捕捉到，则会显示自定义的提示字符串。Exception 类是所有异常类的基类。

2.7 CommandBehavior 枚举类

1. 枚举类型

枚举类型与类类型一样，是一种自定义类型。但枚举是一种值类型，不是引用类型。枚举类型直接存储其所枚举的值，值之间用逗号分隔，每个值都与一个底层的整型索引相对应，索引默认从 0 开始，但用户也可自定义每个值的索引。

枚举类型也必须先定义，后应用，应用格式如下。

```
枚举类型．值
```

例如：

```
enum TrafficLight
```

```
{
    Green,
    Yellow,
    Red=12
}
```

以上代码定义了枚举类型 TrafficLight，含有 3 个值，其中前 2 个值的索引为 0、1，第 3 个值自定义索引为 12。然后可以如下应用。

```
TrafficLight  t1=TrafficLight.Green;
```

2. CommandBehavior 枚举类

这个枚举类存放的值为查询结果的说明，或者查询对数据库的影响的说明。此类位于 namespace System.Data 类下。

此类的定义举例如下。

```
public enum CommandBehavior
{
    Default=0,
    SingleResult=1,
    SchemaOnly=2,
    KeyInfo=4,
    SingleRow=8,
    SequentialAccess=16,
    CloseConnection=32,
}
```

其中，CloseConnection 表示执行查询时，关闭了 DataReader 对象后，其对应数据库连接对象再自动关闭。

本章相关链接：

http://msdn.microsoft.com/zh-cn/vcsharp/default.aspx

第 3 章　基于 Windows 窗体的应用软件设计

3.1 事件驱动机制

事件是对象发送的消息，以发信号通知操作的发生。引发事件的对象称为事件发送方。捕获事件并对其做出响应的对象叫作事件接收方，对接收的事件做出响应的程序称为事件响应方法，事件发生时，会触发其响应方法执行。

在 Windows 和 Web 的应用程序中，设计的所有代码都是放在事件响应方法中的。在这种模式中，窗体运行或展示后，如果不发生任何事件，是不会有事件响应方法被触发的，因此窗体会没有任何反应。选择恰当控件的恰当事件，将代码设计在其中。这样，当控件的事件发生时，触发其响应方法执行，完成相关功能，就可以完成整个任务。这种机制称为“事件驱动机制”。

基于事件驱动机制的 Windows 窗体的应用软件的设计思路如下所述。

（1）根据任务需求部署界面上所需的控件，设置控件的属性，完成界面制作（UI）。

（2）确定把功能实现代码放在哪些控件的哪些事件内 (Where)。

（3）在事件响应方法中编写代码，实现功能 (How)。

则当程序运行后，当某控件的某事件发生，其响应方法的代码被执行，完成设计功能。

3.2 常用控件的属性、事件、方法

控件是 .NET 类库中一些专用于 Windows 窗体应用程序界面设计的标准类。控件的属性是其外观性质，事件是其可响应的动作，方法是其可执行的标准方法。本小节描述部分常用控件的属性、方法和事件，供读者参考。

1. 标签 Label

Label 控件用于显示用户不能编辑的文本或图像，常用于为用户进行操作提示。如“请输入您的学号：”等，如图 22.4 所示。

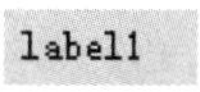

label1

图 22.4 标签控件

因此，经常用到的是其 Text 属性。此控件的方法和事件也都有定义，但一般应用不多，其常用属性见表 22.4。

表 22.4 Label 控件常用属性

属性	名　称	含　　义	备　　注
1	Text	设置 / 获取标签所显示的文本	
2	Image	标签所显示的图像	须导入
3	Name	此控件对象的名	须见名识意

2. 文本框 TextBox

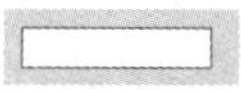

TextBox 控件用于获取用户输入的文本，或显示用户输入的文本，如图 22.5 所示，如用户输入的学号就可放在文本框中。

图 22.5 文本框控件

因此，经常用到的是其 Text 属性，TextChanged 事件和 Clear( )、Focus( ) 方法，其常用属性、事件和方法见表 22.5。

表 22.5 TextBox 控件常用属性、事件和方法

属性	名　称	含　　义	备　　注
1	Text	获取用户在文本框中所输入的当前文本	
2	PassWordChar	当文本框用于输入密码时，显示的字符	密码为键盘实际输入的字符
3	ReadOnly	设置文本框是否为只读	
事件	**名　称**	**触发时机**	
1	TextChanged	更改文本框的文本值时	
方法	**名　称**	**功　　能**	
1	Clear( )	清除文本框的文本值	
2	Focus( )	将窗体的焦点放在此文本框	

3. 按钮 Button

Button 控件允许用户通过单击来确认某些操作。如“确认”“取消”“上一条记录”“忽略”“添加”“删除”“浏览”按钮，等等。

因此，经常用到的是其 Click 事件。当单击按钮时，执行相关操作。在界面上双击按钮也可生成其事件响应方法，可将相关的代码写入此方法，其常用属性和事件见表 22.6。

表 22.6
Button 控件常用属性和事件

属性	名 称	含 义	备 注
1	Text	设置 / 获取按钮显示的文本	说明其操作
2	Name	此控件对象的名	
3	Visible	设置按钮是否可见	
事件	名 称	触发时机	备 注
1	Click	单击按钮时	

4. 分组菜单 MenuStrip

MenuStrip 菜单通过存放按照主题分组的命令，将水平菜单展示给用户，是一种常用的菜单。只需将此控件拖至窗体，就可以很方便地录入水平菜单的各主菜单项，以及各主菜单项的垂直子菜单项，如图 22.6 所示。

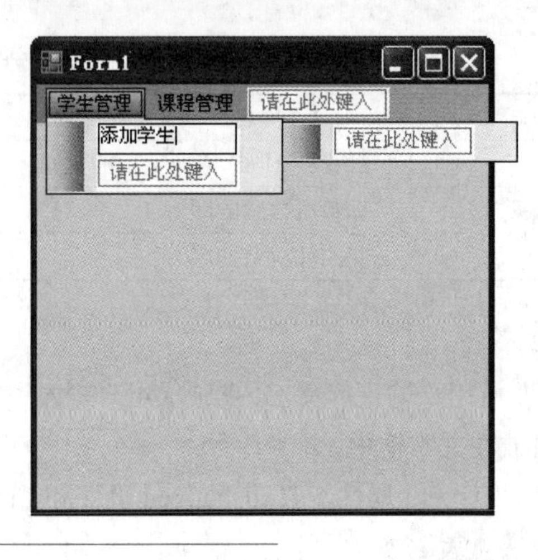

图 22.6
分组菜单的设计

因此，其常用的事件就是各子菜单项的 Click 事件，只须在界面上双击某子菜单项，如“添加学生”，即可生成其事件响应方法，将“添加学生”的相关代码写入此方法。

5. 下拉框 ComboBox

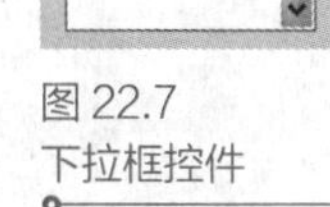

图 22.7
下拉框控件

ComboBox 是在下拉框中显示数据，供用户选择的控件。如性别、所有的课程、省份、本省的所有市等，如图 22.7 所示。这些数据提供出来供用户选择，既方便了用户操作，也使得用户不会输入错误的数据。

ComboBox 中显示的数据，既可以是在设计界面中录入的，也可以是数据库表中的内容。其常用属性和事件见表 22.7。

表 22.7
ComboBox 控件常用属性和事件

属性	名 称	含 义	备 注
1	Items	设置设计界面录入的下拉框中的项	
2	DataSource	设置下拉框的项取自数据库时的，数据源	
3	DisplayMember	设置数据源显示在下拉框中的各项的文本	如 stuName
4	ValueMember	设置数据源在下拉框中的各项的实际的值	如 stuId

续表

属性	名 称	含 义	备 注
5	SelectedIndex	获取用户选中项的索引	从 0 开始，int
6	SelectedItem	获取用户选中项（对应 Items）	Object 类型
7	SelectedValue	获取用户选中项的值（对应 DataSource 的 ValueMember）	Object 类型
事件	名 称	触发时机	备 注
1	SelectedIndexChanged	SelectedIndex 值更改时	

6. 数据网格 DataGridView

DataGridView 控件是一种数据展示控件，它用来在窗体上展示数据库中的数据集。所以，经常用到的是其 DataSource 属性，为其指定数据源，数据源可以是数组、集合、泛型集合、数据集中的表等。

7. 普通窗体

创建 Windows 窗体应用程序时自动生成的窗体就是普通窗体。由 Form 类来表示。Form 类可用于创建标准窗口、工具窗口、无边框窗口和浮动窗口。也可以使用 Form 类创建模式窗口，例如对话框 MessageBox 类就是一种模式对话框。Form 类是其他控件的容器。

Form 控件的常用属性、事件和方法见表 22.8。

表 22.8 Form 控件的常用属性、事件、方法

属性	名 称	含 义	备 注
1	Text	设置窗体的标题	
2	Name	设置窗体对象的名	见名识意
3	StartPosition	设置窗体第 1 次出现在屏幕上的位置	
4	BackColor	设置窗体的背景色	
5	WindowState	设置窗体的原始显示状态	普通、最小、最大
6	IsMdiContainer	设置当前窗体是否为 MDI 容器	
事件	名 称	触发时机	备 注
1	Load	窗体被加载时	常用于窗体出现时就实现的功能
方法	名 称	功 能	备 注
1	Close( )	关闭窗体	
2	Show( )	加载窗体	

8. MDI 窗体

在 Windows 窗体应用程序中，实现稍复杂一点的任务，仅使用一个窗体肯定是不够的。常用的程序结构是：主窗体中是菜单，单击每个菜单项会打开一个子窗体，使用完关闭子窗体，返回主窗体；关闭主窗体，则结束本次运行，如图 22.8 所示。

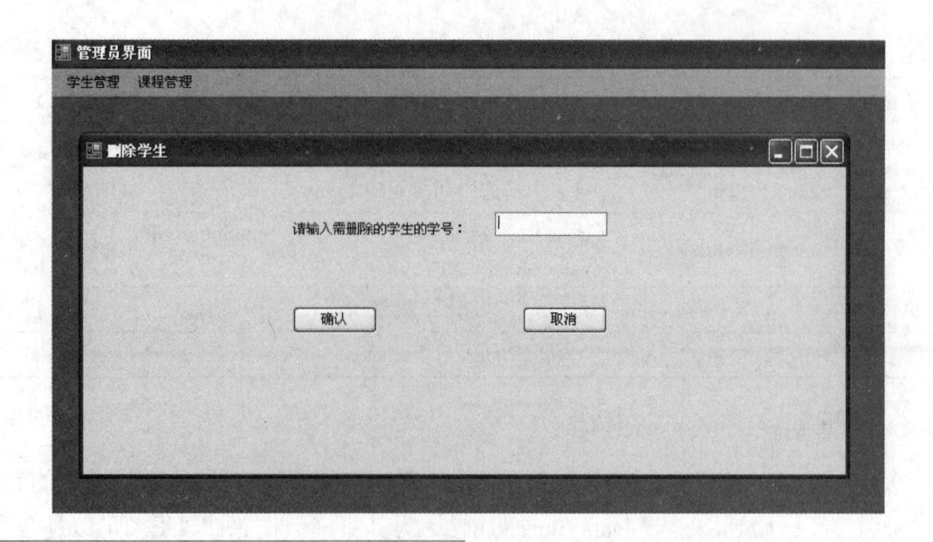

图 22.8
多窗体应用示意

此时，主窗体就是 MDI 窗体，其 IsMdiContainer 属性应设置为 true。各子窗体的 IsMdiContainer 属性应设置为 false。在双击每个子菜单项时，代码的设计思路是这样的，以下面的浏览学生子窗体代码为例。

```
FormBrowStu fbr=new FormBrowStu();          //生成子窗体的实例
fbr.MdiParent=this;                         //子窗体的 MdiParent 是本窗体
fbr.Show();                                 //加载子窗体
```

第 4 章　OOP 基础

4.1　类的设计

类的定义格式如下。

```
[访问修饰符] class 类名
{
    [访问修饰符] 字段
    [访问修饰符] 属性
    [访问修饰符] 一个或多个构造函数
    [访问修饰符] 一个或多个方法
}
```

1. 字段

字段描述类的静态性质，属于类的数据成员。字段一般定义为私有的。

字段的定义格式如下。

```
[访问修饰符] 字段名
```

2. 属性

（1）属性是与私有字段相匹配的、一组两个称为访问器的方法。属性是类的函数成员，且是公有的，由 public 修饰，属性的名称是将相应字段名首字母改为大写。

① set 访问器：为相关字段赋值，语句为“set { 字段 = 值；}”。

② get 访问器：读取相关字段的值，语句为“get{ return 字段；}”。

③ 只读属性：字段的属性只保留 get 访问器。

④ 只写属性：字段的属性只保留 set 访问器。

可以利用属性控制字段的赋值范围，既在 set 访问器中控制对字段的赋值，满足条件再赋值。

（2）属性用于在类外读、写字段的值。

① 读：把“类对象名 . 属性名”表达式赋值给别的变量，调用 get 访问器。

② 写：调用 set 访问器，语法为“类对象名 . 属性名 = 值”。

3. 方法

（1）方法的定义

方法的定义在类的内部进行。

```
访问修饰符  返回类型  方法名（形参列表）
{
      各语句；
}
```

① 方法是类对外提供的功能，所以一般定义其访问修饰符为 public。

② 返回类型可以为任意的预定义和自定义类型，此时必须在方法体内有 return 语句。如果方法只是完成某些操作，而不返回任何类型，则返回类型定义为 void，此时方法体内可以没有 return 语句。

③ 形参是方法为了完成自己的设计功能而必须接受的外部原始数据，格式如下。

```
（形参 1 类型   形参 1 名，形参 2 类型   形参 2 名，...)
```

在这里必须注意，如果方法操作的是本类的数据成员，则不必将这些数据成员定义为形参，因为 1 个类内的成员都是相互可以直接访问的。

（2）方法的调用

方法的调用在类的外部进行，语法如下。

```
类对象名 . 方法名（实参列表）
```

① 实参是为了使方法能完成设计功能而在外部传送给形参的数据。实参和形参必须在次序、数量、类型上完全匹配。

② 在方法调用时，首先进行形参和实参的参数传递，然后流程由主调方法进入被调方法，流程在被调方法中执行，直到遇到第一句 return 语句或方法的 }，流程返回主调方法，若返回值，则将值返回至调用处。

③ 在 OOP 程序设计中，非静态的方法都需要由类的对象调用。静态的方法由“类名 . 方法名（实参列表）”的格式直接调用。

4. 方法的重载

（1）方法的重载是指一个类中可以有一个以上的方法拥有相同的名称。

（2）要求重载方法的签名必须不同，以便编译器决定具体使用同名方法中哪一个。

（3）方法的签名包括方法的名称，参数的数目、类型和顺序。注意参数的名和方法的返回类型不属于签名，不能用于重载。

（4）重载常用于类的方法、构造方法。

5. 方法的参数

方法的参数包括形参和实参以及它们之间的参数传递。

形参是方法为了完成自己的设计功能而必须接收的外部原始数据；实参是为了使方法能完成设计功能而在外部传送给形参的数据。实参和形参必须在次序、数量、类型上完全匹配。

在方法调用时，首先进行形参和实参的参数传递，然后程序由主调方法进入被调方法。

（1）值参数。值参数是把实参的值赋给形参的参数，此时实参和形参前无任何传递用的修饰符。此时，实参和形参在栈内存占用两套内存空间。

① 如果实参和形参都是值类型，则实参把值传递给形参后，实参和形参再无任何关联，一方的改变不会影响另一方。

② 如果实参和形参都是引用类型，如对象名和数组名，则实参把值传递给形参后，实参和形参的值一样，但这种值是地址，所以它们都指向堆中的同一对象，对任何一方中的改动，就相当于对另一方的改动。

（2）引用参数。引用参数是在实参和形参前都加上 ref 这个传递用的修饰符。此时，实参在栈内存占用一套内存空间，形参不占用新的内存，形参与实参共用其内存。对任何一方的改动，就相当于对另一方的改动。此时，无论参数是值类型还是引用类型，都同样适用。

（3）输出参数。在普通意义下，方法只有 0 个或 1 个返回值。如果在某些情况下，需要方法带回多个值，则可以用输出参数。

输出参数是在实参和形参前都加上 out 这个传递用的修饰符。此时，实参在栈内存占用一套内存空间，形参不占用新的内存，形参与实参共用其内存。对任何一方的改动，就相当于对另一方的改动。此时，无论参数是值类型还是引用类型，都同样适用。

对于输出参数，其参数传递的方向与其他所有的参数传递形式都不同，输出参数的传递方向是：在方法调用结束返回时，形参把值传给实参。

注意

输出参数的形参必须在方法返回前被赋值。

（4）参数数组。在很多情况下，方法存在这样一类参数，其类型一致，但个数未知，对这种情况，C# 提供了参数数组来解决，语法如下。

```
params 类型 [] 数组名 ;
```

这表示定义了一个已命名的该类型的参数数组，数组能接受任意数目的该类型的实参，注意：实参不必是数组，只需是此类型的任意数目的数据即可。

如果方法有多种类型的参数，参数数组必须为最后一个。

6. 静态成员

类的字段、方法成员都可被定义为静态的。静态成员需在前面加 static 修饰符。某成员定义为静态后，就在堆内存占据单独的区域，在本类的任何对象实例化前就存在。静态成员只有一份，并且对此类的每个实例都是可见的，所有实例公用一份静态成员。

此时，不再允许用对象名调用它，而只能用类名调用它。格式为“类名 . 静态成员”。

对于无须改动的成员，可设计为静态。与之对应，非静态的成员又称实例成员。

7. 常量成员

在类的设计中，有时可能需要定义一些常量，语法如下。

```
访问修饰符 const 类型 常量名 = 值 ;
```

常量名建议全大写，一般一个应用程序中用到的常量写在一个专门的类中。

常量有点像静态成员，即使没有类的实例也可以使用，对此类的每个实例都是可见的。调用时也只能用“类名 . 常量名”这种格式。

常量与静态成员的不同点有以下两点。

（1）常量在堆内存中不占空间，只是在编译时被编译器进行字符替换。

（2）const 的内容是不可改变的 ; static 的内容是可以改变的。

8. 只读成员

只读修饰符 readonly 也可用于修饰类的字段、方法成员。只读成员在每个对象中都有 1 份，且在对象实例化后就有只读属性，一般可与 static 共用，写作 static readonly。

4.2 类的实例化

类是为了解决问题而设计的一种逻辑模型，需要将类实例化为对象，利用对象来完成任务，即通常所说的“万物皆对象”。

1. 实例化

所谓类的实例化，是指根据类的逻辑设计生成实际占据内存的对象。

类实例化的格式如下。

```
类名 引用名 =new 类名 ([ 实参列表 ]) ;
```

具体的实例化过程如下。

（1）在栈中定义该类类型的一个引用（引用名也称为对象名）。

（2）在堆内存中创建该类型的对象，并执行字段的默认初始化。

（3）根据实例化时的参数，执行与之相匹配的构造方法，对字段进行赋值。

（4）把引用指向刚创建的对象所在的堆内存。

实例化完成后，此引用所指向的对象就称为此类的 1 个对象或 1 个实例。

2. 构造方法及其重载

类的构造方法是一种特殊的方法，定义格式如下。

```
public 类名([形参列表])
{
    this.字段=形参;
}
```

（1）构造方法与类同名且没有返回类型，这1点可区分构造方法与其余所有方法。

（2）一个类中可以有多个重载的构造方法可供匹配。

（3）this关键字表示当前类对象。"this.name=name;"语句中，前一个name表示当前对象的字段，赋值号后面的name是构造方法的形参。

（4）构造方法的作用同类的实例化过程：根据实例化时的参数执行相匹配的构造对字段进行赋值。

4.3 OOP程序设计思路

面对任何任务，OOP的设计思路是：根据任务的需求设计类，在类中设计需要的字段、属性、方法、构造方法等；然后在类外恰当的地方，实例化类为对象，实现功能需求。

4.4 ORM

ORM（Object Relational Mapping，对象关系映射）是为了解决面向对象的类与关系数据库的表之间存在的不匹配的问题。通过使用描述对象和关系之间映射的元数据，在程序中的类对象、与关系数据库的表之间建立持久的关系。ORM用于在程序中描述数据库表，本质上就是将数据从一种形式转换到另外一种形式。

一般需要为系统数据库的每个表,都设计一个相应的类（一般称实体类）。这样，每个表，在.NET程序中，都可以通过类对象来应用。这是目前三层架构和其他商业框架中不可缺少的环节。

4.5 委托和事件

委托和事件可以说是C#的核心关键技术，它们有效地实现了事件驱动机制，是事件驱动得以运作的内在动力。

1. 委托

委托是包含具有相同返回值和签名的、有序方法的类型。委托需要声明、实例化、调用等过程。

（1）委托的声明

```
delegate 返回类型  委托名(形参列表);
```

委托可以包含返回类型和规定参数集的方法。委托在本质上是一种类型，所以委托的声明，必须在所有的方法之外。

（2）委托对象的实例化

```
委托名 变量=new 委托名（方法）;
```

表示实例化委托，并把方法放进来。

实例化后，可以用 +=、-= 运算符，为此委托增加、减少同返回值、同签名的方法。

（3）委托对象的调用

可以像调用方法一样调用委托，格式如下。

```
委托名（实参列表）
```

此时，使用同一实参列表，依次调用委托里的所有方法，返回值为最后一个方法的返回值。

2. 事件

事件是一种委托类型的类成员。发出事件的对象称为发行者，发行者必须提供事件和触发事件的代码。订阅该事件的对象称为订阅者，一个事件可以有多个订阅者（可包括发行者自己）。事件需要有定义、订阅、触发这 3 个环节，缺一不可。

（1）定义事件

事件是类的成员，需要在发行者类的内部定义，格式如下。

```
event 委托名 事件名;
```

可见，事件就是一种特殊的委托，在定义时，规定了本事件响应方法的返回值、参数的类型、个数、顺序。

（2）订阅事件

在订阅者对象的事件中，增加发行者事件的委托，就表示该订阅者订阅了那个事件，且用此委托中的方法处理，可以在委托中增加新的方法，格式如下。

```
订阅对象名.事件名+=new 发行者类名.委托名（处理方法名）;
```

表示本订阅者订阅了发行者的该委托所代表的事件，以及默认的处理方法，注意类名后面没有括号。

（3）触发事件

发行者需要发出触发事件的代码，则订阅了此事件的订阅者上，所有在委托中的方法都会被执行。

3. C# 中事件驱动的本质

在 C# 中，系统默认定义了事件处理的委托：EventHandler 委托。标准控件的事件都订阅此委托，其定义如下。

```
public delegate void EventHandler(object sender,EventArgs e)
```

第 1 个参数代表触发事件的对象，由于是 Object 类型的，所以可以接受任意类型的对象；第 2 个参数代表事件的参数，EventArgs 类也是保存数据的基类。这样，EventHandler 委托就提供了对所有事件和处理都通用的签名。

设计者在编码时在此委托中加入处理方法（即事件响应方法），则当事件被触发时，该方法被执行，设计功能得以实现，即事件驱动机制得以运行。

第5章 ADO.NET 核心数据访问类

ADO.NET 提供一组数据访问服务类，支持多种开发需求。在本书中，访问 Access 数据库用的是 System.Data.OleDb 命名空间中的类，访问 SQL Server 数据库用的是 System.Data.Sql 命名空间中的类。下面的核心数据访问类以 OleDb 类为例。

5.1 两种数据访问模式

ADO.NET 提供两种数据访问模式：在线的直接访问模式和离线的数据集模式。

直接访问模式打开连接，应用包含 SQL 语句或存储过程的 Command 对象，执行命令语句，用 DataReder 返回在线结果集，用当前记录指针按只进方式读取数据，然后关闭 connection。

数据集模式打开连接，应用包含 SQL 语句或存储过程的 Command 对象，执行命令语句，用数据适配器将从数据源获得的数据加载到 DataSet 离线数据集，自动关闭连接。在断开的离线数据集中，所有记录都可以被随机访问，没有当前记录指针的概念。

也就是说，执行完数据库命令后，在 .NET 中可以用两种方法使用从数据库返回的记录集：①使用 DataReader 对象，它需要一个打开而且可用的连接以便获取数据，根据当前记录指针不断向前读取，这种方法通常在单用户情况下比较快，但是如果需要在行间进行频繁的操作时，这种方法就会对连接池产生显著影响；②使用 DataAdapter 数据适配器对象，数据适配器实现的方法有所不同，它是通过执行命令，把获取到的信息填充到非连接缓存（即 DataSet 或 DataTable）中来实现的。一旦填充完毕，数据适配器就会与底层数据源断开，这样底层物理连接就可以被其他人所重用。此时，记录集没有当前指针的概念，可以随机读取行列信息。

应根据实际情况选择实用哪种数据访问模式。

5.2 OleDbConnection 类

OleDbConnection 类表示数据库连接。此类对象实例化时，必须指定的属性是 ConnectionString 连接字符串，常用的方法是 Open( ) 和 Close( )。

OleDbConnection 系列类的应用步骤如下。

（1）定义连接字符串。

（2）实例化连接类的对象。

（3）调用此对象的打开连接方法。

（4）使用完后调用此对象的关闭连接方法。

5.3 OleDbDataAdapter 类

OleDbDataAdapter 类表示数据适配器，用于填充 DataSet，是其和数据源之间的桥梁。此类对象实例化时，必须指定的属性是 OleDbConnection 连接对象和命令语句 SelectCommand，常用的方法是 Fill( )。

OleDbDataAdapter 类的应用步骤如下。

（1）创建连接对象，并打开连接，设计 SQL 查询语句。

（2）实例化数据适配器类的对象，实例化时，语句就被执行，记录集就取得了。

（3）实例化 DataSet 类对象。

（4）应用数据适配器类对象的 Fill( ) 方法填充数据集对象。

5.4 DataSet 类

表示离线记录集，此类的应用见上文的介绍。

5.5 OleDbCommand 类

OleDbCommand 类表示要对数据源执行的 SQL 命令，命令执行方式由此类的方法决定。此类对象实例化时，必须指定的属性是 OleDbConnection 连接对象和命令语句 CommandText，常用的方法是 ExecuteNonQuery( )、ExecuteScalar( ) 和 ExecuteReader( )。

OleDbCommand 类的应用步骤如下所述。

（1）创建连接对象，并打开连接，设计所要执行的 SQL 命令语句。

（2）实例化 OleDbCommand 类的对象，实例化时，语句未执行。

（3）调用此对象的 ExecuteNonQuery( )、或 ExecuteScalar( )、或 ExecuteReader( ) 方法执行命令语句：① ExecuteNonQuery( ) 方法一般用于执行非查询命令语句，返回受此命令影响的记录行数；② ExecuteScalar( ) 一般用于执行统计类的查询语句，返回查询结果的第 1 行第 1 列；③ ExecuteReader ( ) 方法一般用于执行查询语句，返回只进记录集 DataReader。

（4）使用返回的信息，实现设计功能。

5.6 OleDbDataReader 类

OleDbDataReader 类提供一种从数据源中读取行的只进的在线记录集，其记录指针只向前进。其对象不能用 new 建立，只能用 Command 类对象的 ExecuteReader( ) 方法产生。这是唯一一种不能用 new 实例化的类。

可用的属性是 HasRows 判断记录集是否有记录，常用的方法是 Read( ) 用于读取记录。

OleDbDataReader 类的应用步骤如下所述。

（1）创建连接对象，并打开连接，设计所要执行的 SQL 命令语句。

（2）实例化 OleDbCommand 类的对象。

（3）调用命令对象的 ExecuteReader( ) 方法，生成 OleDbDataReader 类对象。

（4）用 Read ( ) 方法读取只进记录集对象的各行记录，一般将记录的各字段放入相应实体类对象的各属性，从而实现将记录信息读取入 .NET 程序的对象中。

（5）也可用 HasRows 属性判断记录集是否有记录，来判断某些记录是否存在。

第 6 章 应用程序配置文件

6.1 配置文件的设置和管理

配置文件是根据需要，对应用程序设置各种类型的配置数据的文件。像连接字符串这样的配置信息，放在了配置文件后，一旦发生改变，只须修改配置文件即可。而如果不放在配置文件中，一旦发生改变，所有连接的地方都要改，这种改动是无法保证正确的。所以，应用程序普遍需要设置配置文件。

ASP.NET 应用程序的配置文件是 Web.config；WinForm 应用程序的配置文件是 App.config，但二者本质都是一个 .xml 文件。从 .NET 2.0 开始，就提供了 System [.Web] .Configuration 这个命名空间来进行管理此文件。对于 asp.net 应用程序，需要添加 System.Web.Configuration 命名空间的引用。对于 WinForm 应用程序，需要添加对 System.Configuration 的引用，此时，使用 System.Configuration 命名空间中的 ConfigurationManager 类对配置文件进行管理。

6.2 配置文件内容的读取

使用语句 using System.Configuration 后，用 ConfigurationManager 类读取。

读取的代码如下。

```
ConfigurationManager. ConnectionStrings ["属性名称"]. ConnectionString;
ConfigurationManager.AppSettings["节点名称"]。
```

第 7 章 自定义数据操作类 DBHelper

自定义数据操作类 DBHelper 直接调用 ADO.NET 的核心数据访问类，实现最基本的数据库操作，包括连接的管理、命令的执行、结果集的返回，它是实现管理信息系统的重要基础。现把学生选课管理系统中针对 Access 数据库的和针对 SQL Server 数据库的自定义数据操作类展示如下，以供参考。

7.1 针对 Access 的 DBHelper 类

```
///<summary> ACCESS 通用数据访问类 </summary>///
public class AccessDBHelper
{
    // 获取数据库连接字符串：从配置文件读取
    private static readonly string connectionString=Configu
    rationManager.ConnectionStrings["CourseSelect.Access.
    ConnectionString"].ConnectionString;
    ///<summary>
    /// 执行非查询的 SQL 语句，返回执行 SQL 语句受影响的行数
    ///</summary>
    ///<param name="strSQL"> 待执行 SQL 语句 </param>
```

```
///<returns>受影响的行数</returns>
public static int ExecNonQuery(string strSQL)
{
      using (OleDbConnection conn=
              new OleDbConnection(connectionString))
      {
           try{
               conn.Open();
               OleDbCommand cmd=new OleDbCommand(strSQL, conn);
               return cmd.ExecuteNonQuery();}
           catch (OleDbException ex){
               throw new Exception(string.Format("执 行 {0} 失 败
               :{1}", strSQL, ex.Message));      }
      }
}
///<param name="parameters">执行带参数数组的非查询，其余同< /param>
public static int ExecNonQuery(string strSQL, OleDbParameter[]
parameters)
{
      using (OleDbConnection conn=
              new OleDbConnection(connectionString))
      {
           try{
               OleDbCommand cmd=PrepareCommand(conn, strSQL,
                  CommandType.Text, parameters);
               return cmd.ExecuteNonQuery();}
           catch (OleDbException ex){
           throw new Exception(string.Format("执行{0}失败:{1}",
           strSQL, ex.Message));      }
      }
}
///<summary> 执行统计查询，返回执行结果的第1行第1列的值  </summary>///
///<param name="strSQL">待执行SQL语句</param>
///<returns>执行结果的第1行第1列的值，并转换为int类型</returns>
public static int GetScalar(string strSQL)
{
      using (OleDbConnection conn=
              new OleDbConnection(connectionString))
      {
           try {
               conn.Open();
               OleDbCommand cmd=new OleDbCommand(strSQL, conn);
               object obj=cmd.ExecuteScalar();
               if (obj==DBNull.Value)
                     return 0;
               else
                     return Convert.ToInt32(obj);         }
           catch (OleDbException ex){
           throw new Exception(string.Format("执行{0}失败:{1}",
           strSQL, ex.Message));
           }
      }
///<summary>
///执行带参数数组的统计查询，其余同  </summary>///
public static int GetScalar(string strSQL, OleDbParameter[]
parameters)
{
      using (OleDbConnection conn=
              new OleDbConnection(connectionString))
```

```
        {
            try {
                conn.Open();
                OleDbCommand cmd=PrepareCommand(conn, strSQL,
                CommandType.Text, parameters);
                object obj=cmd.ExecuteScalar();
                if (obj==DBNull.Value)
                    return 0;
                else
                    return Convert.ToInt32(obj);
            }
            catch (OleDbException ex){
            throw new Exception(string.Format("执行{0}失败:{1}",
            strSQL, ex.Message));
            }
        }
    }
    ///<summary>
    ///执行SQL语句，以DataReader类型返回执行结果
    ///</summary>
    ///<param name="strSQL">待执行SQL语句</param>
    ///<returns>执行结果</returns>
    public static OleDbDataReader GetReader(string strSQL)
    {
        OleDbConnection conn=new OleDbConnection(connectionString);
        try
        {
            conn.Open();
            OleDbCommand cmd=new OleDbCommand(strSQL, conn);
            return cmd.ExecuteReader(
                        CommandBehavior.CloseConnection);
        }
        catch (OleDbException ex)
        {
            throw new Exception(string.Format("执行{0}失败:{1}",
            strSQL, ex.Message));
        }
    }
    ///<summary>
    ///执行带参数数组的SQL语句，其余同
    ///</summary>
    public static OleDbDataReader GetReader(string strSQL,
    OleDbParameter[] parameters)
    {
        OleDbConnection conn=new OleDbConnection(connectionString);
        try
        {
            OleDbCommand cmd=PrepareCommand(conn, strSQL,
            CommandType.Text, parameters);
            return cmd.ExecuteReader(
                        CommandBehavior.Close-Connection);
        }
        catch (OleDbException ex)
        {
            throw new Exception(string.Format("执行{0}失败:{1}",
            strSQL, ex.Message));
        }
```

```
    }
    ///<summary>
    /// 执行 SQL 语句，以 DataSet 类型返回执行结果，注意，若返回类型为
    ///DataTable，则应 return ds.Tables[0]
    ///</summary>
    ///<param name="strSQL">待执行 SQL 语句</param>
    ///<returns>执行结果</returns>
    public static DataSet GetDataSet(string strSQL)
    {
        using (OleDbConnection conn=
                new OleDbConnection(connectionString))
        {
        try{
            OleDbDataAdapter  da=new OleDbDataAdapter(strSQL,
            conn);
            DataSet ds=new DataSet();
            da.Fill(ds);
            return ds; }
        catch (OleDbException ex)
        {   throw new Exception(string.Format("执行{0}失败:{1}",
            strSQL, ex.Message));     }
        }
    }
    ///<summary>
    /// 执行带参数数组的 SQL 语句，其余同
    ///</summary>
    ///<param name="strSQL">待执行 SQL 语句</param>
    ///<returns>执行结果</returns>
    public static DataSet GetDataSet(string strSQL, OleDbParameter[]
    parameters)
    {
        using (OleDbConnection conn=
                new OleDbConnection(connectionString))
        {
        try{
            OleDbCommand cmd=PrepareCommand(conn, strSQL,
            CommandType.Text, parameters);
            OleDbDataAdapter da=new OleDbDataAdapter(cmd);
            DataSet ds=new DataSet();
            da.Fill(ds);
            return ds; }
        catch (OleDbException ex)
        {   throw new Exception(string.Format("执行{0}失败:{1}",
            strSQL, ex.Message));     }
    }   }
}// 自定义类结束
```

7.2 针对 SQL Server 的 DBHelper 类

```
///<summary>
/// SQL Server 通用数据访问类
///</summary>
public class SQLServerDBHelper
{
    // 获取数据库连接字符串：从配置文件读取
    private static readonly string connectionString=Configura
```

```
tionManager.ConnectionStrings["CourseSelect. SQLServer.
ConnectionString"].ConnectionString;
///<summary>
///执行非查询的SQL语句，返回执行SQL语句受影响的行数
///</summary>
///<param name="strSQL">待执行SQL语句?</param>
///<returns>受影响的行数</returns>
public static int ExecNonQuery(string strSQL)
{
    using (SqlConnection conn=
        new SqlConnection(connectionString))
    {
    try{
        conn.Open();
        SqlCommand cmd=new SqlCommand(strSQL, conn);
        return cmd.ExecuteNonQuery();}
    catch (SqlDbException ex)
    {   throw new Exception(string.Format("执行{0}失败：{1}",
        strSQL, ex.Message));    }
    }
}
///<summary>
///执行带参数数组的非查询的SQL语句，其余同</summary>///
public static int ExecNonQuery(string strSQL, SqlParameter[]
parameters)
{
    using (SqlConnection conn=
        new SqlConnection(connectionString))
    {
    try{
        SqlCommand cmd=PrepareCommand(conn, strSQL,
            CommandType.Text, parameters);
        return cmd.ExecuteNonQuery();}
    catch (SqlDbException ex)
    {   throw new Exception(string.Format("执行{0}失败：{1}",
        strSQL, ex.Message));    }
    }
}
///<summary>
///执行统计查询，返回执行结果的第1行第1列的值
///</summary>
///<param name="strSQL">待执行SQL语句</param>
///<returns>执行结果的第1行第1列的值，并转换为int类型</returns>
public static int GetScalar(string strSQL)
{
    using (SqlConnection conn=
        new SqlConnection(connectionString))
    {
        try
        {
            conn.Open();
            SqlCommand cmd=new SqlCommand(strSQL, conn);
            object obj=cmd.ExecuteScalar();
            if (obj==DBNull.Value)
                return 0;
            else
                return Convert.ToInt32(obj);
```

```
            }
            catch (SqlException ex)
            {
                throw new Exception(string.Format("执行{0}失败:{1}",
                strSQL, ex.Message));
            }
        }
    }
    ///<summary>
    ///执行带参数数组的统计查询，返回执行结果的第1行第1列的值
    ///</summary>
    ///<param name="strSQL">待执行SQL语句</param>
    ///<param name="parameters">参数数组</param>
    ///<returns>执行结果的第1行第1列的值，并转换为int类型</returns>
    public static int GetScalar(string strSQL, SqlParameter[]
    parameters)
    {
        using (SqlConnection conn=new SqlConnection(connectionStr
        ing))
        {
            try
            {
                conn.Open();
                SqlCommand cmd=PrepareCommand(conn, strSQL,
                CommandType.Text, parameters);
                object obj=cmd.ExecuteScalar();
                if (obj==DBNull.Value)
                        return 0;
                 else
                        return Convert.ToInt32(obj);
            }
            catch (SqlException ex)
            {
                throw new Exception(string.Format("执行{0}失败
                :{1}", strSQL, ex.Message));
            }
        }
    }
    ///<summary>
    ///执行SQL语句，以DataReader类型返回执行结果
    ///</summary>
    ///<param name="strSQL">待执行SQL语句</param>
    ///<returns>执行结果</returns>
    public static SqlDataReader GetReader(string strSQL)
    {
        SqlConnection conn=new SqlConnection(connectionString);
        try
        {
            conn.Open();
            SqlCommand cmd=new SqlCommand(strSQL, conn);
            return cmd.ExecuteReader(
            CommandBehavior.CloseConnection);
        }
        catch (SqlException ex)
        {
            throw new Exception(string.Format("执行{0}失败:{1}",
            strSQL, ex.Message));
```

```
        }
    }
    ///<summary>
    ///执行带参数数组的SQL语句，其余同
    public static SqlDataReader GetReader(string strSQL,
    SqlParameter[] parameters)
    {
        SqlConnection conn=new SqlConnection(connectionString);
        try
        {
            qlCommand cmd=PrepareCommand(conn, strSQL,
              CommandType.Text, parameters);
            return cmd.ExecuteReader(CommandBehavior.
              CloseConnection);
        }
        catch (SqlException ex)
        {
            throw new Exception(string.Format("执行{0}失败：{1}",
            strSQL, ex.Message));
        }
    }
    ///<summary>
    ///执行SQL语句，以DataSet类型返回执行结果，注意，若返回类型为
    ///DataTable,则应返回ds.Tables[0]
    ///</summary>
    ///<param name="strSQL">待执行SQL语句</param>
    ///<returns>执行结果</returns>
    public static DataSet GetDataSet(string strSQL)
    {
        using (SqlConnection conn=new SqlConnection(connectionString))
        {
        try{
            SqlDataAdapter da=new SqlDataAdapter(strSQL, conn);
            DataSet ds=new DataSet();
            da.Fill(ds);
            return ds; }
        catch (SqlDbException ex)
         {  throw new Exception(string.Format("执行{0}失败：{1}",
            strSQL, ex.Message));      }
        }
    }
    ///<summary>
    ///执行带参数数组的SQL语句，其余同
    public static DataSet GetDataSet(string strSQL, SqlParameter[]
    parameters)
    {
        using (SqlConnection conn=
                new SqlConnection(connectionString))
        {
        try{
            SqlCommand cmd=PrepareCommand(conn, strSQL,
            CommandType.Text, parameters);
            SqlDataAdapter da=new SqlDataAdapter(cmd);
            DataSet ds=new DataSet();
            da.Fill(ds);
            return ds; }
        catch (SqlDbException ex){
```

```
            throw new Exception(string.Format("执行{0}失败:{1}",
            strSQL, ex.Message));       }
    }
}// 自定义类结束
```

第 8 章 三层架构的设计和运行

8.1 三层架构的设计原理

三层架构是目前被广泛应用的程序架构模式。一个软件系统中，对其每个逻辑功能，首先要分析清楚其业务流程，在此基础上，在三层架构的设计阶段，需要自底向上，依次设计 DAL 层、BLL 层、UI 层代码。其中，上层的形参作为下层的实参。数据访问层的类调用自定义数据操作类访问数据库，实现基本记录操作。业务逻辑层的类调用相关的数据访问类实现逻辑功能。在 UI 层部署控件后，调用业务逻辑层的类，实现用户界面上所需功能。

（1）DAL 层包含若干数据访问类，一般针对每个数据表，设计一个数据访问类。在此类中，为业务流程中每个最底层的基本记录操作需求，设计一个方法，实现记录的插入、删除、单条记录的查询、记录集的查询、单条记录的有无判断等，为实现业务逻辑提供数据库访问基础。设计数据访问层的原则是：力求满足业务流程中每个最底层的操作步骤。

（2）BLL 层包含若干业务逻辑类，同理，针对每个数据表，也设计一个业务逻辑类。在此类中，针对用户的每个整体性逻辑功能设计一个方法，在其中调用相关的数据访问层类中、若干记录操作方法的集合，来实现此功能。设计业务逻辑层的原则是：整合数据访问层的方法，完成较完整功能，力求满足用户每个逻辑功能的需求。

（3）UI 层一般不需要设计特定的类，只须针对用户的具体功能需求，部署输入控件、操作控件和输出控件，并利用从这些控件获取的实参，调用业务逻辑层中类的方法来实现功能。

另外，还需要是存放实体类的项目 Model 和存放自定义数据操作类的项目 Common。整体框架结构图如图 22.9 所示。

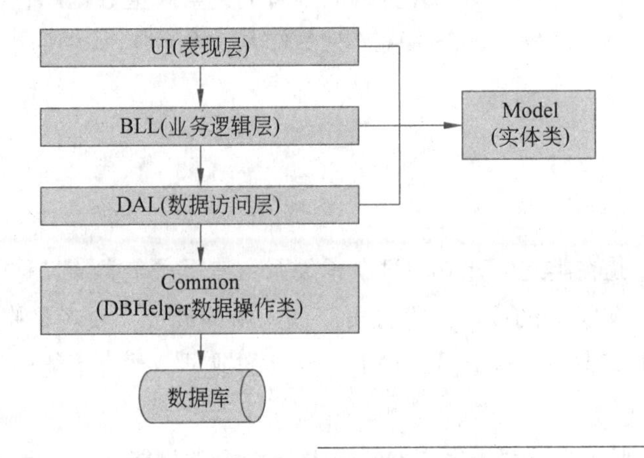

图 22.9
三层体系架构示意图

8.2 三层架构运行时的调用流程

当三层架构的代码设计完运行时，调用流程是从表现层开始执行的。当某事件被触发，实参从界面取得，传给业务逻辑层的方法，再向下传给数据访问层的方法，最终传递到数据库中执行，执行结果依次上传到界面，完成整个事件的功能。

（1）表现层：收集实参，调用业务逻辑层类的方法。

（2）业务逻辑层：获得实参，调用相关的数据访问类方法。

（3）数据访问层：获得实参，调用 DBHelper 类，访问数据库，得到返回值；再依次返回到上层，直至在界面层的数据展示控件中显示出来。

第 9 章 OOP 高级应用

9.1 泛型集合

泛型可以把类的行为提取出来，使类可以应用到不同的数据类型上，这样，类的应用就更宽泛了。在 C# 中，提供 5 种泛型：类、结构、接口、委托和方法。

泛型集合属于集合类，可用于存储任意类型的对象，作为集合的元素。泛型列表集合的定义如下。

1. 定义

```
List < T > 集合名=new List < T > ();
```

定义一个List类的泛型集合，集合中对象的类型为T。其中的T就是元素的类型，既可以是简单类型，也可以是用户自定义类型。

2. 属性

count：获取集合中实际包含的元素数。

item：获取或设置指定索引处的元素。

3. 方法

Add(T item)：将对象添加到列表的结尾处。

在本书中，常用实体类对象作为列表集合的元素。把数据库查询结果记录集的各记录转换为对象，再放入集合，从而把查询结果转化为 C# 中的集合。

9.2 继承

1. 继承

继承的本质是在类之间建立一种继承关系，使得派生类（又称子类）能继承已有的基类（又称父类）的成员，而且可以加入新的成员，或者是修改已有的成员。派生类中包含了基类的所有成员，加上它自己的成员，并且不能删除它所继承的任何成员。

在 C# 中，所有的类都派生自 Object 类。派生类只能从一个类中继承，也就是所谓的单继承。继承的层次没有限制。类之间的继承关系呈倒树形。

派生类的语法如下。

```
class 派生类名 : 基类
{ 派生类自身的成员 ; }
```

这就表示该子类（派生类）继承了父类（基类）。如果在子类中需要用到继承过来的父类的成员，可以用 base 关键字：base. 父类成员。

2. 派生类的实例化

继承层次中每个子类在执行自己的构造函数前，先执行其基类的构造函数，依次往上类推，其余的 3 个步骤同一般类的构造。

可以用以下方式显式执行基类构造方法。

```
Public 子类名（基类和子类中字段的参数）:base（基类中字段名）
{
    子类字段初始化 ;
}
```

此时，子类在实例化时，根据实例化时的实参，先去找到相应的基类的构造方法执行，再执行本构造方法。这样，基类和子类中的所有字段，都得到了初始化。

9.3 多态

多态在本质上是一种向类层次中高层的抽象，当用父类指针指向子类的对象时，可以用父类指针调用子类的方法，从而体现其核心理念：统一调用，功能各异。

父子类之间的类型转换：子类对象可以转化为父类类型；反之就不行。转换的方法有两种。

```
父类类型 对象名 =（父类类型）子类对象名 ;
父类类型 对象名 = 子类对象名 ;
```

9.4 方法的隐藏

（1）当子类中含有与基类中相同的成员时，称为对基类的隐藏。数据成员、方法成员、静态成员均可以隐藏，只须在子类声明一个新的、相同类型、相同的名称的成员即可。注意，方法成员隐藏时，须在子类中声明新的带有相同签名（名称和参数列表）的方法成员。

（2）显式隐藏：当在子类的成员前使用 new 修饰符，编译器就知道是显式地隐藏父类成员。如果没有使用 new 修饰符，既为默认隐藏，程序也能编译通过，但会提示一个警告信息。

（3）隐藏时,在子类对象中有 1 个被隐藏的父类成员,有 1 个更新后的自有成员,也就是说,同名的成员在子类中有 2 份。父类、子类的指针各自调用自己的方法,因此,隐藏在本质上并未实现多态。

9.5 虚方法的覆盖

（1）在父类需要被子类更新的方法前加上 virtual 关键字，称为虚方法；在子类更新的方法前加上 override 关键字，就能实现覆盖。

（2）覆盖时，要求父子类方法的定义完全相同（即要求方法的签名、返回类型、访问控制修完全相同）。

（3）覆盖机制中，子类覆盖了基类的方法，子类实际上只拥有覆盖后的方法。

（4）此时，利用父类指针指向子类对象、调用子类方法，调用到的是子类方法。实现了多态。

9.6　抽象类

1. 抽象方法

父类中用 abstract 修饰符修饰的方法称为抽象方法，这种方法只有定义声明，没有方法体（即方法首部以分号结束，其后没有大括号 { }）。抽象方法只允许定义在抽象类中。抽象方法在本质上是隐式的虚方法。

在子类中，要使用 override 修饰符覆盖抽象方法，此时一般称为实现抽象方法。其本质上仍是覆盖，但不再称覆盖，称为实现。此时，利用父类指针指向子类对象、调用子类方法，调用到的是子类方法，是一种高级的多态。

2. 抽象类

包含抽象方法的类称为抽象类，抽象类一般作为基类供继承用。此时，在类名前需加上 abstract 关键字进行修饰。注意：抽象类不能被实例化。假设子类从一个抽象类继承，如果子类没有实现父类的所有抽象方法，则子类还是一个抽象类。

抽象类的主要作用是用于派生类继承和更新，并实现多态。

9.7　接口

接口用来定义若干类之间都具备的，但实现方式不同的功能，只定义这些功能的概念，具体实现由子类完成。

（1）接口不能有构造方法和数据成员，只能包含所需方法的首部，而且这些方法默认均为 public abstract，但不允许显式地出现 public 和 abstract。自然，接口也是不能实例化的。接口的关键字是 interface。接口一般作为父类用于继承和更新，并实现多态。

（2）接口是一种更高级的抽象，可以看作更抽象的抽象类，不允许有非抽象的东西，用于规定一些公有的规范，由子类自己发挥。子类实现接口时，相关的方法不用写 override。此时，利用父类指针调用子类方法，调用到的是子类方法，是一种更高级的多态。

（3）接口与抽象类的比较如下所述。

相同点：①都是一种类型，都用于继承关系中的父类，为子类提供一些规范，供子类继承和更新；②都不能实例化，它们的作用主要是供子类继承，并实现多态。

不同点：①一个类可以实现多个接口，但只能从一个抽象类继承；②声明接口中的方法时不需要使用关键字和访问修饰符，而抽象类中声明抽象方法时必须使用 abstract。实现抽象类中的抽象方法需要显式使用 override 关键字，而实现接口中的方法则不需要；③抽象类可以有数据成员和非抽象方法，而接口则只能有抽象方法，接口的抽象程度更高；④一个类实现一个接口，必须实现该接口中所有成员。而一个类从一个抽象类继承时，不一定需要实现父类中的所有抽象方法，此时它仍是抽象类。

第10章　简单工厂设计模式

10.1　简单工厂模式

简单工厂模式可以将大量有共同接口的类实例化，而且不必事先知道每次是要实例化哪一个类。其中，需专门定义一个类来负责创建其他类的实例，被创建的实例通常都具有共同的父类，称为简单工厂方法模式。

简单工厂模式中包含3类角色：抽象角色、工厂角色和产品角色。

10.2　抽象角色

抽象角色是简单工厂模式所创建的所有对象的父类，它负责描述所有实例所共有的公共接口。

10.3　工厂角色

工厂角色是简单工厂模式的核心，它负责实现创建所有实例的内部逻辑。工厂角色是一个类，此类可以被外界直接调用，创建所需的产品对象。

10.4　产品角色

产品角色是简单工厂模式的所创建的所有目标对象，所有被创建的对象都是属于这个角色。

将单纯的基于三层体系架构的系统，转换为基于简单工厂模式的三层体系架构的系统，可以实现软件系统对不同底层数据库的兼容。此时，需要为不同的数据库系统设计数据访问类，作为具体产品角色；需要设计抽象角色，抽象出不同数据库系统数据访问类的公共接口；需要设计工厂角色，设计工厂类，根据目前使用的数据库系统参数，决定实例化哪个具体的数据访问类。此时的业务逻辑类，应该调用工厂类对象，创建当前数据库系统所需的数据访问类，屏蔽了底层的一切复杂性。

参 考 文 献

[1] Daniel Solis. C# 图解教程 [M]. 北京：人民邮电出版社，2009.

[2] 李林，项刚 .C# 程序设计 [M]. 北京：高等教育出版社，2013.

[3] 杨树林，胡洁萍 .C# 程序设计与案例教程 [M]. 北京：清华大学出版社，2009.

[4] 陈向东，吴淑英，季耀君 .C# 面向对象程序设计案例教程 [M]. 北京：北京大学出版社，2009.

[5] 郁莲 . 软件测试方法与实践 [M]. 北京：清华大学出版社，2008.

[6] 郑宇军 .C# 2.0 程序设计教程 [M]. 北京：清华大学出版社，2006.

[7] 齐治昌，谭庆平，宁洪 . 软件工程 [M]. 北京：高等教育出版社，2004.

[8] Ian Sommerville. Software Engineering 6th Edition（影印版）[M]. 北京：机械工业出版社，2003.